Springer-Lehrbuch

Klaus Weltner

Mathematik
für Physiker und Ingenieure 2

Basiswissen für das Grundstudium –
mit mehr als 900 Aufgaben und Lösungen
online

unter Mitwirkung von Hartmut Wiesner,
Paul-Bernd Heinrich, Peter Engelhard und Helmut Schmidt

16. überarbeitete Auflage

 Springer Spektrum

Prof. Dr. Klaus Weltner
Universität Frankfurt
Institut für Didaktik der Physik
Max-von-Laue-Straße 1
60438 Frankfurt
weltner@em.uni-frankfurt.de

Dr. *Klaus Weltner* war Professor für Didaktik der Physik, Universität Frankfurt,
Institut für Didaktik der Physik
Dr. *Hartmut Wiesner* war Professor für Didaktik der Physik an der Universität München
Dr. *Paul-Bernd Heinrich* war Professor für Mathematik an der
Fachhochschule Mönchengladbach
Dipl.-Phys. *Peter Engelhard* war wissenschaftlicher Mitarbeiter am Institut für Didaktik der
Physik, Universität Frankfurt
Dr. *Helmut Schmidt* war Professor für Didaktik der Physik an der Universität Köln

Umfangreiche Zusatzmaterialien zum Basiswissen für das Grundstudium der Experimental-
physik sowie über 900 Lehr- und Übungsschritte finden Sie auf extras.springer.com
Passwort: 978-3-642-25518-2

ISSN 0937-7433 (Springer-Lehrbuch)
ISBN 978-3-642-25518-2   ISBN 978-3-642-25519-9 (eBook)
DOI 10.1007/978-3-642-25519-9

Die Deutsche Nationalbibliothek verzeichnet diese Publikation in der Deutschen Nationalbibliografie;
detaillierte bibliografische Daten sind im Internet über http://dnb.d-nb.de abrufbar.

Springer-Spektrum
1.–11. Aufl.: © Vieweg Braunschweig Wiesbaden
12.–16. Aufl.: © Springer-Verlag Berlin Heidelberg 2001, 2006, 2008, 2013

Planung und Lektorat: Vera Spillner
Einbandabbildung: s. S. 35
Einbandentwurf: WMXDesign GmbH, Heidelberg

Gedruckt auf säurefreiem und chlorfrei gebleichtem Papier

Springer Spektrum ist eine Marke von Springer DE. Springer DE ist Teil der Fachverlagsgruppe Springer
Science+Business Media.

www.springer-spektrum.de

Vorwort zur 16. Auflage

Das Lehrwerk „Mathematik für Physiker und Ingenieure" besteht aus zwei gleich gewichtigen Teilen: dem Lehrbuch und den Leitprogrammen. Die Leitprogramme sind ausführliche Studienanleitungen mit individualisierten Übungen und Zusatzerläuterungen bei Lern- und Verständnisschwierigkeiten. Sie können inzwischen kostenlos aus dem Internet heruntergeladen und dann entweder am Bildschirm bearbeitet oder kapitelweise ausgedruckt werden. Sie finden alle Informationen hierzu auf www.mathematikfuerphysiker. wordpress.com. Darüber hinaus sind die Leitprogramme auch geschlossen als separates Buch erhältlich. Lehrbuch und Leitprogramme haben nicht nur Studienanfängern der Physik sondern vor allem auch Studienanfängern der Ingenieurwissenschaften geholfen, die Schwierigkeiten der ersten Semester zu meistern. Daher ist der ursprüngliche Titel geändert worden in „Mathematik für Physiker und Ingenieure". Im Vorwort zur ersten Auflage hieß es:

„Lehrbuch und Leitprogramme „Mathematik für Physiker" sind in erster Linie für Studienanfänger des ersten und zweiten Semesters geschrieben. Es werden diejenigen Mathematikkenntnisse vermittelt, die für das Grundstudium benötigt werden. Das Lehrbuch kann unabhängig von den Leitprogrammen benutzt werden. Die Leitprogramme sind neuartige Studienhilfen und haben nur Sinn im Zusammenhang mit dem Lehrbuch. Leitprogramme eignen sich vor allem zur Unterstützung des Selbststudiums, zur Vorbereitung des Studiums und als Grundlage für einführende mathematische Ergänzungsveranstaltungen neben der Experimentalphysik-Vorlesung. Lehrbuch und Leitprogramme wurden im regulären Studiengang in drei Studienjahren verwendet und aufgrund der Erfahrungen und Rückmeldungen der Studenten gründlich revidiert. Besonders bei der Entwicklung der Leitprogramme waren die Anregungen der Studenten hilfreich."

In den späteren Auflagen sind weitere Kapitel hinzugekommen: „Gleichungssysteme", „Matrizen", „Eigenwerte", „Laplace-Transformation und Fouriertransformationen". Auch liegen, anders als zu Beginn, nunmehr für alle Kapitel Leitprogramme vor.

Neben den Aufgaben und Übungen in den Leitprogrammen sind allen Kapiteln Übungsaufgaben mit Lösungen angehängt. Diese Aufgaben sind zum Teil im Schwierigkeitsgrad angehoben. In zunehmendem Maße können heute Computerprogramme wie „Mathematica", „Derive", „Maple" u. a. genutzt werden, um Gleichungen zu lösen, Umformungen vorzunehmen, Funktionen graphisch darzustellen, zu integrieren und vielfältige Rechnungen auszuführen. Damit wird Mathematik als Hilfsmittel zugänglicher und handhabbarer. Voraussetzung allerdings bleibt, daß man den Sinn der mathematischen Prozeduren verstanden hat, um sie sachgerecht zu nutzen. Computer können viel helfen. Eins können sie nicht, das Studium der Mathematik ersetzen.

Lehrbuch und Leitprogramme haben nicht nur Studienanfängern der Physik, sondern vor allem auch Studienanfängern der Ingenieurwissenschaften und der anderen Naturwissenschaften geholfen, die Schwierigkeiten der ersten Semester zu meistern.

Nachdem der Springer Verlag das Werk mit der 12. Auflage vom Vieweg Verlag übernommen hatte, wurden die Leitprogramme auf einer CD-ROM den Lehrbüchern beigelegt. Ab der 16. Auflage sind sie nunmehr direkt aus dem Internet herunterzuladen.

Mit der Methodik der Leitprogramme wird ein neuer Weg für die Nutzung von akademischen Lehrbüchern beschritten. In Verbindung mit den elektronischen Medien kann so dem Studienanfänger geholfen werden, sich neue Inhalte anhand eines Lehrbuches selbstständig zu erarbeiten. Das Lehrbuch bleibt dabei in späteren Studienphasen und nach dem Studium eine unverzichtbare Informationsquelle, auf die nach Bedarf zurückgegriffen wird. Nach meiner Auffassung kann damit in Zukunft die bedeutsame Rolle akademischer Standardlehrbücher als Informationsquelle und Wissensspeicher stabilisiert und gleichzeitig die Lernbedingung der Studienanfänger verbessert werden.

Seit 2009 ist das Lehrwerk ins Englische übersetzt und unter dem Titel „Mathematics for Physicists and Engineers" erschienen. 2012 erscheint eine Übersetzung ins Französische unter dem Titel „Mathematiques pour physiciens et ingenieurs". In beiden Fällen werden die Leitprogramme als CD den Büchern beigelegt. Damit wird das Lehrwerk weltweit genutzt.

Danken möchte ich allen Mitarbeiterinnen und Mitarbeitern, die geholfen haben, dieses Werk zu gestalten und erproben. Ich danke auch allen aufmerksamen Lesern, die dazu beitrugen immer noch verbliebene Fehler aufzudecken.

Frankfurt am Main, 2012   *Klaus Weltner*

Vorbemerkung

1. Aufgabe und Zielsetzung der Leitprogramme zum Lehrbuch

Das Lehrwerk „Mathematik für Physiker und Ingenieure" besteht aus zwei gleichgewichtigen Anteilen: Dem *Lehrbuch* und den *Leitprogrammen*. Die Leitprogramme sind ausführliche Studieranleitungen und Studienhilfen, die den Leser beim Studium der Lehrbücher unterstützen, und die in Buchform oder kostenlos online erhältlich sind. Sie finden weitere Informationen hierzu auf der Webseite: www.mathematikfuerphysiker.wordpress.com.

Die Leitprogramme enthalten Arbeitsanweisungen für das Studium einzelner Abschnitte des Lehrbuchs, Fragen, Kontrollaufgaben und Probleme mit Lösungen, mit denen der Lernende nach kurzen Studienabschnitten seinen Lernfortschritt überprüfen kann, sowie Zusatzerläuterungen und Hilfen, die auf individuelle Lernschwierigkeiten eingehen.

Im Vordergrund des durch die Leitprogramme unterstützten Studiums steht die selbständige Erarbeitung geschlossener Abschnitte des Lehrbuchs. Diese Abschnitte sind zunächst klein, werden aber im Verlauf größer. Grundlage des Studiums sind damit immer inhaltlich geschlossene und zusammenhängende Einheiten. Diese selbständigen Studienphasen werden dann durch Arbeitsphasen am Leitprogramm abgelöst. In ihnen wird der Lernerfolg überprüft und das Gelernte gefestigt und angewandt. Bei individuellen Lernschwierigkeiten werden Zusatzerläuterungen angeboten.

Ein wesentlicher Grund für die Wirksamkeit der Leitprogramme ist, daß die überwiegende Mehrzahl der Aufgaben von den Studierenden richtig gelöst werden kann. Diese nehmen somit wahr, daß sie in der Lage sind, erfolgreich zu studieren und im subjektiv als schwierig empfundenen Fach Mathematik Fortschritte machen. Damit stabilisiert sich ihre Lernmotivation, ihr Selbstvertrauen und ihre Anstrengungsbereitschaft. Dies wird auch durch Ergebnisse der aktuellen Hirnforschung bestätig, die gezeigt haben, daß bei positiver emotionaler Einstellung Lerninhalte besser gespeichert werden. Dies ist im übrigen bereits von Goethe gesagt: „Lehre tut viel, aber Aufmunterung vermag alles."

Die Fähigkeit, sachgerecht mit Lehrbüchern, Handbüchern und später mit beliebigen Arbeitsunterlagen umzugehen, ist nicht nur die Grundlage für ein erfolgreiches Studium sondern auch für eine erfolgreiche Berufsausübung. Diese Fähigkeit soll gefördert werden. Wir sind darüber hinaus der Ansicht, daß es für den Bereich des Studienanfangs und des Übergangs von der Schule zur Universität für den Studenten Hilfen geben muß, die ihn anhand fachlicher Studien – also über größere Zeiträume hinweg – in akademische Lern- und Studiertechniken einführen. Dies ist der Grund dafür, daß in den Leitprogrammen Lern- und Studiertechniken erläutert und häufig mit lernpsychologischen Befunden begründet werden.

Beispiele für derartige Techniken:

- Arbeitseinteilung und Studienplanung, förderliche Arbeitszeiten;

- Hinweise zur Verbindung von Gruppenarbeit mit Einzelarbeit;

- Intensives Lesen; Exzerpieren, Mitrechnen;

- Selektives Lesen;

- Wiederholungstechniken, Prüfungsvorbereitung.

Lehrbuch und Leitprogramme können in mehrfacher Weise verwendet werden: Zur selbständigen Vorbereitung des Studiums, bei der Behebung unzureichender Vorkenntnisse, neben der Vorlesung, als Grundlage für das Studium in Gruppen und für Tutorien. Es liegt auf der Hand, daß ein selbständiges Erarbeiten einzelner Kapitel oder die Bearbeitung von Teilabschnitten bei Bedarf möglich ist.

Weiterführende Abschnitte und Kapitel des Lehrbuches können beim ersten Durchgang übersprungen und später bei Bedarf erarbeitet werden.

Leitprogramme fördern die Fähigkeit und Bereitschaft zum Selbststudium und fördern damit die Selbständigkeit des Studenten im Sinne einer größeren Unabhängigkeit und Selbstverantwortung[1].

Die Kombination von akademischen Lehrbüchern und dazu entwickelten Leitprogrammen kann die Studiensituation im Grundstudium vieler Fächer erheblich verbessern.

2. Auswahlgesichtspunkte für den mathematischen Inhalt

Es sollen die mathematischen Kenntnisse vermitteln werden, die im ersten Studienjahr für die einführenden Vorlesungen in der Physik und in den Ingenieurwissenschaften benötigt werden. Die mathematischen Vorkenntnisse der Studienanfänger streuen. Nicht immer schließt der Studienbeginn an die Schule an, oft liegen Jahre dazwischen. Es kommt hinzu, daß sich der Schwerpunkt des Mathematikunterrichtes in den letzten Jahrzehnten neuen Bereichen zugewandt hat wie Mengenlehre, Axiomatik, Informatik.

Aus diesem Grunde werden in einigen Kapitel Themen ausführlich behandelt, die eigentlich zum Lehrstoff der Schule gehören wie Vektoralgebra, Funktionen, Differentialrechnung, Integralrechnung u. a. Hier soll das Lehrbuch bewußt eine Brückenfunktion zwischen Schule und Universität erfüllen. Hauptziel ist, eine möglichst rasche Adaption der vorhandenen Mathematikkenntnisse an die neuen Bedürfnisse zu erreichen und fehlende Kenntnisse zu vermitteln. Daher können je nach Vorkenntnissen bestimmte Kapitel und Abschnitte studiert und überschlagen werden.

---

[1] Die Grundgedanken der Leitprogramme, die lernpsychologischen Konzepte und die Durchführung und Ergebnisse der empirischen Untersuchungen sind dargestellt in: Weltner, K. „Autonomes Lernen", Klett-Cotta, Stuttgart, 1978.

Die Anordnung der Kapitel folgt zwei Gesichtspunkten. Einerseits sollen in den ersten Wochen des beginnenden Studiums Grundkenntnisse dann zur Verfügung stehen, wenn sie in Fachvorlesungen benötigt werden. Andererseits ist die Mathematik nach ihren eigenen Zusammenhängen logisch aufgebaut. Die vorliegende Anordnung ist ein Kompromiß zwischen beiden Gesichtspunkten. Die Mathematik ist weitgehend so angeordnet, wie sie im fortschreitenden Studium benötigt wird, ohne daß die mathematische Kohärenz verloren geht.

Der Mathematiker wird in der Beweisführung und Begriffsbildung gelegentlich die ihm – aber meist nur ihm – hilfreiche und liebgewordene Strenge vermissen. Für manchen Studenten wird demgegenüber das Bedürfnis nach mathematischer Strenge bereits überschritten sein.

Brückenkurse: Für den Studienanfänger der Physik, der Naturwissenschaften und der Ingenieurwissenschaften ist es empfehlenswert, vor Aufnahme des Studiums diejenigen Kapitel zu wiederholen, die sich weitgehend mit der Schulmathematik decken oder an sie anschließen. Dazu gehören vor allem Vektoren, Funktionen, Potenzen und Logarithmen, Differentialrechnung, Integralrechnung.

3. Benutzung der Leitprogramme

Der Umfang der Leitprogramme übertrifft den der Lehrbücher. Die Bearbeitung der Leitprogramme kann den individuellen Arbeitsgewohnheiten angepaßt werden. Für diejenigen, die lieber mit einem Buch arbeiten, sind die Leitprogramme als separates Buch erhältlich[2]. Wer lieber am Bildschirm arbeitet, kann sich die Leitprogramme aus dem Internet kostenlos herunterladen. Wer schließlich zwar lieber mit gedruckten Texten arbeitet, aber nicht mit dem separatem Buch, kann sich Leitprogramme kapitelweise ausdrucken, wenn er das Programm aus dem Internet herunter geladen hat.

Um das Leitprogramm herunterzuladen, sind nur wenige Schritte vonnöten. Sie finden diese ausgiebig beschrieben auf der Webseite zum meinen Lehrbüchern: www.mathematikfuerphysiker.wordpress.com.

Ursprünglich gab es die Leitprogramme nur in Buchform. Dann sind sie später als CD dem Lehrbuch beigelegt worden, um am Bildschirm bearbeitet zu werden oder als PDF-Version kapitelweise ausgedruckt zu werden. Nunmehr kann der Leser wählen zwischen der Buchform oder der e-Version, die er am Bildschirm bearbeitet oder einer PDF-Version , bei der er sich die Leitprogramme ausdruckt.

---

[2]   Weltner, K. (Hrsg.) Mathematik für Physiker – Leitprogramm Band 1, Springer Verlag, Heidelberg 2011, ISBN 978-3-642-23485-9

Inhaltsverzeichnis

13 Funktionen mehrerer Variablen, skalare Felder und Vektorfelder

13.1 Einleitung

In den meisten Gesetzen der Physik hängt eine physikalische Größe von mehr als einer anderen physikalischen Größe ab.

1. Beispiel: An einem elektrischen Verbraucher mit dem Widerstand R liege die Spannung U.
Wie groß ist der Strom I, der durch den Widerstand fließt?
Nach dem Ohmschen Gesetz gilt

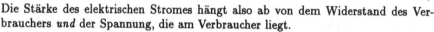

$$I = \frac{U}{R}$$

Die Stärke des elektrischen Stromes hängt also ab von dem Widerstand des Verbrauchers *und* der Spannung, die am Verbraucher liegt.

2. Beispiel: Ein Gas ist in einem Zylinder mit dem Volumen V eingeschlossen.
Der Gasdruck auf die Zylinderwände und den Kolben sei p. Das Gas habe die Temperatur T.[1] Dann gilt für die Stoffmenge ein Mol[2] des Gases die folgende Beziehung zwischen Volumen, Druck und Temperatur:

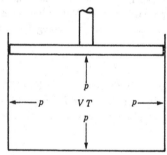

$$pV = R \cdot T$$

Dabei bedeutet R die Gaskonstante

$$R = 8,31 \frac{J}{mol \cdot K}$$

Die obige Gleichung können wir auch schreiben als

$$p = R \cdot \frac{T}{V}$$

Das heißt aber, der Druck p eines Gases hängt von zwei Größen ab:
von seinem Volumen V *und* seiner Temperatur T. Wir sagen auch, p ist eine Funktion von V und T und schreiben:

$$p = p(V, T)$$

---

[1] Hier ist die absolute Temperatur gemeint. Sie wird in Kelvin gemessen.
[2] In der Thermodynamik und in der Chemie wird in fast allen theoretischen Betrachtungen die Masse oder Stoffmenge in Mol angegeben. Ein Mol enthält $6,02 \cdot 10^{23}$ Moleküle.

13.2   Der Begriff der Funktion mehrerer Variablen

Wir lösen uns jetzt von der physikalischen Bedeutung der Gleichungen und betrachten nur den mathematischen und geometrischen Sachverhalt. Für die Funktion zweier Variablen ist folgende Schreibweise üblich

$$z = f(x, y)$$

Die Funktion einer Variablen hat die geometrische Bedeutung einer Kurve in der x-y-Ebene.

Die geometrische Bedeutung einer Funktion zweier Variablen ist eine Fläche im Raum.

Das geometrische Bild der Funktion $z = f(x, y)$ können wir auf zwei Arten gewinnen.

Ermittlung der Fläche der Funktion $z = f(x, y)$ – Wertematrix.

Wir wählen uns einen Punkt $P = (x, y)$ in der x-y-Ebene aus. Das ist ein Wertepaar der unabhängigen Variablen, Diese beiden Werte setzen wir in die gegebene Funktion ein

$$z = f(x, y)$$

Der dadurch bestimmte Funktionswert z wird senkrecht über $P' = (x, y)$ als Punkt im dreidimensionalen Raum aufgetragen.

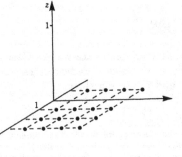

Dieses Verfahren führen wir systematisch für ein Netz von Wertepaaren durch, das die x-y-Ebene überdeckt. Der gewohnten Wertetabelle bei Funktionen einer Variablen entspricht jetzt bei zwei Variablen eine Wertematrix.

x	0	1	2	3
y				
0	1	$\frac{1}{2}$	$\frac{1}{5}$	$\frac{1}{10}$
1	$\frac{1}{2}$	$\frac{1}{3}$	$\frac{1}{6}$	$\frac{1}{11}$
2	$\frac{1}{5}$	$\frac{1}{6}$	$\frac{1}{9}$	$\frac{1}{14}$
3	$\frac{1}{10}$	$\frac{1}{11}$	$\frac{1}{14}$	$\frac{1}{19}$

Für die Funktion $z = \dfrac{1}{1+x^2+y^2}$ ist rechts die Wertematrix angegeben.

Die Menge aller Wertepaare (x,y), für die die Funktion $z = f(x,y)$ definiert ist, heißt *Definitionsbereich*. Die Menge der zugehörigen Funktionswerte heißt *Wertevorrat*. Bei der Funktion $y = f(x)$ wählten wir einen Wert für x und erhielten einen Wert für y gemäß der Funktionsgleichung $y = f(x)$. Jetzt müssen wir zwei Werte, nämlich je einen Wert für x und einen für y wählen, um ihn in die Funktion $f(x,y)$ einzusetzen.

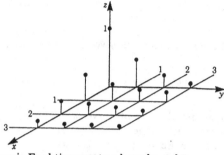

Wenn wir für alle Wertepaare (x,y), für die wir Funktionswerte z berechnen können, die berechneten Funktionswerte als Höhe über den Wertepaaren auftragen, erhalten wir eine Fläche im dreidimensionalen Raum.

Ermittlung der Fläche der Funktion $z = f(x,y)$ – Schnittkurven
Wir betrachten wieder die Funktion $z = f(x,y) = \frac{1}{1+x^2+y^2}$. Dabei dürfen x und y alle Werte annehmen, d.h. der Definitionsbereich ist die gesamte x-y-Ebene. Zwei Eigenschaften der Funktion können wir leicht ermitteln.

1. Für $x = 0$ und $y = 0$ nimmt der Nenner $1 + x^2 + y^2$ seinen kleinsten Wert an. Die Fläche (Funktion) hat dort also ein Maximum. Es ist $f(0,0) = 1$.

2. Für $x \rightarrow \infty$ oder $y \rightarrow \infty$ wird der Nenner beliebig groß. In großer Entfernung vom Koordinatenursprung geht z also gegen Null.

Diese beiden Eigenschaften reichen zum Skizzieren der Fläche noch nicht aus. Der Verlauf von Flächen ist komplexer und schwieriger zu ermitteln als der von Kurven. Ein zutreffendes Bild erhalten wir durch ein systematisches Vorgehen, bei dem wir die komplexe Aufgabe in leichtere Teilaufgaben auflösen. Der Grundgedanke ist, daß wir den Einfluß der beiden Variablen auf den Flächenverlauf getrennt untersuchen, indem wir zunächst einer der beiden Variablen einen festen Wert geben. Wir setzen also eine Variable konstant. Wird y konstant gesetzt, bekommen wir die Flächenkurven über Parallelen zur x-Achse. Für $y = 0$ erhält man z.B. die Kurve

$$z = \frac{1}{1+x^2}$$

Dies ist die Schnittkurve zwischen
der Fläche $z = f(x, y)$
und der x-z-Ebene.

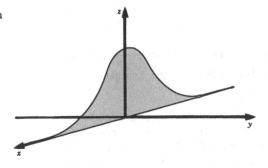

Für einen beliebigen y-Wert $(y = y_0)$ erhält man die Kurve

$$z(x) = \frac{1}{1 + y_0^2 + x^2}$$

Dies ist die Schnittkurve zwischen der Fläche $z = f(x, y)$
und der Ebene parallel zur x-
z-Ebene, die um den Wert y_0
aus dem Koordinatenursprung in
Richtung der y-Achse verschoben
wurde.

Das Verfahren kann für weitere
y-Werte wiederholt werden, um
so ein Bild der Fläche zu gewinnen.

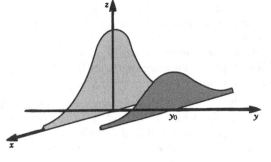

Analog können wir eine zweite Gruppe von Kurven angeben, die wir erhalten, wenn wir x konstant lassen.

Beginnen wir mit $x = 0$. Dann erhalten wir die Funktion

$$z(y) = \frac{1}{1 + y^2}$$

Für ein beliebiges $x = x_0$ erhalten wir die Funktion

$$z(y) = \frac{1}{1 + x_0^2 + y^2}$$

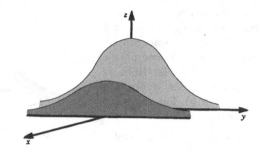

Bringen wir beide Kurventypen in einer Zeichnung zusammen, dann erhalten wir das Bild eines „Hügels".

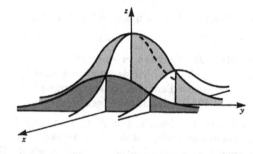

Beide Verfahren, die Fläche zu gewinnen – entweder Aufstellung einer Wertematrix oder Bestimmung von Schnittkurven über Parallelen zur x- oder y-Achse – hängen zusammen. Die Werte der Matrix in einer Zeile oder in einer Spalte sind jeweils die Wertetabellen für die Schnittkurven.

Ermittlung der Fläche der Funktion $z = f(x, y)$ – Höhenlinien

Schließlich können wir ein Bild der Fläche gewinnen, wenn wir *Linien gleicher Höhe* betrachten.

Linien gleicher Höhe sind Kurven auf der Fläche, die eine konstante Entfernung von der x-y-Ebene haben. Es sind Schnittkurven mit einer Ebene parallel zur x-y-Ebene in der Höhe z_0. Die Gleichung der *Höhenlinien* ist $z_0 = f(x, y)$. Für unser Beispiel erhalten wir

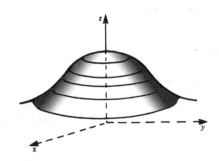

$z_0 = \dfrac{1}{1 + x^2 + y^2}$. Umgeformt:

$x^2 + y^2 = \left(\dfrac{1}{z_0} - 1\right)$.

Die Höhenlinien sind in unserem Fall Kreise mit dem Radius $\sqrt{\dfrac{1}{z_0} - 1}$. Die Funktion ist nur für Werte $z_0 < 1$ definiert.

Ermittlung der Funktion zu einer Fläche

Wir können die Problemstellung auch umkehren. Bisher wurde zu einer gegebenen analytischen Funktion die zugehörige Fläche gesucht. Jetzt suchen wir zu einer gegebenen Fläche den zugehörigen Rechenausdruck.

Eine Kugel mit dem Radius R sei so in das Koordinatensystem gelegt, daß der Koordinatenursprung mit dem Kugelmittelpunkt zusammenfällt. Diesmal gehen wir von einer bestimmten Fläche aus und suchen die Gleichung für denjenigen Teil der Kugeloberfläche, der oberhalb der x-y-Ebene liegt.

Aus der Skizze lesen wir ab (Pythagoras):

$$R^2 = z^2 + c^2$$

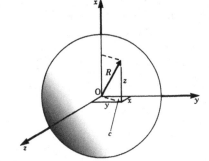

Weiter gilt

$$c^2 = x^2 + y^2$$

Einsetzen ergibt

$$R^2 = x^2 + y^2 + z^2$$

Auflösen nach z:

$$z_{1/2} = \pm\sqrt{R^2 - x^2 - y^2}$$

Die positive Wurzel ergibt die Kugelschale oberhalb der x-y-Ebene.

$$z_1 = +\sqrt{R^2 - x^2 - y^2}$$

Die negative Wurzel ergibt die Kugelschale unterhalb der x-y-Ebene.

$$z_2 = -\sqrt{R^2 - x^2 - y^2}$$

Definitionsbereich: $-R \leq x \leq +R;\quad -R \leq y \leq +R;\quad x^2 + y^2 \leq R^2$

Nachdem wir uns eine anschauliche Vorstellung von der Funktion $z = f(x, y)$ mit zwei Variablen erarbeitet haben, geben wir abschließend die formale Definition.

Definition: Eine Zuordnungsvorschrift $f(x, y)$ heißt *Funktion zweier Variablen*, wenn jedem Wertepaar (x, y) aus einem Definitionsbereich mittels dieser Vorschrift genau ein Wert einer Größe z zugeordnet wird.

Symbolisch:

$$z = f(x, y) \quad \text{oder} \quad (x, y) \overset{f}{\longrightarrow} z \tag{13.1}$$

Tragen wir die Punkte $(x, y, z = f(x, y))$ in ein dreidimensionales Koordinatensystem ein, dann erhalten wir als Graph der Funktion $z = f(x, y)$ über dem Definitionsbereich D eine Fläche F im dreidimensionalen Raum.

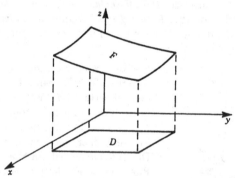

So wie es Funktionen zweier Variablen gibt, $z = f(x, y)$, die jedem Punkt aus einem Bereich der x-y-Ebene einen Wert z zuordnen, kann man Funktionen mit drei Variablen definieren.

Beispiel: $u = f(x, y, z) = 2x^3 + 3z + 7y$

Eine anschauliche geometrische Bedeutung läßt sich im Falle einer Funktion dreier Variablen nicht mehr angeben. Dazu benötigte man ein vierdimensionales Koordinatensystem.

In der Physik spielen derartige Beziehungen allerdings eine große Rolle, wenn eine physikalische Größe von den drei Koordinaten des Raumes abhängt.

So kann die Temperatur in der Lufthülle der Erde angegeben werden als Funktion

der geographischen Breite x
der geographischen Länge y
der Höhe über Null z

$$T = T(x, y, z).$$

Definition: Eine Zuordnungsvorschrift $f(x, y, z)$ heißt *Funktion dreier Variablen*, wenn jedem Wertesatz (x, y, z) mit dieser Vorschrift genau ein Wert einer Größe u zugeordnet wird.
Symbolisch:

$$u = f(x, y, z) \quad oder \quad (x, y, z) \xrightarrow{f} u \tag{13.2}$$

13.3   Das skalare Feld

Im Kapitel 1 „Vektoren", wurde der Begriff *skalare Größe* oder *Skalar* eingeführt. Ein Skalar ist eine Größe, die (bei festgelegter Maßeinheit) schon durch Angabe *eines* Zahlenwertes vollständig beschrieben ist. In diesem Abschnitt werden wir den Begriff des skalaren Feldes einführen.

Die Karte zeigt die Temperatur an einem bestimmten Tag für Europa. Für einige Temperaturwerte sind Punkte gleicher Temperatur durch Linien verbunden, sie heißen *Isothermen*. Jedem Punkt der dargestellten Fläche ist hier eine Temperatur zugeordnet. Die Temperatur ist ein Skalar. Ist für jeden Punkt einer Fläche ein Skalar definiert, so nennen wir dies ein *skalares Feld*.

Der Begriff kann auf den dreidimensionalen Fall übertragen werden.

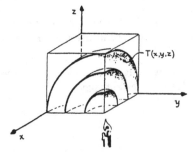

Ein Körper werde an einem Ende erwärmt. Dann hat jeder Punkt P im Körper eine bestimmte Temperatur T, und diese Temperatur hängt vom Ort des Punktes $P = (x, y, z)$ ab:

$$T = T(x, y, z) = T(P)$$

Hier ist jedem Raumpunkt eine bestimmte Temperatur zugeordnet.

Ein weiteres Beispiel: Der Druck p ist ein Skalar. In einer Flüssigkeit ist der Druck eine Funktion der Tiefe.

ρ sei die Dichte der als inkompressibel vorausgesetzten Flüssigkeit und z die positiv gezählte Tiefe unterhalb der Flüssigkeitsoberfläche. Dann ist der Druck in der Flüssigkeit:

$$p(x,y,z) = \ z \cdot \rho \cdot g$$

Für jeden Punkt $(x,\ y,\ z)$ innerhalb der Flüssigkeit ist der Druck damit definiert und angebbar. Der Druck als Funktion des Ortes in der Flüssigkeit ist ein skalares Feld.

Flächen gleichen Druckes, heißen *Isobaren*. Die Isobaren sind in diesem Fall Parallelebenen zur Oberfläche der Flüssigkeit.

Definition: Wird jedem Punkt des Raumes (oder einem Teilraum des dreidimensionalen Raumes) durch eine eindeutige Vorschrift genau ein Wert einer skalaren Größe zugeordnet, dann bilden diese Werte ein *skalares Feld* in diesem Raum.

(13.3)

13.4   Das Vektorfeld

Genau wie den Punkten des Raumes eine skalare Größe zugeordnet werden kann, kann man diesen Punkten auch eine vektorielle Größe zuordnen.

Die Karte zeigt die mittlere Windgeschwindigkeit für Afrika. In bestimmten Gebieten gibt es charakteristische und konstante Luftströmungen, die Passate.

Die Windgeschwindigkeiten sind als Pfeile dargestellt. Diese Pfeile sind Vektoren. Ihre Länge entspricht dem Betrag der Windgeschwindigkeit, ihre Richtung gibt die Richtung der Luftströmung an.

Jedem Punkt der dargestellten Fläche ist hier ein Vektor zugeordnet. Der Vektor ist also für jeden Punkt definiert.

Ist ein Vektor nicht nur für einen Punkt definiert – beispielsweise der Geschwindigkeitsvektor für ein Fahrzeug –, sondern für alle Punkte einer Fläche – beispielsweise die Windgeschwindigkeiten für alle Punkte Afrikas –, so sprechen wir von einem *vektoriellen Feld*.

Der Begriff des vektoriellen Feldes oder *Vektorfeldes* kann auf den dreidimensionalen Fall erweitert werden. Die Windgeschwindigkeit ändert sich auch mit der Höhe. Sie hängt von den Koordinaten der Ebene (x und y) und von der Höhe (z) ab. Dies führt uns zu der folgenden Definition eines Vektorfeldes im dreidimensionalen Raum:

Definition: Eine vektorielle Größe $\vec{A}$, die in jedem Raumpunkt $P = (x, y, z)$ einen bestimmten Wert annimmt, heißt *Vektorfeld*.
Jedem Punkt P des Raumes wird ein Vektor $\vec{A}$ zugeordnet.

$$\vec{A}(P) = \vec{A}(x, y, z) \qquad (13.4)$$

Vektorfelder können empirisch bestimmt und aufgezeichnet werden. Beispiele: Luftströmungen, Wasserströmungen. Sie können auch durch einen analytischen Ausdruck gegeben sein. Dann kann das Vektorfeld Punkt für Punkt aus dem Ausdruck berechnet und aufgebaut werden. Wie das vor sich geht, werden wir gleich zeigen.

Der analytische Ausdruck für ein Vektorfeld sei abgekürzt $\vec{A}(x, y, z)$ oder ausführlicher in Komponenten geschrieben:

$$\vec{A}(x, y, z) = (A_x(x, y, z); \quad A_y(x, y, z); \quad A_z(x, y, z))$$

Jede Komponente ist für sich eine Funktion der Ortskoordinaten. Daraus ergibt sich auch das Verfahren, den Vektor $\vec{A}$ für einen gegebenen Punkt $P_1 = (x_1, y_1, z_1)$ zu berechnen. Wir ermitteln die x-Komponente A_x, indem wir x_1, y_1, z_1 in die Funktion A_x einsetzen. Danach wird die y-Komponente ermittelt, indem x_1, y_1, z_1 in A_y eingesetzt werden. Schließlich werden x_1, y_1, z_1 in A_z eingesetzt.

Damit haben wir die drei Komponenten von $\vec{A}$ für P_1 und können den Vektor $\vec{A}$ so einzeichnen, daß er im Punkt P_1 beginnt. Danach wird das Verfahren für einen neuen Punkt P_2 wiederholt und punktweise das Vektorfeld aufgebaut.

Wir üben das Skizzieren von Vektorfeldern an zweidimensionalen Beispielen.

1. Beispiel: Gegeben sei das Vektorfeld

$$\vec{A}(x,y) = (A_x;\, A_y) = \left(\frac{y^2}{\sqrt{x^2+y^2}},\quad \frac{x}{\sqrt{x^2+y^2}} \right) = \frac{1}{\sqrt{x^2+y^2}}(y^2,\, x)$$

Wir berechnen den Vektor $\vec{A}$ für einige Punkte $P = (x, y)$. Zunächst bestimmen wir $\vec{A}(x_1, y_1)$ für den Punkt $P_1 = (x_1, y_1) = (1, 1)$.

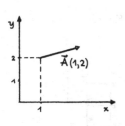

Dazu setzen wir $x = 1$ und $y = 1$ in die folgenden Funktionen ein:

$$A_x(x,y) = \frac{y^2}{\sqrt{x^2+y^2}}$$

$$A_y(x,y) = \frac{x}{\sqrt{x^2+y^2}}$$

Der Vektor ist dann:

$$\vec{A}(1,1) = \left(\frac{1}{\sqrt{2}},\quad \frac{1}{\sqrt{2}} \right)$$

Den Vektor $\vec{A}(1,1)$ tragen wir im Punkt $P_1 = (1,1)$ in das Koordinatensystem ein.

Sodann berechnen wir noch den Vektor $\vec{A}$ im Punkt $P_2 = (1,2)$. Einsetzen der Koordinaten $x = 1$ und $y = 2$ in $\vec{A}(x, y)$ gibt in diesem Fall

$$A_x(1,2) = \frac{2^2}{\sqrt{1^2+2^2}}$$

$$A_y(1,2) = \frac{1}{\sqrt{1^2+2^2}}$$

Für den Punkt $(1, 2)$ gilt

$$\vec{A}(1,2) = \frac{1}{\sqrt{5}}(4,1)$$

In der Tabelle sind noch drei weitere Vektoren berechnet. Tragen wir sie ein, erhalten wir folgendes Bild des Vektorfeldes $\vec{A}(x, y)$:

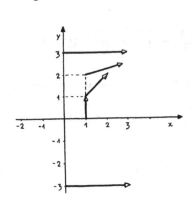

$P(x, y)$	$\vec{A}(x, y) = \dfrac{(y^2, x)}{\sqrt{x^2 + y^2}}$
$(1, 0)$	$(0, 1)$
$(1, 1)$	$\dfrac{(1, 1)}{\sqrt{2}}$
$(1, 2)$	$\dfrac{(4, 1)}{\sqrt{5}}$
$(0, 3)$	$\dfrac{(9, 0)}{\sqrt{9}} = (3, 0)$
$(0, -3)$	$\dfrac{(9, 0)}{\sqrt{9}} = (3, 0)$

2. Beispiel: $\vec{A}(x, y, z) = (0, -x, 0)$
Dies ist ein Vektorfeld im dreidimensionalen Raum. Hier ist

$$A_x = 0,$$
$$A_y = -x$$
$$A_z = 0$$

Aufgrund der speziellen Form von $\vec{A}(x, y, z)$ versuchen wir uns ein anschauliches Bild von dem Vektorfeld zu konstruieren.

Die Vektoren $\vec{A}(x, y, z)$ sind unabhängig von den y- und z-Koordinaten der Raumpunkte $P = (x, y, z)$.

Alle Vektoren zeigen in die y-Richtung.
Mit wachsendem x wächst der Betrag.
Damit läßt sich das Vektorfeld bereits
skizzieren.

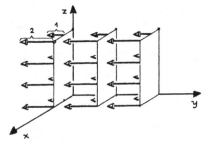

13.5 Spezielle Vektorfelder

13.5.1 Das homogene Vektorfeld

Betrachten wir das Vektorfeld $\vec{A}(x, y, z) = (a, 0, 0)$. Die Komponenten von $\vec{A}(x, y, z)$ sind

$$A_x(x, y, z) = a$$
$$A_y(x, y, z) = 0$$
$$A_z(x, y, z) = 0$$

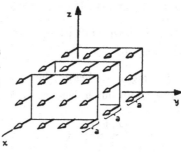

Der Vektor $\vec{A}$ ist in allen Punkten des Raumes gleich, denn er hängt von den Raumkoordinaten nicht ab. Er hat in allen Punkten den Betrag

$$|\vec{A}| = \sqrt{A \cdot A} = \sqrt{a^2 + 0^2 + 0^2} = a$$

Der Vektor $\vec{A}$ zeigt stets in x-Richtung.

Definition:	Ein Vektorfeld, das in allen Raumpunkten des Definitionsbereiches des Feldes den gleichen Betrag und die gleiche Richtung hat, heißt *homogenes Vektorfeld*.

$$(13.5)$$

1. Beispiel: Das elektrische Feld im Innern eines Plattenkondensators mit den Ladungen Q_1 und $-Q_1$ auf den Platten ist homogen. Das elektrische Feld $\vec{E}$ hat hier überall die gleiche Richtung und den gleichen Betrag.

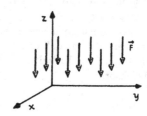

2. Beispiel: Auf eine Masse m wirkt in Erdnähe die konstante Gravitationskraft $\vec{F}$. Sie ist in erster Näherung gegeben durch $\vec{F} = mg(0, 0, -1)$.

13.5.2 Das radialsymmetrische Feld

Betrachten wir die Gravitationskraft $\vec{F}$ in der gesamten Umgebung der Erdkugel, so beobachten wir folgende zwei Eigenschaften:

a) Die Richtung der Kraft auf eine Masse m zeigt immer zum Erdmittelpunkt.

b) Der Betrag der Kraft nimmt mit der Entfernung vom Erdmittelpunkt ab.

Den Zusammenhang beschreibt folgender analytischer Ausdruck:

$$\vec{F}(x, y, z) = -c\frac{(x, y, z)}{(x^2 + y^2 + z^2)^{3/2}} = -c \cdot \frac{\vec{r}}{r^3}$$

$$c > 0, \quad r = |\vec{r}| = \sqrt{x^2 + y^2 + z^2}$$

Der Betrag dieser Kraft ist $\frac{c}{r^2}$. Er hängt nur von der Entfernung r vom Koordinatenursprung ab.

Die Richtung dieses Vektorfeldes wird gegeben durch den Vektor $\frac{\vec{r}}{r}$. Der Vektor $\frac{\vec{r}}{r}$ wird dargestellt durch den Ausdruck

$$\frac{\vec{r}}{r} = \frac{(x, y, z)}{\sqrt{x^2 + y^2 + z^2}}$$

Wir haben hier einen Einheitsvektor, denn sein Betrag ist 1.

Der Vektor $\vec{r} = (x, y, z)$ ist ein Radialvektor, der nach außen zeigt. Sein Betrag ist:

$$r = \sqrt{r_x^2 + r_y^2 + r_z^2} = \sqrt{x^2 + y^2 + z^2}$$

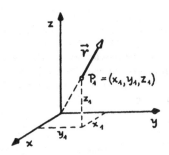

Der Vektor $\vec{r} = (x, y, z)$ wird für den Punkt $P_1 = (x_1, y_1, z_1)$ folgendermaßen gewonnen:

$\vec{r}$ hat die Komponenten x_1, y_1, z_1 und beginnt im Punkt P_1. Das bedeutet geometrisch, $\vec{r}$ hat Richtung und Betrag des Ortsvektors für den Punkt P_1, beginnt aber nicht im Koordinatenursprung, sondern im Punkt P_1.

Man kann es auch so deuten: Der auf P_1 zeigende Ortsvektor ist so in radialer Richtung verschoben, daß er im Punkt P_1 beginnt. Im Fall der Gravitationskraft ist die Kraft auf den Erdmittelpunkt gerichtet. Daher das negative Vorzeichen beim Einheitsvektor.

Die Abbildung rechts zeigt das radialsymmetrische Feld $\vec{F} = -C\,\dfrac{\vec{r}}{r^3}$

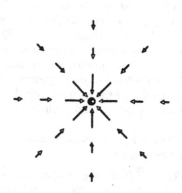

Definition:	*Radialsysmmetrische Vektorfelder* sind Vektorfelder $\vec{A}$, deren Beträge nur von dem Abstand vom Koordinatenursprung abhängen und die Richtung eines Radialvektors haben. Radialsymmetrische Felder können immer in die Form $\vec{A}(x,\,y,\,z) = \vec{e}_r \cdot f(\mathfrak{r})$ gebracht werden.

$$(13.6)$$

Im Fall der Gravitationskraft ist $f(r) = -\dfrac{c}{r^2}$.

13.5.3 Ringförmiges Vektorfeld

Ein stromdurchflossener gerader Leiter ist von ringförmigen magnetischen Feldlinien umgeben. Die Feldstärke hat eine Richtung senkrecht zum Radius und senkrecht zum Leiter, sodaß man auch von einem ringförmigen Vektorfeld spricht.

Die Größe (oder der Betrag) des Feldstärkevektors $\vec{H}$ hängt nur von dem Abstand r_0
zum Leiter ab, ist also eine Funktion von r_0
allein:

$$|\vec{H}| = f(r_0)$$

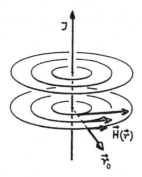

Die Feldstärke $\vec{H}$ können wir – wie jeden
Vektor – als Produkt aus Betrag und Einheitsvektor schreiben

$$\vec{H} = H \cdot \vec{e} = f(r_0) \cdot \vec{e}$$

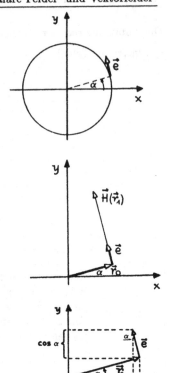

Wir wollen uns überlegen, von welchen Größen $\vec{e}$ abhängt. Die magnetischen Feldlinien bilden Kreisringe in einer Ebene senkrecht zum stromdurchflossenen Leiter. Wenn wir ein Koordinatensystem einführen wollen, so werden wir am bequemsten zwei Achsen in diese Ebene legen und die dritte in die Richtung des stromdurchflossenen Leiters.

In der Skizze haben wir die x- und y-Achse in die Ebene gelegt.

Der Vektor $\vec{H}$ liegt tangential an den Feldlinienringen, steht also senkrecht auf der Abstandslinie r_0. Genau so liegt sein Einheitsvektor $\vec{e}$. Seine x-Komponente ist nach der Zeichnung $-\sin\alpha$ (sie geht vom Fußpunkt des Vektors $\vec{e}$ in die negative x-Richtung), seine y-Komponente ist $\cos\alpha$ und seine z-Komponente ist 0:

$$\vec{e} = (-\sin\alpha, \quad \cos\alpha, \quad 0)$$

$\vec{e}$ hängt also nur von α ab. Wir haben damit das Vektorfeld $\vec{H}$ in einen r_0- und einen α-abhängigen Faktor aufgespalten.

$$\vec{H} = f(r_0) \cdot (-\sin\alpha, \quad \cos\alpha, \quad 0)$$

13.6 Übungsaufgaben

13.2 A Bestimmen Sie die Wertematrix zu der Funktion $f(x, y) = x^2 y + 6$.

y \ x	-2	-1	0	1
-2				
-1				
0				
1				
2				

B Welche Flächen werden durch die folgenden Funktionen dargestellt? Fertigen Sie eine Skizze an!

a) $z = -x - 2y + 2$ \qquad\qquad b) $z = x^2 + y^2$

c) $z = \sqrt{1 - \frac{x^2}{4} - \frac{y^2}{9}}$

13.4 A Teilen Sie die folgenden Ausdrücke ein in skalare Felder, Vektorfelder und sonstige Ausdrücke

a) $\frac{mM}{x^2 + y^2 + z^2}$ \qquad\qquad b) $\frac{mM(x,y,z)}{(x^2 + y^2 + z^2)^{3/2}}$

c) $Ce^{-\frac{x^2 + y^2 + z^2}{kT}}$ \qquad\qquad d) $\frac{x^2}{a^2} + \frac{y^2}{b^2} + \frac{z^2}{c^2} = 1$ \qquad e) $-mg\,\vec{e}_z$

B Berechnen Sie das Vektorfeld

$$\vec{A}(x, y, z) = (x^2, y, x^2 + y^2 + z^2)$$

an folgenden Punkten

a) $P_1 = (0, 0, 1)$ \qquad b) $P_2 = (1, 1, 1)$ \qquad c) $P_3 = (1, 0, 0)$

C Geben Sie an, welche Vektorfelder homogen, welche radialsymmetrisch sind und welche zu keinem der beiden Typen gehören.

a) $a(1, 1, 0)$ \qquad b) $\frac{\vec{r}}{\sqrt{x^2 + y^2 + z^2}}$ \qquad c) (x, z, y)

d) (x, y, z) \qquad e) $x(1, 5, 2)$ \qquad f) $-mg\vec{e}_z$

g) $\frac{(x, y, z)}{(x^2 + y^2 + z^2)^5}$

13.4 B Skizzieren Sie die folgenden Vektorfelder:

  a) $\vec{A}(x, y, z) = (0, 0, 1)$ b) $\vec{A}(x, y, z) = 2(1, 0, 1)$

  c) $\vec{A}(x, y, z) = \frac{1}{r}(x, y, z)$ d) $\vec{A}(x, y, z) = \frac{1}{r^2}(x, y, z)$

Lösungen

13.1 A Wertematrix

x⟍y	−2	−1	0	1
−2	−2	4	6	4
−1	2	5	6	5
0	6	6	6	6
1	10	7	6	7
2	14	8	6	8

B   a) Die Funktion stellt eine Ebene dar. Die Schnittkurven der Fläche sind

  1) mit der x-y-Ebene: $y = -\frac{x}{2} + 1$

  2) mit der x-z-Ebene: $z = -x + 2$

  3) mit der y-z-Ebene: $z = -2y + 2$

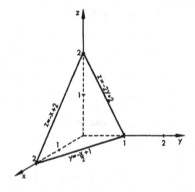

b) Die Funktion $z = x^2 + y^2$ stellt ein Rotationsparaboloid um die x-Achse dar. Schnittkurven mit Ebenen parallel zur x-Achse sind Parabeln. Schnittkurven mit Ebenen parallel zur x-y-Ebene – Höhenlinien – sind Kreise.

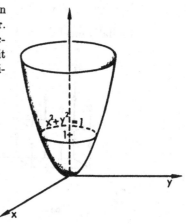

c) Die Funktion $z = \sqrt{1 - \frac{x^2}{4} - \frac{y^2}{9}}$ stellt ein Halbellipsoid über der x-y-Ebene dar.

Die Schnittkurven mit der x-z-Ebene und der y-z-Ebene sind Halbellipsen.

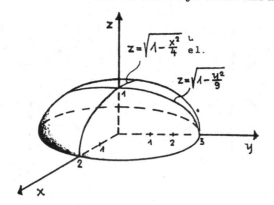

13.3 A   Skalare Felder: a),   c)
Vektorfelder: b),   e)

B   a) $\vec{A}(0,0,1) = (0,0,1)$ b) $\vec{A}(1,1,1) = (1,1,3)$

c) $\vec{A}(1,0,0) = (1,0,1)$

13.4 A Homogenes Vektorfeld: a) ,   f)

Radialsymmetrisches Vektorfeld: b) ,   d) ,   g)

B

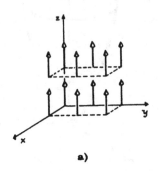

a)

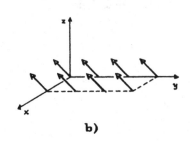

b)

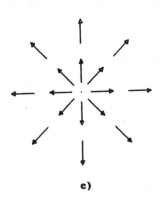

c)

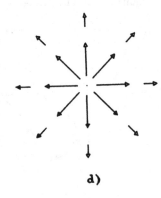

d)

14 Partielle Ableitung, totales Differential und Gradient

14.1 Die partielle Ableitung

Die geometrische Bedeutung der Ableitung einer Funktion mit einer Variablen ist bekanntlich die Steigung der Tangente an die Funktionskurve. Wir befassen uns nun mit dem Problem, Steigungen für Flächen im Raum zu bestimmen.

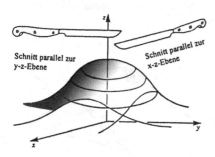

In Abschnitt 13.1 hatten wir die Funktion

$$z = \frac{1}{1 + x^2 + y^2}$$

als Beispiel für eine Funktion zweier Variablen betrachtet. Sie stellt eine Fläche im dreidimensionalen Raum dar.

Setzen wir eine der Variablen konstant, erhalten wir eine Schnittkurve der Funktion mit einer Ebene.

Zwei Typen von Schnittkurven der Fläche mit Schnittebenen kennen wir bereits:

Schnittkurven mit Ebenen parallel zur x-z-Ebene:

Die Schnittebene habe den Abstand y_0 von der x-z-Ebene. Die *Gleichung* der *Schnittkurve* erhalten wir, indem wir in die Funktionsgleichung den Abstand y_0 einsetzen.

$$z(x) = \frac{1}{1 + x^2 + y_0^2}$$

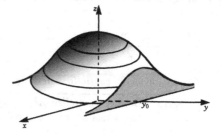

In diesem Fall ist z dann nur noch eine Funktion von x.

Schnittkurven mit Ebenen parallel zur y-z-Ebene:

Die Schnittebene habe den Abstand x_0 von
der y-z-Ebene. Die Gleichung der Schnittkurve erhalten wir, indem wir den Wert x_0
in die Funktionsgleichung einsetzen. In diesem Fall ist z dann nur noch eine Funktion
von y.

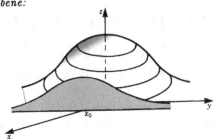

$$z\left(y\right) = \frac{1}{1 + x_0^2 + y^2}$$

Steigung der Schnittkurven

Für die Schnittkurven parallel zur x-z-Ebene können wir die Steigung sofort angeben. Für die Schnittkurve ist y eine Konstante.

Wir haben also eine Funktion mit einer Variablen. Die Steigung ist durch die Ableitung der Funktion $z = z\left(x\right)$ nach x gegeben.

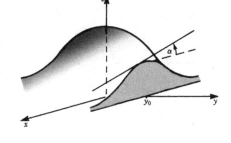

Für diese neue Art der Ableitung benutzen wir statt des Zeichens d das stilisierte
Zeichen δ (sprich: Delta).[1]

$$\frac{\delta f}{\delta x} = \frac{\delta z}{\delta x} = \frac{\delta}{\delta x}\left[\frac{1}{1 + x^2 + y^2}\right]$$

(Sprechweise: Delta f nach Delta x)

Da y für die Schnittkurve konstant ist – wir könnten auch schreiben y_0 – erhalten
wir:

$$\frac{\delta f}{\delta x} = -\frac{2x}{(1 + x^2 + y^2)^2}$$

Diese Operation heißt *partielle Ableitung*.

Rechenregel:	Bei der *partiellen Ableitung* nach x wird nur nach x differenziert. Die Variable y wird dabei als Konstante betrachtet. Beispiel:
	$$\frac{\delta f}{\delta x} = \frac{\delta z}{\delta x} = \frac{\delta}{\delta x}\left(\frac{1}{1 + x^2 + y^2}\right) = \frac{-2x}{(1 + x^2 + y^2)^2}$$

Für die Schnittkurven parallel zur y-z-Ebene können wir ebenfalls die Steigung
angeben.

---

[1]In der Literatur sind auch andere Symbole für die partielle Ableitung in Gebrauch wie ∂ oder ϑ.

Die Steigung dieser Kurven ist nun nicht mehr durch die partielle Ableitung nach x gegeben, sondern hier müssen wir die partielle Ableitung nach y bilden. Das ist etwas Neues.

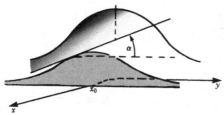

Rechenregel: Bei der partiellen Ableitung nach y wird x als Konstante betrachtet, und nach y wird differenziert. Beispiel:

$$\frac{\delta f}{\delta y} = \frac{\delta z}{\delta y} = \frac{\delta}{\delta y}\left(\frac{1}{1+x^2+y^2}\right) = -\frac{2y}{(1+x^2+y^2)^2}$$

Funktionen mit drei Variablen lassen sich nicht mehr anschaulich geometrisch im dreidimensionalen Raum deuten. Dabei kommen sie häufig vor. Als Beispiel kennen wir bereits die Temperatur als Funktion der drei Ortskoordinaten: $T = T(x, y, z)$. Für die Funktion $f = f(x, y, z)$ gibt es drei partielle Ableitungen.

	Rechenregel	Beispiel: $f(x, y, z) = 2x^3y + z^2$
Partielle Ableitung nach x	alle Variablen außer x werden als Konstante betrachtet. Es wird nur nach der Variablen x differenziert	$\dfrac{\delta f}{\delta x} = 6x^2y$
Partielle Ableitung nach y	alle Variablen außer y werden als Konstante betrachtet. Es wird nur nach der Variablen y differenziert.	$\dfrac{\delta f}{\delta y} = 2x^3$
Partielle Ableitung nach z	alle Variablen außer z werden als Konstante betrachtet. Es wird nur nach der Variablen z differenziert.	$\dfrac{\delta f}{\delta z} = 2z$

Für die partiellen Ableitungen gibt es eine weitere oft benutzte einfache Schreibweise: $f(x, y, z)$ sei eine Funktion von x, y und z. Dann benutzt man tiefgestellte Indizes und schreibt auch:

$$\frac{\delta f}{\delta x} = f_x \qquad \frac{\delta f}{\delta y} = f_y \qquad \frac{\delta f}{\delta z} = f_z$$

Beispiel: $f(x, y, z) = x \cdot y \cdot z$ $\qquad f_x = \dfrac{\delta f}{\delta x} = y \cdot z$

$$f_y = \frac{\delta f}{\delta y} = x \cdot z$$

$$f_z = \frac{\delta f}{\delta z} = x \cdot y$$

14.1.1   Mehrfache partielle Ableitung

Die partiellen Ableitungen sind wieder Funktionen der unabhängigen Variablen x, y .... Deshalb können wir sie erneut partiell differenzieren.

Beispiel: Es sei $f(x, y, z) = \dfrac{x}{y} + 2z$. Wir suchen

$$\frac{\delta}{\delta x} \left(\frac{\delta}{\delta y} f(x, y, z) \right)$$

Hier ist die Schreibweise mit dem tiefgestellten Index besonders übersichtlich.

$$\frac{\delta}{\delta x} \left(\frac{\delta f}{\delta y} \right) = \frac{\delta}{\delta x} f_y = f_{xy}$$

Reihenfolge: zuerst wird nach y differenziert, dann nach x. Die Indexkette wird von rechts nach links abgearbeitet.[1]
Wir bilden zuerst die partielle Ableitung nach y für $f(x, y, z) = \frac{x}{y} + 2z$.

$$\frac{\delta f}{\delta y} = f_y = -\frac{x}{y^2}$$

Dann differenzieren wir f_y nach x:

$$\frac{\delta}{\delta x} (f_y) = f_{xy} = -\frac{1}{y^2}$$

---

[1] Bei den meisten in der Physik vorkommenden Funktionen gilt bei mehrfachen partiellen Ableitungen $f_{xy} = f_{yx}$. Es gibt aber auch Funktionen, bei denen die Reihenfolge der Ableitung beachtet werden muß und bei denen gilt $f_{xy} \neq f_{yx}$

14.2 Das totale Differential

Funktion zweier Variablen

Wir betrachten die Funktion $z = \dfrac{1}{1 + x^2 + y^2}$. Sie stellt eine Fläche im Raum dar.

Auf dieser Fläche gibt es *Linien gleicher Höhe z.*

Sehen wir senkrecht von oben auf die x-y-Ebene, so erhalten wir die Projektionen dieser Linien gleicher Höhe auf die x-y-Ebene. Diese Projektionen heißen *Höhenlinien*, weil mit ihrer Hilfe auf Landkarten Gebirgszüge dargestellt werden, die ja auch Flächen im Raum sind. In unserem Fall erhalten wir als Höhenlinien eine Reihe von ineinanderliegenden Kreisen. Die Linien gleicher Höhe sind hier Kreise im Raum.

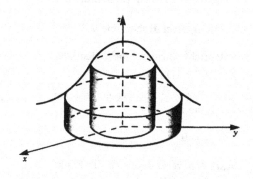

Wir betrachten jetzt die Linien gleicher Höhe mit äquidistanten Höhenabständen. Dann liegen die zugehörigen Höhenlinien in der x-y-Ebene dort am dichtesten, wo unser „Berg" am steilsten ist.

Die Linie gleicher Höhe ist die Schnittkurve der Ebene $z = c_i$ mit der Fläche

$$z = \frac{1}{1 + x^2 + y^2}$$

Gleichsetzten ergibt: $c_1 = \dfrac{1}{1 + x^2 + y^2}$

Diese Gleichung ist gleichzeitig die Gleichung für die Höhenlinie in der x–y-Ebene. Wir formen diese Gleichung um zu:

$$x^2 + y^2 = \frac{1}{c_i} - 1$$

Aus der letzten Beziehung sehen wir, daß wir eine Gleichung für einen Kreis mit dem Radius $R = \sqrt{\frac{1}{c_i} - 1}$ erhalten haben. Je größer wir die Höhe c_i wählen, desto kleiner ist der Kreisradius.

Wir suchen nun die *Richtung* des steilsten Anstiegs oder Abfalls der Fläche

$$z = \frac{1}{1 + x^2 + y^2}$$

Aus der Zeichnung sieht man, daß der „Berg" in unserem Beispiel offenbar für jeden Punkt in radialer Richtung am steilsten abfällt.

Wir gehen vom Punkt A' in der *x-y-Ebene* einmal um die Strecke dr

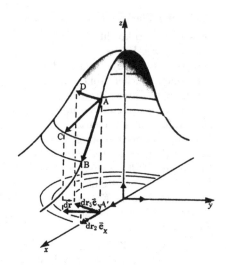

a) in beliebiger Richtung $\overrightarrow{dr}$;

b) senkrecht zu einer Höhenlinie $\overrightarrow{dr_s}$;

c) entlang einer Höhenlinie $\overrightarrow{dr_h}$;

Das entspricht auf der Fläche den Wegen $\overrightarrow{AC}$, $\overrightarrow{AB}$, $\overrightarrow{AD}$.

Für den Weg $\overrightarrow{AD}$ entlang einer Linie gleicher Höhe ist

$$dz_{\overline{AD}} = 0$$

Am stärksten verändert sich die Funktion z auf dem Weg $\overrightarrow{AB}$ senkrecht zu den Linien gleicher Höhe.
Für alle übrigen Wege gilt

$$0 \leq dz \leq dz_{\overline{AB}} \quad \text{also auch} \quad 0 \leq dz_{\overline{AC}} \leq dz_{\overline{AB}}$$

Wir stellen uns jetzt die Frage, wie sich die Funktion $z = f(x, y)$ ändert, wenn wir ein Stück $\overrightarrow{dr}$ in einer beliebigen Richtung $\overrightarrow{dr} = (dx, dy)$ gehen.

Die Änderung von $f(x, y)$ erhalten wir in zwei Schritten:

1. Wir gehen um dx in x-Richtung
   (y bleibt dabei konstant)

2. Wir gehen um dy in y-Richtung
   (x bleibt dabei konstant)

Der Gesamtweg ist in Vektorschreibweise:

$$\overrightarrow{dr} = dx\vec{e}_x + dy\vec{e}_y$$

1. Schritt: Die Änderung einer Funktion mit einer unabhängigen Variablen war in erster Näherung gegeben durch das Differential

$$dy = \frac{df(x)}{dx} dx = f'(x) \cdot dx$$

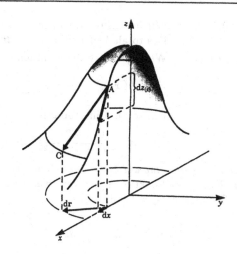

Jetzt haben wir eine Funktion zweier Variablen.
$z = f(x, y)$. Wenn wir in x-Richtung um dx fortschreiten (y bleibt dabei konstant) erhalten wir für die Änderung von z:

$$dz_{(x)} = \frac{\delta f(x, y)}{\delta x} dx$$

2. Schritt: Wenn wir in y-Richtung um dy fortschreiten (x bleibt dabei konstant) erhalten wir für die Änderung von z den Wert

$$dz_{(y)} = \frac{\delta f}{\delta y} dy$$

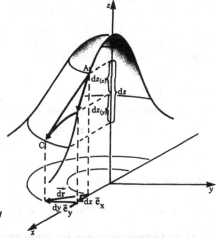

Die Gesamtänderung von z ergibt sich als Summe der beiden Teiländerungen. Sie heißt totales Differential.

$$dz = dz_{(x)} + dz_{(y)} = \frac{\delta f}{\delta x} dx + \frac{\delta f}{\delta y} dy$$

Definition: Das *totale Differential* der Funktion $z = f(x, y)$ ist die Größe

$$dz = \frac{\delta f}{\delta x} dx + \frac{\delta f}{\delta y} dy$$

Das totale Differential ist ein Maß für die Änderung der Funktion $z = f(x, y)$, wenn wir vom Punkt $A = (x, y)$ ein Stück in die Richtung $d\vec{r} = (dx, dy)$ gehen.

1. Beispiel: Wir betrachten die Funktion $z = x^2 + y^2$
               Das totale Differential ist $dz = 2x\,dx + 2y\,dy$

2. Beispiel: Wir betrachten die Funktion

$$f(x, y) = \frac{1}{1 + x^2 + y^2}$$

Das totale Differential ist

$$dz = \frac{-2x}{(1 + x^2 + y^2)^2}\,dx - \frac{-2y}{(1 + x^2 + y^2)^2}\,dy$$

Verallgemeinerung auf Funktionen dreier Variablen.

Im Falle einer Funktion dreier Variablen $f(x, y, z)$ verallgemeinert man das *totale Differential* entsprechend zu

$$df = \frac{\delta f}{\delta x}\,dx + \frac{\delta f}{\delta y}\,dy + \frac{\delta f}{\delta z}\,dz$$

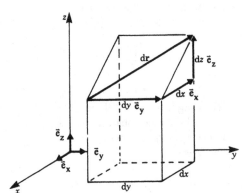

Auch hier ist das totale Differential ein Maß für die Änderung der Funktion $z = f(x, y, z)$. Wenn wir ein Stück in die Richtung $d\vec{r} = (dx, dy, dz)$ gehen, ändert sich die Funktion $f(x, y, z)$ um den durch das totale Differential gegebenen Betrag.

Beispiel: $f(x, y, z) = x \cdot y \cdot z$

               Das totale Differential ist

$$df = yz \cdot dx + xz \cdot dy + xy \cdot dz$$

14.3   Der Gradient

14.3.1   Gradient bei Funktionen zweier Variablen

Das totale Differential einer Funktion zweier Variablen $z = f(x, y)$ war definiert als $dz = \frac{\delta f}{\delta x}\,dx + \frac{\delta f}{\delta y}\,dy$.

Behauptung: Das totale Differential läßt sich formal schreiben als Skalarprodukt der folgenden Vektoren $\left(\frac{\delta f}{\delta x}\vec{e}_x + \frac{\delta f}{\delta y}\vec{e}_y\right)$ und $d\vec{r}$. Dabei bezeichnet dr das Wegelement und $\left(\frac{\delta f}{\delta x}\vec{e}_x + \frac{\delta f}{\delta y}\vec{e}_y\right)$ wird als ein neuer Vektor definiert.

Diese Behauptung verifizieren wir.

$$dz = \left(\frac{\delta f}{\delta x}\,\vec{e}_x + \frac{\delta f}{\delta y}\,\vec{e}_y\right) \cdot (dx\vec{e}_x + dy\vec{e}_y)$$

$$dz = \frac{\delta f}{\delta x}\,dx\vec{e}_x \cdot \vec{e}_x + \frac{\delta f}{\delta y}\,dy\vec{e}_y \cdot \vec{e}_y + \frac{\delta f}{\delta x}\,dy\vec{e}_x \cdot \vec{e}_y + \frac{\delta f}{\delta y}\,dx\vec{e}_y \cdot \vec{e}_x$$

$$dz = \frac{\delta f}{\delta x}\,dx + \frac{\delta f}{\delta y}\,dy$$

Damit ist unsere Behauptung bewiesen. Der neu definierte Vektor heißt *Gradient* und wird abgekürzt grad geschrieben.

Definition: Der *Gradient* der Funktion $z = f(x, y)$ ist der folgende Vektor:

$$\text{grad } f(x, y) = \left(\frac{\delta f}{\delta x}\,e_x + \frac{\delta f}{\delta y}\,e_y\right) = \left(\frac{\delta f}{\delta x}, \frac{\delta f}{\delta y}\right)$$

Der Gradient hat zwei anschauliche Eigenschaften:

- Der Gradient steht senkrecht auf den Höhenlinien und zeigt in diejenige Richtung, in der sich die Funktionswerte $z = f(x, y)$ am stärksten ändern.

- Der Betrag des Gradienten ist ein Maß für die Änderung des Funktionswertes senkrecht zu den Höhenlinien.

Diese beiden Eigenschaften wollen wir jetzt herleiten. Betrachten wir zunächst das Skalarprodukt

$$\text{grad } f \cdot \vec{dz} = dz$$

Legen wir $\vec{dr}$ in eine der Höhenlinien, dann gilt $dz = 0$. Denn eine Höhenlinie ist die Projektion einer Linie gleicher Höhe. Bei der Bewegung auf dieser Linie ändert sich z nicht und deshalb muß dafür $dz = 0$ gelten. Daraus folgt

$$df = \text{grad } f \cdot \vec{dr} = 0$$

Aus Kapitel 2 wissen wir:
Das Skalarprodukt zweier Vektoren, von denen keiner der Nullvektor ist, verschwindet genau dann, wenn die beiden Vektoren senkrecht aufeinander stehen. Da weder grad f noch $\vec{dr}$ ein Nullvektor ist, stehen grad f und $\vec{dr}$ senkrecht aufeinander. Daraus folgt: *Der Gradient steht senkrecht auf der Höhenlinie.*

Dieses Ergebnis wollen wir an unserem Beispiel $f(x, y) = \dfrac{1}{1 + x^2 + y^2}$ verifizieren.

Der Gradient ist: grad $f = - \left[\dfrac{2x}{(1+x^2+y^2)^2}, \dfrac{2y}{(1+x^2+y^2)^2} \right]$.

Dies ist ein Radialvektor, und der Gradient steht damit senkrecht auf den Höhen-linien um den Koordinatenursprung.

Das Differential df gibt die Änderung des Funktionswertes bei einem Zuwachs der Koordinaten x und y um dx und dy an.

Wir kommen jetzt zur zweiten Eigenschaft des Gradienten. Wir gehen von folgender Frage aus: In welcher Richtung ändert sich die Funktion $z = f(x, y)$ bei gleichem $\overrightarrow{dr}$ am meisten? Wir suchen das Maximum von df. Es gilt

$$df = \text{grad } f \cdot \overrightarrow{dr} = |\text{grad } f| \, |\overrightarrow{dr}| \cos \alpha \qquad \alpha \text{ ist der Winkel zwischen grad } f \text{ und } \overrightarrow{dr}.$$

grad f ist ein Vektor, der senkrecht auf der Höhenlinie steht. Wir lassen jetzt $\overrightarrow{dr}$ verschiedene Richtungen annehmen. Der Betrag von $\overrightarrow{dr}$ sei konstant. Variabel sei allein die Richtung von $\overrightarrow{dr}$ und damit $\cos \alpha$.

Das Maximum von $\cos \alpha$ liegt bei $\alpha = 0$ mit $\cos(0) = 1$. Dann haben grad f und $d\vec{r}$ die gleiche Richtung. In diesem Fall gibt der Betrag des Gradienten die Änderung von df senkrecht zu den Höhenlinien an.

Wir hatten dieses Ergebnis für unser Beispiel bei der Behandlung des totalen Dif-ferentials df bereits anschaulich erhalten.

Es gibt eine Reihe von Bezeichnungen für den Gradienten von z. Üblich sind:

$$\text{grad } f = \text{grad } z = \frac{\delta f}{\delta x} \, i + \frac{\delta f}{\delta y} \, j$$

$$\text{grad } f = \left(\frac{\delta f}{\delta x}, \frac{\delta f}{\delta y} \right)$$

$$\text{grad } f = \vec{\nabla} f$$

$\overrightarrow{\nabla}$ wird *Nabla-Operator* genannt und es gilt formal

$$\vec{\nabla} = \left(\frac{\delta}{\delta x}, \frac{\delta}{\delta y} \right)$$

Mit Hilfe des Nabla-Operators läßt sich die Schreibweise oft verkürzen. Der Nabla-Operator wird formal so behandelt wie ein Vektor. Die Multiplikation des Nabla-Operators mit einer skalaren Größe führt dann zu einem Vektor.

$$\vec{\nabla} \cdot f(x, y) = \left(\frac{\delta}{\delta x}, \frac{\delta}{\delta y} \right) \cdot f(x, y) = \left(\frac{\delta f}{\delta x}, \frac{\delta f}{\delta y} \right)$$

14.3.2 Gradient bei Funktionen dreier Variablen

Gegeben sei eine Funktion der drei Variablen x, y und z. Das ist ein skalares Feld $\varphi = \varphi(x, y, z)$ (siehe Abschnitt 13.2) Die Gesamtheit der Raumpunkte, in denen das skalare Feld den Wert c annimmt, bildet eine Fläche im Raum. Diese Flächen, auf denen der Funktionswert $\varphi(x, y, z)$ überall den gleichen Wert hat, werden *Flächen gleichen Niveaus* oder *Niveauflächen*[3] genannt.

Flächen gleichen Niveaus oder Niveauflächen sind festgelegt durch die Bestimmungsgleichung.

$$\varphi(x, y, z) = c = \text{const.}$$

Diese Beziehung können wir nach z auflösen und erhalten die Gleichung der Niveaufläche

$$z = g(x, y)$$

Wir wollen jetzt den Begriff des Gradienten auf Funktionen mit drei Veränderlichen übertragen. Sinngemäß erhalten wir

$$\text{grad } f(x, y, z) = \left(\frac{\delta f}{\delta x}, \frac{\delta f}{\delta y}, \frac{\delta f}{\delta z}\right)$$

Seine Eigenschaften bleiben erhalten. Nur ist jetzt der Gradient ein Vektor im dreidimensionalen Raum und der Begriff der Höhenlinien muß ersetzt werden durch Flächen gleichen Niveaus oder Niveauflächen. Damit besitzt der Gradient bei Funktionen dreier Veränderlicher folgende anschauliche Eigenschaften:

- Der Gradient steht senkrecht auf Flächen gleichen Funktionswertes.

- Der Betrag des Gradienten ist ein Maß für die Änderung des Funktionswertes pro Wegeinheit senkrecht zu den Niveauflächen.

1. Beispiel: Welche Flächen gleichen Niveaus hat die Funktion
$f(x, y, z) = -x - y + z$?

Wir setzen $f(x, y, z) = c$:

$$c = -x - y + z$$

---

[3]Physikalische Beispiele: Temperaturverteilung – Flächen gleichen Niveaus sind Flächen gleicher Temperatur (Isothermen); Flächen gleicher potentieller Energie; Flächen gleicher elektrischer Spannung.

oder umgeformt

$$z = x + y + c$$

Zwei Ausschnitte dieser Flächen sind für
$c = 0$ und ein positives c rechts skizziert.
Es sind Ebenen. Die Schnittgerade mit der
x-z Ebene ist um 45° gegen die x-Achse geneigt, die Schnittgerade mit der y-z Ebene
ist um 45° gegen die y-Achse geneigt.

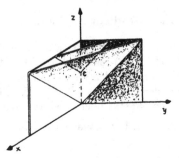

Berechnen wir den Gradienten von $f(x, y, z)$ und überprüfen wir, ob er senkrecht
auf dieser Ebene steht.

$$\operatorname{grad} f(x, y, z) = (-1, -1, 1)$$

Tragen wir diesen Vektor im Punkt $(0, 0, c)$ in die letzte Skizze ein, dann steht er
senkrecht auf der Ebene, die durch $z = x + y + c$ gebildet wird.

Beweis: Ein beliebiger Vektor $\vec{d}$, der in der Ebene liegt,
kann als Linearkombination der beiden Einheitsvektoren $\vec{a}$ und $\vec{b}$ geschrieben werden. $\vec{a}$
und $\vec{b}$ liegen in der Schnittgeraden der x-z-
Ebene bzw. y-z-Ebene mit der Ebene
$z = x + y + c$. Es gilt:

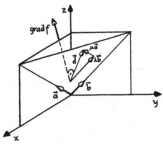

$$\vec{a} = \frac{1}{\sqrt{2}}(1, 0, 1), \quad \vec{b} = \frac{1}{\sqrt{2}}(0, 1, 1)$$

und damit

$$\vec{d} = \mu\vec{a} + \lambda\vec{b} = \frac{1}{\sqrt{2}}(\mu, \lambda, \mu + \lambda)$$

Das Skalarprodukt von $\vec{d}$ mit grad f muß verschwinden, wenn beide senkrecht aufeinander stehen.

$$\begin{aligned}
\vec{d} \cdot \operatorname{grad} f &= \frac{1}{\sqrt{2}}(\mu, \lambda, \mu + \lambda) \cdot (-1, -1, 1) \\
&= \frac{1}{\sqrt{2}}(-\mu - \lambda + \mu + \lambda) = 0.
\end{aligned}$$

Also steht grad f senkrecht auf der Ebene $z = x + y + c$.

2. Beispiel: Bestimmung der Niveauflächen des skalaren Feldes

$$\varphi(x, y, z) = \frac{A}{x^2 + y^2 + z^2} = \frac{A}{r^2}$$

Die Niveauflächen sind durch die Gleichung $\varphi(x, y, z) = c$ definiert. In unserem
Falle erhalten wir die Niveauflächen aus der Gleichung

$$\frac{A}{x^2 + y^2 + z^2} = c$$

Auflösen nach z liefert die beiden Gleichungen

$$z_1 = \sqrt{\left(\frac{A}{c}\right) - x^2 - y^2}$$ Das ist eine Kugelschale über der x-y-Ebene.

$$z_2 = -\sqrt{\left(\frac{A}{c}\right) - x^2 - y^2}$$ Das ist eine Kugelschale unter der x-y-Ebene.

Die Niveauflächen sind also Kugelschalen mit dem Radius $R = \sqrt{\dfrac{A}{c}}$

Bilden wir nun den Gradienten von φ:

$$\text{grad } \varphi = -2\frac{A}{r^4}(x, y, z)$$

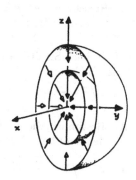

Dies ist ein Radialvektor, der seinen Anfangspunkt auf der Niveaufläche hat.

Das heißt aber, daß der Vektor grad φ senkrecht auf der Niveaufläche steht, weil sie eine Kugelschale ist. Damit ist die Eigenschaft des Gradienten, daß er senkrecht auf den Niveauflächen steht, für unser Beispiel verifiziert.

Unserem Beispiel können wir weiterhin entnehmen, daß der Gradient in die Richtung der stärksten Änderung von φ zeigt.

Der Betrag von grad $\varphi = -2\frac{A}{r^4}(x, y, z)$ ist

$$|\text{grad } \varphi| = 2\frac{A}{r^3}$$

Dies ist ein Maß dafür, wie stark sich die Funktionswerte in radialer Richtung ändern. Je näher wir dem Koordinatenursprung kommen ($r \rightarrow 0$), um so stärker ändern sich φ und grad φ.

Anhand unseres Beispiels haben wir damit folgende Eigenschaften des Gradienten verifiziert:

- Der Gradient einer Funktion $\varphi(x, y, z)$ ist ein Vektor:

$$\text{grad } \varphi = \left(\frac{\delta\varphi}{\delta x}, \frac{\delta\varphi}{\delta y}, \frac{\delta\varphi}{\delta z}\right)$$

- Der Gradient steht senkrecht auf den Niveauflächen $\varphi = $ const. Er zeigt in die Richtung der größten Veränderung der Funktionswerte $\varphi = \varphi(x, y, z)$.

- Der Betrag des Gradienten ist ein Maß für die Änderung des Funktionswertes senkrecht zu den Niveauflächen pro Wegeinheit.

14.4 Übungsaufgaben

14.1 A   Bilden Sie die partiellen Ableitungen nach x, y und ggf.
nach z von den Funktionen

a) $f(x, y) = \sin x + \cos y$ b) $f(x, y) = x^2 \sqrt{1 - y^2}$

c) $f(x, y) = e^{-(x^2 + y^2)}$ d) $f(x, y, z) = xyz + xy + z$

14.1 B   Berechnen Sie die Steigung der Tangente in x- und y-Richtung
für die Fläche $z = x^2 + y^2$ im Punkt $P = (0, 1)$

14.1.1   Berechnen Sie die partiellen Ableitungen f_{xx}, f_{xy}, f_{yx} und f_{yy}
der Funktion

$$z = R^2 - x^2 - y^2$$

14.2 A   Bestimmen Sie die Linien gleicher Höhe, die den Abstand $0,5$ von
der x-y-Ebene haben, für die Flächen

a) $z = \sqrt{1 - \frac{x^2}{4} - \frac{y^2}{9}}$ b) $z = -x - 2y + 2$

Geben Sie die Funktionsgleichungen der zugehörigen Höhenlinien an.

14.2 B   Berechnen Sie das totale Differential für die Funktionen

a) $z = \sqrt{1 - x^2 - y^2}$ b) $z = x^2 + y^2$

c) $f(x, y, z) = \frac{1}{\sqrt{x^2 + y^2 + z^2}}$

14.3.1   Von den skalaren Feldern $\varphi(x, y)$ sind der Gradient
und die Höhenlinien zu berechnen. φ beschreibt eine Fläche.

a) $\varphi = -x - 2y + 2$ b) $\varphi = \sqrt{1 - \frac{x^2}{4} - \frac{y^2}{9}}$

c) $\varphi = \frac{10}{\sqrt{x^2 + y^2}}$

14.3.2 A   Welche Form haben die Niveauflächen der skalaren Felder

a) $\varphi(x, y, z) = (x^2 + y^2 + z^2)^{\frac{3}{2}}$

b) $\varphi(x, y, z) = x^2 + y^2$

c) $\varphi(x, y, z) = x + y - 3z$

B   Berechnen Sie die Gradienten für diese drei skalaren Felder.

Lösungen

14.1 A   a) $f_x = \cos x$ $f_y = -\sin x$

       b) $f_x = 2x\sqrt{1-y^2}$ $f_y = \dfrac{-x^2 y}{\sqrt{1-y^2}}$

       c) $f_x = -2xe^{-(x^2+y^2)}$ $f_y = -2ye^{-(x^2+y^2)}$

       d) $f_x = yz + y$ $f_y = xz + x$ $f_z = xy + 1$

14.1 B   Tangente in x-Richtung: $2x$

       Steigung in x-Richtung im Punkt P: 0

       Tangente in y-Richtung: $2y$

       Steigung in y-Richtung im Punkt P: 2

14.1.1 $f_{xx} = -2$ $f_{yx} = 0$

        $f_{xy} = 0$ $f_{yy} = -2$

14.2 A   a) $z = 0,5 = \sqrt{1 - \dfrac{x^2}{4} - \dfrac{y^2}{9}}$

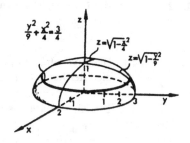

Die Höhenlinie ist durch die Beziehung $\dfrac{y^2}{9} + \dfrac{x^2}{4} = \dfrac{3}{4}$ gegeben.

Dies ist eine Ellipse.

       b) $z = 0,5 = -x - 2y + 2$

Gleichung der Höhenlinie:
$y = -\dfrac{x}{2} + \dfrac{3}{4}$

14.2   B   a) $dz = \dfrac{-x\,dx}{\sqrt{1-x^2-y^2}} - \dfrac{y\,dy}{\sqrt{1-x^2-y^2}}$

        b) $dz = 2x\,dx + 2y\,dy$

        c) $df = -\dfrac{1}{\sqrt{(x^2+y^2+z^2)^3}}\,(x\,dx + y\,dy + z\,dz)$

14.3.1   a) $grad\,\varphi = (-1, -2)$

Die Höhenlinien sind Geraden mit der Gleichung

$$y = -\frac{x}{2} + 1 - \frac{c}{2}$$

        b) $grad\,\varphi = \dfrac{-1}{\sqrt{1-\frac{x^2}{4}-\frac{y^2}{9}}}\left(\frac{x}{4}, \frac{y}{9}\right)$

Die Höhenlinien sind Ellipsen, sie erfüllen die Gleichung

$$c^2 - 1 = -\frac{x^2}{4} - \frac{y^2}{9}$$

        c) $grad\,\varphi = -\dfrac{10}{\sqrt{(x^2+y^2)^3}}\,(x, y)$

Die Höhenlinien sind Kreise mit dem Radius c.

14.3.2   A   a)   Die Niveauflächen sind Kugelschalen, sie erfüllen die Gleichung

$$c^{\frac{2}{3}} = x^2 + y^2 + z^2$$

        b)   Die Niveauflächen sind Zylinder mit dem Radius $c^{\frac{1}{2}}$ und erfüllen die Gleichung $x^2 + y^2 = c$

        c)   Die Niveauflächen sind Ebenen mit der Gleichung

$$z = \frac{x}{3} + \frac{y}{3} - \frac{c}{3}$$

14.3.2   B   a) $grad\,\varphi = 3\,(x^2 + y^2 + z^2)^{\frac{1}{2}}\,(x, y, z)$

        b) $grad\,\varphi = (2x, 2y, 0)$

        c) $grad\,\varphi = (1, 1, -3)$

15 Mehrfachintegrale, Koordinatensysteme

15.1 Mehrfachintegrale als Lösung von Summierungsaufgaben

In das Koordinatensystem ist ein Quader eingezeichnet. Gesucht ist die Masse M des Quaders. Das Volumen des Quaders sei V. Ist die Dichte ρ im gesamten Volumen konstant, läßt sich die Masse angeben:

$$M = \rho \cdot V$$

Nun gibt es jedoch Fälle, in denen die Dichte ρ nicht im gesamten Volumen konstant ist. Die Dichte ist im Innern der Erdkugel größer als in den Oberflächenbereichen. Die Dichte der Luft ist auf der Erdoberfläche am größten und nimmt mit der Höhe exponentiell ab.

Die Dichte kann als empirisch ermittelte dreidimensionale Wertetabelle vorliegen oder analytisch als Ortsfunktion angegeben sein:

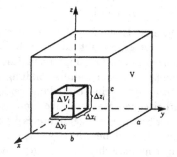

$$\rho = \rho\,(x,\,y,\,z)$$

Einen Näherungsausdruck für die Masse erhalten wir auf folgende Weise: Das Volumen V wird in N Zellen zerlegt. Das Volumen der i-ten Zelle bezeichnen wir mit ΔV_i.

$$\Delta V_i = \Delta x_i \cdot \Delta y_i \cdot \Delta z_i$$

Wenn wir die Dichte ρ für die i-te Zelle kennen und als in der Zelle konstant annehmen dürfen, können wir die Masse der Zelle angeben:

$$\Delta M_i \approx \rho\,(x_i,\,y_i,\,z_i)\,\Delta x_i \cdot \Delta y_i \cdot \Delta z_i$$

Die Masse des Quaders mit dem Volumen V erhalten wir näherungsweise durch Aufsummieren der Teilmassen ΔM_i.

$$M \approx \sum_{i=1}^{N} \Delta M_i = \sum_{i=1}^{N} \rho\,(x_i,\,y_i,\,z_i)\,\Delta x_i \cdot \Delta y_i \cdot \Delta z_i$$

Nun wählen wir die Zellen ΔV_i immer kleiner und lassen damit N gegen Unendlich gehen. Dabei nähert sich der Näherungsausdruck dem exakten Wert.

Den Grenzwert einer Reihe dieser Art hatten wir im Falle einer Funktion mit *einer* Variablen als Integral bezeichnet.

Wir erweitern jetzt den Integralbegriff. Unter dem Summenzeichen steht das Produkt aus der Dichte und drei Differenzen Δx_i, Δy_i, Δz_i. Beim Grenzübergang gehen die Differenzen über in die Differentiale dx, dy und dz. Deshalb benutzt man drei Integralsymbole und spricht von einem *Mehrfachintegral*. Wir schreiben

$$M = \lim_{N \to \infty} \sum_{i=1}^{N} \rho\left(x_i,\, y_i,\, z_i\right) \Delta x_i \, \Delta y_i \, \Delta z_i = \int \int_V \int \rho\left(x,\, y,\, z\right) dx \, dy \, dz$$

In Worten: „Integral der Funktion $\rho\left(x, y, z\right)$ über das Volumen V". Dieses *mehrfache Integral* – hier ein dreifaches Integral – läßt sich auf die Berechnung von drei einfachen bestimmten Integralen zurückführen.

Es müssen drei Integrationen durchgeführt werden. Dabei wird über jede Variable integriert. Bei der Integration sind die für jede Variable gegebenen Integrationsgrenzen zu beachten.

Die analytische Berechnung von Mehrfachintegralen wird in den folgenden Abschnitten gezeigt. Es gibt jedoch auch Fälle, die entweder auf sehr komplizierte Ausdrücke führen oder überhaupt nicht lösbar sind. Dann kann das Mehrfachintegral näherungsweise über Summenbildungen berechnet werden. Die Summen können durch hinreichend feine Einteilung genügend genau gemacht werden. Für den praktisch arbeitenden Mathematiker und seine Hilfskräfte war früher die Ausrechnung derartiger Summen ein gefürchtetes Übel - solange nämlich derartige Summen mit Papier und Bleistift berechnet werden mußten. Computer haben die Durchführung derartiger numerischer Rechnungen entscheidend erleichtert.

15.2   Mehrfachintegrale mit konstanten Integrationsgrenzen

Die Ausführung einer mehrfachen Integration ist besonders einfach, wenn alle Integrationsgrenzen konstant sind. Hier kann die Integration mehrmals hintereinander nach den bereits bekannten Regeln ausgeführt werden. Dabei wird über einer Variablen integriert, während die anderen Variablen als Konstante behandelt werden. Die praktische Berechnung von Mehrfachintegralen mit konstanten Grenzen wird so auf die mehrfache Berechnung bestimmter Integrale zurückgeführt.

Für unser Beispiel – Berechnung der Masse eines Quaders – muß das gesamte Volumen abgedeckt werden. Gemäß der Abbildung in 15.1 ist zu integrieren:

entlang der x-Achse von 0 bis a
entlang der y-Achse von 0 bis b
entlang der z-Achse von 0 bis c

Das Integral wird wie folgt geschrieben:

$$\underbrace{\underbrace{\int_{z=0}^{c} \int_{y=0}^{b} \underbrace{\int_{x=0}^{a} \rho(x\,y\,z) \; dx}_{\text{inneres Integral}} \; dy}_{\text{mittleres Integral}} \; dz}_{\text{äußeres Integral}}$$

Das dreifache Integralsymbol bezeichnet folgende Rechenanweisung:

1. Rechne das *innere Integral* aus. Dabei werden die Variablen y und z in der Funktion $\rho(x\,y\,z)$ als Konstante betrachtet. Dies ist ein bestimmtes Integral mit nur einer Variablen x. Das Ergebnis der ersten Integration ist nur noch eine Funktion der Variablen y und z. Das Ergebnis wird in das ursprüngliche Integral oben eingesetzt.

2. Rechne das *mittlere Integral* aus. Dabei wird die Variable z als Konstante betrachtet. Das Ergebnis wird wieder in das Integral eingesetzt.

3. Rechne das *äußere Integral* aus.

Manchmal schreibt man, um die Übersicht zu erhöhen, Mehrfachintegrale mit Klammern:

$$\int_{0}^{c} \left[\int_{0}^{b} \left(\int_{0}^{a} \rho(x\,y\,z)\,dx \right) dy \right] dz$$

Die Schreibweise deutet an, daß zunächst das in den Klammern stehende jeweils „innere Integral" auszurechnen ist. Das Ergebnis ist der Integrand für das in der nächsten Klammer stehende Integral. Dieses wird fortgesetzt, bis zum Schluß das äußere Integral ausgerechnet wird. Bei konstanten Integrationsgrenzen – das soll hier immer der Fall sein – kann die Reihenfolge der Integration vertauscht werden.

Beispiel: Gesucht ist die Masse einer rechteckigen Säule (Grundfläche $a \cdot b$, Höhe h), bei der die Dichte exponentiell mit der Höhe abnimmt.

$$\rho = \rho_0 \, e^{-\alpha z}$$

Physikalisch interessant ist dieses Beispiel für die Berechnung der Masse einer rechteckigen Luftsäule über der Erdoberfläche. Aufgrund der Schwerkraft nimmt die Dichte der Luft mit der Höhe exponentiell ab. (Barometrische Höhenformel). ρ_0 ist die Dichte für $z = 0$ auf der x-y-Ebene.

Im Falle der barometrischen Höhenformel hat die Konstante im Exponenten die Form[1]

$$\alpha = \frac{\rho_0}{p_0} \cdot g$$

Die Masse wird über das Mehrfachintegral berechnet

$$M = \int\limits_0^h \int\limits_0^b \int\limits_0^a \rho_0\, e^{-\alpha z}\, dx\, dy\, dz$$

Nach der Berechnung des inneren Integrals erhalten wir:

$$M = \int\limits_0^h \int\limits_0^b \rho_0\, e^{-\alpha z}\, [x]_0^a\, dy\, dz = \int\limits_0^h \int\limits_0^b \rho_0\, a \cdot e^{-\alpha z}\, dy\, dz$$

Nach der Berechnung des mittleren Integrals erhalten wir:

$$M = \int\limits_0^h \rho_0\, a e^{-\alpha z}\, [y]_0^b\, dz = \int\limits_0^h \rho_0\, a\, b\, e^{-\alpha z}\, dz$$

Es bleibt die Berechnung des äußeren Integrals:

$$
\begin{aligned}
M &= \int\limits_0^h a\, b\, \rho_0\, e^{-\alpha z}\, dz \\[2mm]
&= a\, b\, \rho_0 \left[-\frac{1}{\alpha} e^{-\alpha z} \right]_0^h \\[2mm]
&= \frac{ab}{\alpha} \rho_0 \cdot \left(1 - e^{-\alpha h} \right)
\end{aligned}
$$

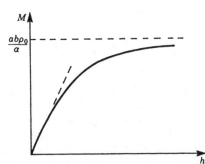

Mit wachsendem h wächst die Masse nicht beliebig an, sondern nähert sich einem Grenzwert. Für kleine h steigt die Funktion praktisch linear mit h.[2]

---

[1] g = Gravitationskonstante p_o = Luftdruck für $z = 0$
[2] Dies ergibt sich aus der Potenzreihenentwicklung. Siehe Kapitel 7.

15.3 Zerlegung eines Mehrfachintegrals in ein Produkt von Integralen

Es gibt Fälle, in denen sich der Integrand eines Mehrfachintegrals in ein Produkt von Funktionen zerlegen läßt, die jeweils nur von einer Variablen abhängen.

$$f(x,\,y,\,z) = g(x) \cdot h(y) \cdot m(z)$$

In diesem Fall ist das Mehrfachintegral ein Produkt aus einfachen Integralen.

$$\int\limits_{z=c}^{c'} \int\limits_{y=b}^{b'} \int\limits_{x=a}^{a'} f(x,\,y,\,z)\,dx\,dy\,dz = \int\limits_{x=a}^{a'} g(x)\,dx \int\limits_{y=b}^{b'} h(y)\,dy \int\limits_{z=c}^{c'} m(z)\,dz$$

Die Berechnung von Mehrfachintegralen ist dann auf die Berechnung einfacher Integrale zurückgeführt.

In der Physik führt die Berechnung von Volumen, Masse, Trägheitsmoment, Ladungsverteilung und anderen physikalischen Größen auf Mehrfachintegrale. Leider sind diese häufig nicht vom einfachen Typ mit konstanten Integrationsgrenzen. Konstante Integrationsgrenzen erhält man oft, wenn die Variablen x, y und z durch geeignete andere Variable ersetzt werden. Das bedeutet, daß ein geeignetes Koordinatensystem benutzt werden muß, das den speziellen Symmetrien des Problems angepaßt ist. Bei Kreissymmetrie sind dies *Polarkoordinaten* oder *Zylinderkoordinaten*. Bei Radialsymmetrien sind *Kugelkoordinaten* angezeigt.

15.4 Koordinaten

15.4.1 Polarkoordinaten

Einen Punkt P in einer Ebene kann man durch einen Ortsvektor darstellen. In kartesischen Koordinaten ist der Ortsvektor durch die x- und y-Komponente bestimmt. *Polarkoordinaten* liegen vor, wenn der Ortsvektor durch zwei andere Größen gegeben ist:

Länge r

Winkel φ mit der x-Achse

Die Koordinaten beider Systeme lassen sich ineinander umrechnen. Die Umrechnungsgleichungen heißen *Transformationsgleichungen*. Sie ergeben sich aus der Zeichnung:

$$x = r \cdot \cos\varphi$$
$$y = r \cdot \sin\varphi$$

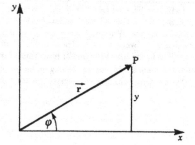

Die Darstellung der Polarkoordinaten durch die kartesischen Koordinaten[3] ist ebenfalls aus der Abbildung auf der vorherigen Seite abzulesen.[4]

$$r = \sqrt{x^2 + y^2}$$
$$\tan \varphi = \frac{y}{x}$$

Flächenelement:
In kartesischen Koordinaten ist ein Flächenelement gegeben durch

$$dA = dx \cdot dy$$

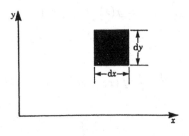

In Polarkoordinaten ergibt sich das Flächenelement aus der Abbildung zu

$$dA = r \cdot d\varphi \cdot dr$$

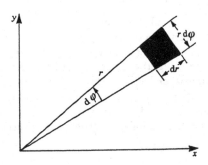

Zu beachten ist hier, daß das Flächenelement nicht nur von den Differentialen selbst abhängt. Dies ist unmittelbar evident, wenn man zwei Flächenelemente mit verschiedenem r, aber gleichem $d\varphi$ betrachtet.

Beispiel: Die Fläche eines Kreises läßt sich jetzt leicht berechnen:

$$A = \int dA = \int\limits_{r=0}^{R} \int\limits_{\varphi=0}^{2\pi} r\,d\varphi\,dr = 2 \cdot \pi \cdot \frac{R^2}{2} = \pi \cdot R^2$$

---

[3]Mit der Formel $\tan \varphi = \frac{y}{x}$ ist φ noch nicht eindeutig bestimmt. Beispiel: für $y = 1$ und $x = 1$ ist $\tan \varphi = 1$. Der Winkel φ ist $\frac{\pi}{4}$. Für $y = -1$ und $x = -1$ ist der Tangens genau so groß, $\tan \varphi = 1$, der Winkel φ ist aber $(\frac{\pi}{4} + \pi)$. Aus den Koordinaten (x, y) ist jedoch unmittelbar abzulesen, in welchem Quadranten der Punkt liegt. Damit ist φ endgültig bestimmt; nämlich zu $\varphi = \frac{\pi}{4}$. Allgemeine Vorschrift: man muß den φ-Wert nehmen, der – in die Gleichung $x = r \cos \varphi$ und $y = r \sin \varphi$ eingesetzt – die gegebenen x- und y-Werte liefert.

[4]Diese Umrechnung ist bereits bekannt uas dem Kapitel „Komplexe Zahlen".

15.4.2 Zylinderkoordinaten

Zylinderkoordinaten sind Polarkoordinaten, die für den dreidimensionalen Raum durch die Angabe einer Höhenkoordinate z ergänzt werden. Die Transformationsgleichungen für x und y sind dieselben wie bei Polarkoordinaten. Die z-Koordinate geht in sich über.

Transformationsgleichungen für kartesische Koordinaten:

$$x = r_0 \cdot \cos\varphi$$

$$y = r_0 \cdot \sin\varphi$$

$$z = z$$

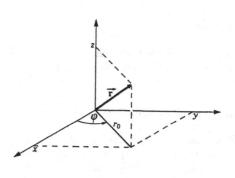

Transformationsgleichungen für Zylinderkoordinaten:[5]

$$r_0 = \sqrt{x^2 + y^2}$$

$$\tan\varphi = \frac{y}{x}$$

$$z = z$$

Volumenelement in Zylinderkoordinaten: Die Grundfläche des Volumenelementes ist das Flächenelement in Polarkoordinaten, die Höhe ist gleich dz. Daraus ergibt sich:

$$dV = r_0 \cdot d\varphi \, dr_0 \cdot dz$$

Zylinderkoordinaten erleichtern Rechnungen besonders dann, wenn folgende Symmetrien vorliegen:

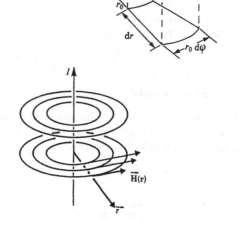

Zylindersymmetrie:
In Zylinderkoordinaten hängt der Betrag der beschreibenden Funktion nur vom Abstand r_0 von der Symmetrieachse ab.
Er ist unabhängig vom Winkel φ.

$$f = f(r_0)$$

Beispiel: Magnetfeld eines geraden stromdurchflossenen Leiters.

---

[5] Dabei muß der φ-Wert genommen werden, der – in $x = r_0 \sin\varphi$ und $y = r_0 \cos\varphi$ eingesetzt – wieder den gegebenen x- und y-Wert liefert.

Rotationssymmetrie um eine Drehachse:

In Zylinderkooridinaten dargestellt, hängt der Betrag der beschreibenden Funktion nur von den Variablen r_0 und z ab und ist unabhängig vom Winkel φ.

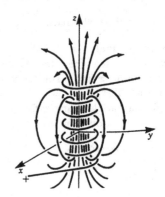

$$f = f(r_0, z)$$

Beispiele: Form von Schachfiguren, Magnetfeld einer stromdurchflossenen Spule.

15.4.3   Kugelkoordinaten

Für Probleme, bei denen Radialsymmetrie vorliegt, eignen sich *Kugelkoordinaten*. Sie werden in der Geographie benutzt, um die Lage eines Punktes auf der Erdoberfläche anzugeben. Kugelkoordinaten heißen auch *räumliche Polarkoordinaten*. Um die Lage eines Punktes in Kugelkoordinaten zu bestimmen, werden drei Größen angegeben.

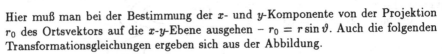

    r   :   Länge des Ortsvektors

    ϑ :   *Polwinkel* – Winkel, den der Ortsvektor mit der z-Achse einschließt

    φ :   *Meridian* – Winkel, den die Projektion des Ortsvektors auf die x-y-Ebene mit der x-Achse einschließt

Transformationsgleichungen

$$\begin{aligned} x &= r \cdot \sin\vartheta \cdot \cos\varphi \\ y &= r \cdot \sin\vartheta \cdot \sin\varphi \\ z &= r \cdot \cos\vartheta \end{aligned}$$

Hier muß man bei der Bestimmung der x- und y-Komponente von der Projektion r_0 des Ortsvektors auf die x-y-Ebene ausgehen – $r_0 = r\sin\vartheta$. Auch die folgenden Transformationsgleichungen ergeben sich aus der Abbildung.

$$r = \sqrt{x^2 + y^2 + z^2}$$

$$\cos\vartheta = \frac{z}{\sqrt{x^2 + y^2 + z^2}}$$

$$\tan\varphi = \frac{y}{x}$$

Das *Volumenelement* hat in Richtung des Ortsvektors die Dicke dr und die Grundfläche dA', erste Abbildung.

$$dV = dA' \cdot dr$$

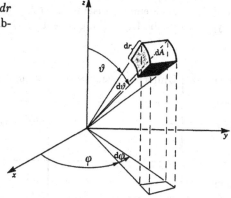

dA' ergibt sich aus der zweiten Abbildung zu

$$dA' = r \cdot \sin\vartheta \cdot d\varphi \cdot r \cdot d\vartheta$$

Das *Volumenelement* in Kugelkoordinaten ergibt sich daraus zu

$$dV = r^2 \cdot \sin\vartheta \cdot d\vartheta \cdot d\varphi \cdot dr$$

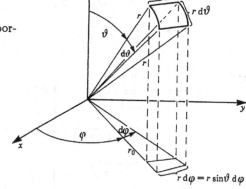

Kugelsymmetrie

Bei Kugelsymmetrie hängt der Betrag der dargestellten Funktion nur vom Abstand r vom Ursprung ab, nicht von den Winkeln ϑ und φ.

$$f = f(r)$$

Beispiele: Schwerefeld der Erde, Elektrisches Feld einer ruhenden Punktladung, Schallwellenintensität bei einer punktförmigen Quelle.

Die wichtigsten Eigenschaften von Zylinder- und Kugelkoordinaten sind in der folgenden Tabelle noch einmal zusammengefaßt. In der letzten Spalte steht der Symmetrietyp, für den die Darstellung im entsprechenden Koordinatensystem geeignet ist.

Koordinaten	Umrechnungsformeln	Volumenelement	geeignet für Symmetrietyp
kartesische	x y z	$dV = dx\,dy\,dz$	Klappsymmetrie an einer Achse
Zylinder	$x = r_0 \cos\varphi$ $y = r_0 \sin\varphi$ $z = z$ $r_0 = +\sqrt{x^2 + y^2}$ $\tan\varphi = \dfrac{y}{x}$ $z = z$	$dV = r_0 \cdot d\varphi dr dz$	Rotations-symmetrie Zylinder-symmetrie
Kugel	$x = r \cdot \sin\vartheta \cos\varphi$ $y = r \cdot \sin\vartheta \sin\varphi$ $z = r \cdot \cos\vartheta$ $r = +\sqrt{x^2 + y^2 + z^2}$ $\cos\vartheta = \dfrac{z}{\sqrt{x^2 + y^2 + z^2}}$ $\tan\varphi = \dfrac{y}{x}$	$dV = r^2 \sin\vartheta d\vartheta d\varphi dr$	Kugelsymmetrie

15.5 Anwendungen: Volumen und Trägheitsmoment

15.5.1 Volumen

Quader: Die Volumenberechnung für den Quader wird – obwohl das Ergebnis trivial ist – aus systematischen Gründen durchgeführt. Das Volumen ist in kartesischen Koordinaten:

$$V = \int_{z_1}^{z_2} \int_{y_1}^{y_2} \int_{x_1}^{x_2} dx \, dy \, dz$$

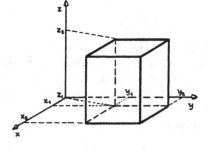

Die Integrationsgrenzen sind konstant. Es muß über jede Variable integriert werden. Volumenberechnungen führen auf Dreifachintegrale. Als Endergebnis erhalten wir:

$$V = (x_2 - x_1) \cdot (y_2 - y_1) \cdot (z_2 - z_1)$$

Kugel: Die Berechnung des Kugelvolumens in kartesischen Koordinaten führt zu Dreifachintegralen, deren Integrationsgrenzen nicht konstant sind. In kartesischen Koordinaten ist die Berechnung jetzt noch nicht durchführbar; sie wird in Abschnitt 15.6 dargestellt. In Kugelkoordinaten ist das Problem allerdings bereits lösbar. Durch die geeignete Wahl des Koordinatensystems erhalten wir konstante Integrationsgrenzen. Mit dem Volumenelement in Kugelkoordinaten ergibt sich

$$V = \int_{0}^{R} \int_{0}^{\pi} \int_{0}^{2\pi} r^2 \sin \vartheta \, d\varphi \, d\vartheta \, dr$$

Die Integrationsgrenzen ergeben sich aus folgender Überlegung: Der Radius r läuft von 0 bis R. Der Meridian φ läuft von 0 bis 2π. Der Polwinkel ϑ läuft von 0 bis π.
Die Integrationen können nacheinander in jeder beliebigen Reihenfolge durchgeführt werden. In jedem Fall ergibt sich das gleiche Ergebnis:

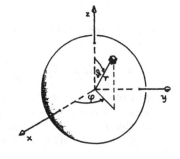

$$V = 2 \cdot 2\pi \frac{R^3}{3} = \frac{4\pi}{3} R^3$$

15.5.2   Trägheitsmoment

Bei Drehbewegungen hängt die Trägheitswirkung einer Masse von ihrem Abstand vom Drehpunkt ab. In den Bewegungsgleichungen für Drehbewegungen wird die Masse ersetzt durch eine Größe, die *Trägheitsmoment* heißt.

Ein Massenelement dm hat das Trägheitsmoment:

$$d\Theta = r^2 dm$$

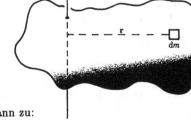

r ist der senkrechte Abstand zur Drehachse. Um das Trägheitsmoment eines Körpers zu erhalten, wird über das gesamte Volumen integriert. Hier sind Zylinderkoordinaten zweckmäßig.

Das gesamte Trägheitsmoment ergibt sich dann zu:

$$\Theta = \int\limits_V d\Theta = \int\limits_V r^2\, dm \quad \text{mit} \quad dm = \rho \cdot dV \quad (\rho = \text{Dichte})$$

$$\Theta = \int\int\int \rho \cdot r^2\, dV$$

Ist die Dichte ρ konstant, kann sie vor das Integral gezogen werden.

Als Beispiel sei das Trägheitsmoment eines Zylinders berechnet. Die Dichte sei konstant. Drehachse sei die Achse des Zylinders.

$$\Theta = \rho \int\int\int r^2\, dV$$

In Zylinderkoordinaten ist das Volumenelement

$$dV = r\, d\varphi\, dr\, dz$$

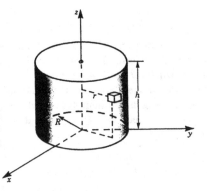

Die Integrationsgrenzen ergeben sich durch folgende Überlegung: Der Radius r läuft von 0 bis R; der Winkel φ läuft von 0 bis 2π. Die Höhe z läuft von 0 bis h.

$$\Theta = \rho \int\limits_0^h \int\limits_0^R \int\limits_0^{2\pi} r^3 \cdot d\varphi \cdot dr \cdot dz$$

Dieses Integral läßt sich in das Produkt von drei Einfachintegralen zerlegen oder es lassen sich die Integrationen nacheinander durchführen.

Ergebnis: $\Theta = \rho\,\dfrac{R^4\pi h}{2}$

Bei der Berechnung von Volumina, Massen- oder Trägheitsmomenten wurde immer das gleiche Verfahren angewandt. Es lagen feste Integrationsgrenzen vor, die Berechnung des Mehrfachintegrals ließ sich schrittweise durchführen. Die Benutzung von Polarkoordinaten, Zylinderkoordinaten und Kugelkoordinaten erwies sich dabei als vorteilhaft; je nach Symmetrie des Problems.

15.6 Mehrfachintegrale mit nicht konstanten Integrationsgrenzen

Mehrfachintegrale mit konstanten Integrationsgrenzen sind ein Sonderfall. Sind die Integrationsgrenzen nicht konstant, sind neue Überlegungen notwendig. Wir führen sie am Beispiel der Flächenberechnung durch. Dieser Fall ist einfacher als die Volumenberechnung. Die Flächenberechnung führt auf Doppelintegrale.

Zu berechnen sei die schraffierte Fläche. Gehen wir systematisch vor, so ist sie die Summe der Flächenelemente innerhalb der Begrenzung.

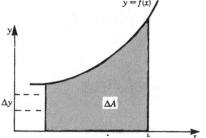

$$A = \sum \Delta A$$

Daraus gewinnen wir das Mehrfachintegral durch den bekannten Grenzübergang zu

$$A = \int\int dA = \int\int dx \cdot dy$$

Das Problem ist, die Begrenzung der Kurve zu berücksichtigen. Dafür bestimmen wir nacheinander die Grenzen der beiden Integrale:

Betrachten wir die Flächenelemente in einem Streifen wie in der Abbildung rechts. Dies entspricht einer Summierung in y-Richtung, also einer Integration über die Variable y. Die Grenzen für den Streifen sind:

Untere Grenze: $y = 0$
Obere Grenze: $y = f(x)$

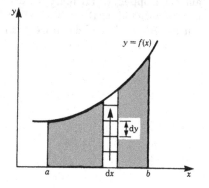

Die obere Grenze ist hier eine Funktion von x. Setzen wir das in die Formel ein, erhalten wir

$$A = \int\limits_{y=0}^{f(x)} \int dx \, dy$$

Für die Variable x sind die Grenzen konstant.

Untere Grenze: $x = a$
Obere Grenze: $x = b$

Auch dies können wir einsetzen und erhalten

$$A = \int\limits_{y=0}^{f(x)} \int\limits_{x=a}^{b} dx \, dy$$

Hier ist die Reihenfolge der Integration nun nicht mehr beliebig. Wir müssen zunächst die Integration des Integrals durchführen, dessen Grenze variabel ist. In diesem Fall ist das die Integration über y. Dabei bestimmen wir die Fläche des in der obigen Abbildung markierten Streifens mit der Grundlinie dx und der Höhe $f(x)$ zu $f(x)dx$. Wir erhalten nach Ausführung dieser Integration

$$A = \int\limits_{a}^{b} [f(x) - 0] \, dx$$

$$A = \int\limits_{a}^{b} f(x) \, dx$$

Dieses Ergebnis ist uns vertraut. Es ist die bekannte Form des einfachen bestimmten Integrals. Wir erkennen, daß das Flächenproblem, systematisch gesehen, zunächst auf ein Doppelintegral führt. In der oben vorliegenden Form ist eine Integration bereits ausgeführt. Diese Integration hat nämlich bereits die Fläche des Streifens mit der Breite dx und der Höhe $f(x)$ geliefert.

Weiteres Beispiel: Berechnung einer Fläche, die von Kurven eingeschlossen wird.

Die Fläche A in der Abbildung hat folgende Begrenzungen:

untere Grenze $y = x^2$
obere Grenze $y = 2x$

Die Fläche A ergibt sich zu

$$A = \int\limits_{x=0}^{2} \int\limits_{y=x^2}^{2x} dx\, dy$$

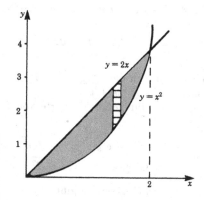

Setzen wir die Grenzen ein, so ergibt sich für die Integration über y als untere Grenze x^2 und als obere Grenze $2x$.
Für die Variable x ergeben sich aus den Schnittpunkten der beiden Kurven die Grenzen 0 und 2.
In der Reihenfolge der Integrationen müssen wir so vorgehen, daß das Integral mit variablen Grenzen zuerst integriert wird.

Das ergibt ein Integreal mit festen Grenzen:

$$A = \int\limits_{0}^{2} (2x - x^2)\, dx$$

$$A = \left[x^2 - \frac{x^3}{3} \right]_0^2$$

$$A = 4 - \frac{8}{3} = 1,333$$

Das hier am Beispiel gewonnene Verfahren wird auf den allgemeinen Fall übertragen. Dabei muß das Mehrfachintegral mindestens für eine Variable feste Grenzen haben. Das Mehrfachintegral wird umgeordnet und schrittweise gelöst. Im ersten Schritt wird eine Variable gesucht, die nicht in einer der Integrationsgrenzen vorkommt. Für diese Variable wird die Integration ausgeführt. Im nächsten Schritt wird diese Prozedur wiederholt und so fortgefahren, bis zum Schluß Integrale mit festen Grenzen übrigbleiben.

Volumenberechnungen führen systematisch zunächst auf Dreifachintegrale. Ist eine Integration ausgeführt, bleibt ein Doppelintegral übrig. Nach der nächsten Integration bleibt ein einfaches bestimmtes Integral übrig.

Flächenberechnungen führen systematisch zunächst auf Doppelintegrale. Ist eine Integration ausgeführt, ist damit das Doppelintegral auf ein einfaches bestimmtes Integral zurückgeführt.

15.7   Kreisfläche in kartesischen Koordinaten

Die Berechnung der Kreisfläche in Polarkoordinaten ist bereits ausgeführt. Hier soll
gezeigt werden, daß diese Berechnung auch in kartesischen Koordinaten möglich ist.

Der Radius sei R. Dann ist die Kreisfläche

$$A = \int \int dA = \int \int dx\,dy$$

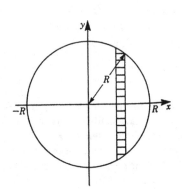

Wir bestimmen die Integrationsgrenzen.
x läuft von $-R$ bis $+R$
y hat dann für gegebene Werte von x die
Grenzen

$$\text{untere Grenze } y_1 = -\sqrt{R^2 - x^2}$$
$$\text{obere Grenze } y_2 = \sqrt{R^2 - x^2}$$

Die Grenzen eingesetzt ergibt

$$A = \int\limits_{y=-\sqrt{R^2-x^2}}^{+\sqrt{R^2-x^2}} \int\limits_{x=-R}^{+R} dx\,dy$$

Wir müssen die Integration zunächst für die Variable mit nicht konstanten Grenzen
durchführen und daher das Integral umordnen.

$$A = \int\limits_{x=-R}^{+R} \int\limits_{y=-\sqrt{R^2-x^2}}^{\sqrt{R^2-x^2}} dy\,dx$$

Wir erhalten nach der ersten Integration

$$A = 2 \int\limits_{-R}^{+R} \sqrt{R^2 - x^2}\,dx$$

Dieses verbleibende Integral wird mit Hilfe der Integraltabelle – Kapitel 6 – gelöst:[6]

$$A = 2 \left[\frac{x}{2} \sqrt{R^2 - x^2} + \frac{R^2}{2} \arcsin \frac{x}{R} \right]_{-R}^{+R}$$

$$A = R^2 \left[\arcsin(1) - \arcsin(-1) \right] = R^2 \pi$$

Als Ergebnis erhalten wir wieder die bekannte Formel für den Flächeninhalt des Kreises. Hier zeigt sich deutlich die Erleichterung der Rechnungen, wenn geeignete Koordinatensysteme gewählt werden. Zur Übung kann der Leser in ähnlicher Weise auch das Volumen der Kugel in kartesischen Koordinaten berechnen. Auch diese Rechnung ist deutlich schwieriger, als die Berechnung in Kugelkoordinaten.

---

[6] Hinweis:

$$\arcsin(1) = \frac{\pi}{2} \quad \text{wegen} \quad \sin\left(\frac{\pi}{2}\right) = 1$$

$$\arcsin(-1) = -\frac{\pi}{2} \quad \text{wegen} \quad \sin\left(-\frac{\pi}{2}\right) = -1$$

15.8   Übungsaufgaben

15.2 Integrieren Sie die Mehrfachintegrale

a) $\displaystyle\int_{y=0}^{b}\int_{x=0}^{a} dx\, dy$ b) $\displaystyle\int_{y=0}^{2}\int_{x=0}^{1} x^2 dx\, dy$

c) $\displaystyle\int_{x=0}^{\pi}\int_{y=0}^{\pi} \sin x \cdot \sin y\, dx\, dy$ d) $\displaystyle\int_{n=1}^{2}\int_{v=2}^{4} n\,(1+v)\, dn\, dv$

e) $\displaystyle\int_{x=-\frac{1}{2}}^{\frac{1}{2}}\int_{y=-1}^{1}\int_{z=0}^{2} dx\, dy\, dz$ f) $\displaystyle\int_{x=0}^{1}\int_{y=y_0}^{y_1}\int_{z=z_0}^{z_1} e^{a\cdot z}\, dx\, dy\, dz$

15.3 a) Ein Punkt hat die kartesischen Koordinaten $P = (3,3)$.
          Geben Sie die Polarkoordinaten an.

     b) Geben Sie die Gleichung für einen Kreis mit Radius R in
          Polarkoordinaten und kartesischen Koordinaten an.

     c) Geben Sie die Gleichung
          für die Spirale in Polar-
          koordinaten an.

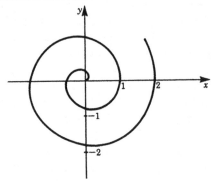

15.4 a) Berechnen Sie das Volumen
          eines Zylinderringes mit den
          Radien R_1 und R_2.

     b) Bestimmen Sie den
          Flächeninhalt eines
          Halbkreises mit Hilfe
          eines Zweifachintegrals.

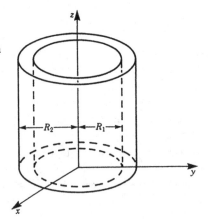

15.5 a) Berechnen Sie den Wert des Intergrals $\int\limits_{x=0}^{2}\int\limits_{y=x-1}^{3x} x^2 dx\,dy$

   b) Berechnen Sie das Dreifachintegral $\int\limits_{x=0}^{1}\int\limits_{y=0}^{2x}\int\limits_{z=0}^{x+y} dx\,dy\,dz$

   Achten Sie auf die Reihenfolge der Integrationen!

   c) Berechnen Sie das Trägheitsmoment θ einer Kugel mit dem Radius R und konstanter Dichte ρ. Die Drehachse geht durch den Kugelmittelpunkt. Benutzen Sie Kugelkoordinaten.

   Hilfe:

   Das Integral $\int\limits_{0}^{\pi} \sin^3 \vartheta d\vartheta$ hat den Wert $\frac{4}{3}$.

Lösungen

15.2 a) $a \cdot b$ Rechengang: Nach zwei Integrationen ergibt sich

   $[x]_0^a \cdot [y]_0^b = [a - 0] \cdot [b - 0] = ab$

   b) $\dfrac{2}{3}$

   c) 4

   d) 12   Rechengang:

   $\int\limits_{1}^{2} \left[v + \frac{v^2}{2}\right]_2^4 n\,dn = \left[v + \frac{v^2}{2}\right]_2^4 \cdot \left[\frac{n^2}{2}\right]_1^2 = 12$

   e) 4

   f) $\dfrac{1}{a}(e^{az_1} - e^{az_0})(y_1 - y_0) \cdot 1$

15.3 a) $r = 3 \cdot \sqrt{2}$ $\tan \varphi = 1$ $\varphi = \frac{\pi}{4}$

   b) kartesische Koordinaten $R^2 = x^2 + y^2$
      Polarkoordinaten: $R = r$

   c) $r = \frac{\varphi}{2\pi}$

15.4 a) $V = \pi h \left(R_2^2 - R_1^2 \right)$ Rechengang: Das Volumenelement dV hat in Zylinderkoordinaten die Form $dV = r\, dr\, d\varphi dz$.

$$V = \int\limits_{R_1}^{R} \int\limits_0^{2\pi} \int\limits_0^h r\, dr d\varphi dz = \int\limits_{R_1}^{R_2} r\, dr \int\limits_0^{2\pi} d\varphi \int\limits_0^h dz = \pi h \left(R_2^2 - R_1^2 \right)$$

b) $A = \frac{R^2}{2}\pi$ Rechengang: In ebenen Polarkoordinaten hat das Flächenelement dA die Form $dA = r \cdot d\varphi dr$.

$$A = \int\limits_0^R \int\limits_0^\pi r \cdot dr \cdot d\varphi = \int\limits_0^R r\, dr \int\limits_0^\pi d\varphi = \frac{R^2}{2}\pi$$

15.5 a) $10\frac{2}{3}$ Rechengang: Zuerst muß das Integral mit variablen Grenzen
berechnet werden.

$$\int\limits_{x=0}^2 \int\limits_{y=x-1}^{3x} x^2 dx\, dy = \int\limits_{x=0}^2 \left[\int\limits_{y=x-1}^{3x} x^2\, dy \right] dx$$

$$\int\limits_{x-1}^{3x} x^2\, dy = x^2 [y]_{x-1}^{3x} = x^2(3x - x + 1) = 2x^3 + x^2$$

Somit gilt

$$\int\limits_{x=0}^2 \int\limits_{y=x-1}^{3x} x^2 dx\, dy = \int\limits_0^2 (2x^3 + x^2)\, dx = \left[2\frac{x^4}{4} + \frac{x^3}{3} \right]_0^2 = \frac{32}{3} \approx 10.67$$

b) $\dfrac{4}{3}$ Rechengang: Zuerst muß über die Variable z integriert werden,
weil in den zugehörigen Integrationsgrenzen die Variablen x und
y vorkommen.

$$\int\limits_{x=0}^1 \int\limits_{y=0}^{2x} \int\limits_{z=0}^{x+y} dx\, dy\, dz = \int\limits_{x=0}^1 \left[\int\limits_{y=0}^{2x} \left[\int\limits_{z=0}^{x+y} dz \right] dy \right] dx$$

c) $\theta = \frac{2}{5} R^2 M$ Rechengang:

$\theta = \int \rho\, r^2 dV;$ Volumenelement $dV = r^2 \sin\vartheta\, dr\, d\vartheta\, d\varphi$

$$= \rho \int\limits_{r=0}^R \int\limits_{\vartheta=0}^\pi \int\limits_{\varphi=0}^{2\pi} (r\sin\vartheta)^2 r^2 \sin\vartheta\, dr\, d\varphi\, d\vartheta$$

$$= \rho \int\limits_0^R r^4 dr \int\limits_0^\pi \sin^3\vartheta\ d\vartheta \int\limits_0^{2\pi} d\varphi = \rho \frac{R^5}{5} \cdot \frac{4}{3} \cdot 2\pi = \frac{2}{5} R^2 M$$

Dabei ist $M = \rho \frac{4}{3}\pi R^3$ die Masse der Kugel.

16 Parameterdarstellung, Linienintegral

16.1 Parameterdarstellung von Kurven

Die Bewegung eines Massenpunktes m wird durch die Angabe seines Ortsvektors beschrieben.

Wir betrachten zunächst Bewegungen in der x-y-Ebene. Die Spitze des Ortsvektors $\vec{r}(t)$ tastet die Bahnkurve ab, die der Massenpunkt durchläuft. Seine Koordinaten $x(t)$ und $y(t)$ sind Funktionen der Zeit.

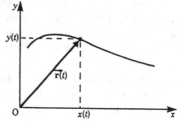

1. Beispiel: *Der waagerechte Wurf.*
Beim waagerechten Wurf werde ein Körper mit der Anfangsgeschwindigkeit v_{ox} in Richtung der x-Achse geworfen.

Die gleichförmige Bewegung in x-Richtung und der freie Fall in y-Richtung überlagern sich ungestört. Die x- und y-Koordinaten der Bewegung sind also gegeben durch

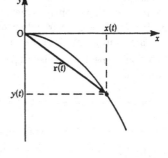

$$x(t) = v_{ox} \cdot t$$

$$y(t) = -\frac{g}{2} t^2$$

Der Ortsvektor ist hier

$$\vec{r}(t) = \left(v_{ox} \cdot t, \quad -\frac{g}{2} t^2 \right)$$

Die x- und y- Koordinaten hängen von der Variablen „Zeit" ab. Man sagt allgemein, der Vektor $r(t)$ hängt von dem Parameter t ab.

Eine Kurve in der x-y-Ebene war bisher durch eine Funktion $y = f(x)$ gegeben. Neu ist jetzt, daß die beiden Variablen x und y als Funktionen einer dritten Größe ausgedrückt werden. Eine solche Darstellung nennt man die *Parameterdarstellung* der Kurve. Die Parameterdarstellung ist ein wichtiges Hilfsmittel bei der Beschreibung von Ortsveränderungen. Die Gleichungen oben sind die Parameterdarstellung der Bahnkurve des waagerechten Wurfes. Man kann die Parameterdarstellung in die vertraute Form der Bahnkurve überführen, indem der Parameter eliminiert wird.

Wenn wir die Gleichung $x = v_{ox} t$ nach t auflösen, quadrieren und in die Gleichung $y = -\frac{g}{2} t^2$ einsetzen, erhalten wir den Ausdruck

$$y = -\frac{g}{2v_{ox}^2} x^2$$

Dieser Ausdruck ist die Funktion nur einer Veränderlichen. Er stellt eine Parabel dar, die sogenannte Wurfparabel.

2. Beispiel: *Rotation auf einer Kreisbahn.*

Der Ort eines Punktes kann neben der Angabe der kartesischen Koordinaten x und y auch durch die Angabe der Polarkoordinaten r und φ beschrieben werden.

Die beiden Darstellungen sind durch folgende Transformationsgleichungen miteinander verknüpft:

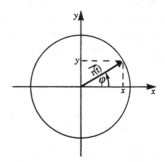

$x = r \cos \varphi \qquad 0 \leq \varphi < 2\pi$
$y = r \sin \varphi$

Bei konstantem r sind die x- und die y-Koordinaten Funktionen einer dritten Größe, des Winkels φ. Wir haben eine Parameterdarstellung mit φ als Parameter.

Der Ortsvektor des Kreises ist $\vec{r}(\varphi) = (r \cos \varphi,\ r \sin \varphi)$. Wir können den Parameter φ eliminieren.

$$x^2 + y^2 = r^2 \cos^2 \varphi + r^2 \sin^2 \varphi = r^2$$

Die Gleichung $x^2 + y^2 = r^2$ stellt einen Kreis dar.

Sonderfall: *Kreisbewegung mit konstanter Winkelgeschwindigkeit.*

Rotiert der Punkt gleichförmig auf der Kreisbahn, dann wächst der Winkel φ linear mit der Zeit an:

$$\varphi = \omega \cdot t$$

Die Größe ω wird bekanntlich Winkelgeschwindigkeit genannt. ω ist analog zur Geschwindigkeit bei der geradlinigen Bewegung definiert: $\omega = \frac{d\varphi}{dt}$. Die Einheit der Winkelgeschwindigkeit ist 1/Sekunde.

Die Parameterdarstellung der Kreisbewegung lautet jetzt:

$$x(t) = r \cos \omega t \qquad y(t) = r \sin \omega t$$

Der Ortsvektor, der die Kreisbahn abtastet, ist:

$$\vec{r}(t) = (r \cos \omega t,\ r \sin \omega t)$$

3. Beispiel: *Parameterdarstellung der Geradengleichung.*
Gegeben sei eine Gerade in der Ebene.
$\vec{b}$ sei ein Vektor, der in Richtung der Geraden zeigt und $\vec{a}$ ein konstanter Vektor, der
vom Koordinatenursprung zu einem beliebigen Punkt der Geraden reicht. Der Ortsvek-
tor $\vec{r}(t) = \vec{a} + \vec{b} \cdot t$ tastet die gesamte Gerade
ab, wenn der Parameter t den Bereich der
reellen Zahlen durchläuft. Für die Koordinaten x und y gilt

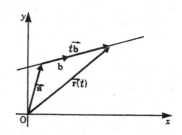

$$x(t) = a_x + b_x t \qquad y(t) = a_y + b_y t$$

Bisher hatten wir nur Kurven in der Ebene betrachtet. Die Parameterdarstellung
ist besonders hilfreich bei der Darstellung von Kurven im dreidimensionalen Raum.

4. Beispiel: *Gerade im Raum.*
Das Beispiel 3 läßt sich leicht auf den dreidimensionalen Fall erweitern. Die Vektoren
$\vec{a}$, $\vec{b}$ und $\vec{r}(t)$ sind jetzt aber räumliche Vektoren. Die Parameterdarstellung ist

$$x(t) = a_x + b_x t \qquad y(t) = a_y + b_y t \qquad z(t) = a_z + b_z t$$

5. Beispiel: *Schraubenlinie*
Ein Punkt bewege sich auf einer Schrauben-
linie. Der Höhengewinn pro Umlauf sei h.
Die Koordinaten des Punktes sind dann

$$x(t) = r \cos t$$

$$y(t) = r \sin t$$

$$z(t) = \frac{h}{2\pi} t$$

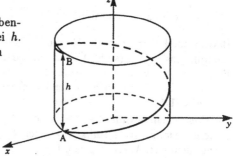

Durchläuft der Parameter t den Bereich von $t = 0$ bis $t = 2\pi$, ist ein Umlauf
vollendet. Der Punkt $P = (x, y, z)$ läuft auf der Schraubenlinie von A nach B.

Der Ortsvektor der Schraubenlinie ist

$$\vec{r}(t) = (r \cos t, \quad r \sin t, \quad \frac{h}{2\pi} t)$$

6. Beispiel: *Kreis im Raum* (parallel zur x-y-Ebene)
Ein Kreis mit dem Radius r liege mit dem
Abstand z_0 parallel zur x-y-Ebene.
Aus der Skizze lesen wir ab

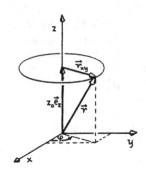

$$\vec{r} = z_0 \vec{e}_z + \vec{r}_{xy}$$

Der Vektor $\vec{r}$ hat
die z-Komponente $z_0 \cdot \vec{e}_z$,
die x-Komponente $r \cos\varphi \cdot \vec{e}_x$
die y-Komponente $r \sin\varphi \cdot \vec{e}_y$.
Der Ortsvektor $\vec{r}(\varphi)$ ist dann

$$\vec{r}(\varphi) = r \cos\varphi \cdot \vec{e}_x + r \sin\varphi \, \vec{e}_y + z_0 \vec{e}_z$$

$$= (r\cos\varphi, \quad r\sin\varphi, \quad z_0)$$

7. Beispiel: *Parameterdarstellung einer Hyperbel*:
Die Funktionsgleichung $x^2 - y^2 = 1$ stellt eine Hyperbel dar: Die Hyperbel hat eine
Nullstelle bei $x = 1$ und sie hat die Asymptoten $y_{as1} = x$ und $y_{as2} = -x$.

Eine Parameterdarstellung dieser Hyperbel ist durch die hyperbolischen Funktionen
möglich. Daher auch der Name *hyperbolische Funktionen*.

$$x = \cosh\varphi \qquad y = \sinh\varphi$$

Beweis durch Verifizierung. Wegen der Beziehung $(\cosh\varphi)^2 - (\sinh\varphi)^2 = 1$ kann der
Paramter φ eliminiert werden und wir erhalten die Funktionsgleichung der Hyperbel
$x^2 - y^2 = 1$.

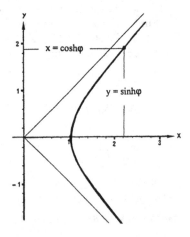

Gegeben sei ein bestimmter Wert φ_0 des Parameters. Damit ist ein Punkt P auf der Hyperbel definiert. Wächst φ von 0 bis ∞ so
durchläuft P auf dem oberen Hyperbelast
– beginnend mit $P_0(1,0)$ – alle Punkte des
Graphen. Für negative Werte des Parameters durchläuft P den unteren Hyperbelast.

Die Umkehrfunktion heißt *Areafunktion*, $\varphi = Ar \sinh y$.

Die schraffierte Fläche A in der Abbildung entspricht dem halben Parameterwert $2A = \varphi_0$.

Wenn wir die Umkehrfunktion für den Hyperbelsinus bilden, erhalten wir eine Funktion, die eine geometrische Bedeutung hat, sie bezeichnet die schraffierte Fläche. Daher der Name *Areafunktion* .

$$
\begin{aligned}
\text{Hyperbelsinus } y &= \sinh\varphi \\
\text{Umkehrfunktion } \varphi &= Ar\sinh y
\end{aligned}
$$

Gelesen: φ entspricht der Fläche (Area), dessen Hyperbelsinus y ist.

Gemeint ist die vom Ortsvektor P der x-Achse und der Hyperbel eingeschlossene Fläche.

Beweis: Wir berechnen die schraffierte Fläche A.

$A_0 = $ Fläche des Dreiecks $= \frac{1}{2}\cosh\varphi_0 \cdot \sinh\varphi_0$

$A_1 = $ Fläche unterhalb der Hyperbel

Damit gilt: $A = A_0 - A_1$

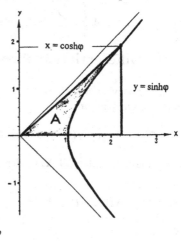

Berechnung von A_1

$$
A_1 = \int_0^{\varphi_0} \sinh\varphi \; dx
$$

Wir substituieren[1] dx und integrieren partiell.

$$
\begin{aligned}
A_1 &= \int_0^{\varphi_0} \sinh^2\varphi d\varphi \\[2mm]
&= \underbrace{[\cosh\varphi \cdot \sinh\varphi]_0^{\varphi_0}}_{=2A_0} - \int_0^{\varphi_0} \cosh^2\varphi d\varphi
\end{aligned}
$$

Umformung des Integrals ergibt[2]

$$
A_1 = \int_0^{\varphi_0} \sinh^2\varphi d\varphi = 2A_0 - \int_0^{\varphi_0} \sinh^2\varphi d\varphi - \underbrace{\int_0^{\varphi_0} d\varphi}_{=\varphi_0}
$$

Zusammenfassung der identischen Integrale führt zur

$$
2\int_0^{\varphi_0} \sinh^2\varphi d\varphi = 2A_1 = 2A_0 - \varphi_0
$$

$$
\varphi_0 = 2[A_0 - A_1]
$$

---

[1] Substitution: $x = \cosh\varphi$ $\qquad$ $dx = \sinh\varphi d\varphi$

[2] Hinweis: $\cosh^2\varphi - \sinh^2\varphi = 1$ $\qquad$ $\cosh^2\varphi = 1 + \sinh^2\varphi$

8. Beispiel: *Parameterdarstellung einer Zykloide:*

Zykloide sind Kurven, die die Bewegungen von Punkten auf Rädern angeben, die ohne Schlupf rollen. Hier sei die Zykloide für den Punkt auf dem äußeren Rand des Rades mit dem Radius R angegeben. Der Parameter φ ist der Drehwinkel des Rades. Die Parameterdarstellung der Zykloide ist:

$$x = R(\varphi - \sin \varphi) \qquad y = R(1 - \cos \varphi)$$

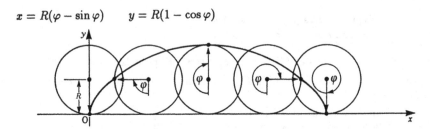

16.2   Differentiation eines Vektors nach einem Parameter

Die Bahnkurve eines Punktes in der Ebene wird beschrieben durch den zeitabhängigen Ortsvektor

$$\vec{r}(t) = (x(t), y(t)) = x(t)\vec{e}_x + y(t)\vec{e}_y$$

Nach einem Zeitintervall Δt ist der Ortsvektor

$$\vec{r}(t + \Delta t) = \vec{r}(t) + \Delta \vec{r}(t)$$

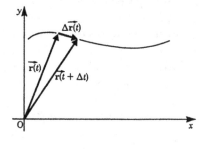

Wir fragen nun nach der Geschwindigkeit $\vec{v}(t)$ als dem Maß für die zeitliche Änderung des Ortsvektors.

Nach der Abbildung ergibt sie sich als Ortsänderung $\Delta \vec{r}$ pro Zeitänderung Δt

$$\vec{v} = \lim_{\Delta t \to 0} \frac{\Delta \vec{r}}{\Delta t} = \lim_{\Delta t \to 0} \left(\frac{x(t + \Delta t) - x(t)}{\Delta t}, \frac{y(t + \Delta t) - y(t)}{\Delta t} \right)$$

In Komponentendarstellung

$$\vec{v} = \lim_{\Delta t \to 0} \frac{\Delta \vec{r}}{\Delta t} = \lim_{\Delta t \to 0} \left(\frac{x(t + \Delta t) - x(t)}{\Delta t}, \frac{y(t + \Delta t) - y(t)}{\Delta t} \right)$$

Führen wir den Grenzübergang durch, so erhalten wir

$$\vec{v} = \frac{d\vec{r}}{dt} = \left(\frac{dx}{dt}, \frac{dy}{dt} \right)$$

Die Komponenten der Geschwindigkeit des Punktes sind die Geschwindigkeiten der Koordinaten des Punktes. Liegt also ein Vektor $\vec{r}(t)$ in Komponentenschreibweise als Funktion des Parameters Zeit t vor, dann erhalten wir die Geschwindigkeit des Vektors, indem jede Komponente einzeln nach t differenziert wird.

Aus der Herleitung ist ersichtlich, daß der Vektor $\frac{d\vec{r}}{dt}$ in die Richtung der Tangente an die Bahnkurve zeigt. Er wird als *Geschwindigkeit* oder als *Geschwindigkeitsvektor* bezeichnet.

1. Beispiel: *Waagerechter Wurf* Der Ortsvektor der Bahnkurve beim waagerechten Wurf war

$$\vec{r}(t) = \left(v_{ox}t, -\frac{g}{2}t^2\right)$$

Die Geschwindigkeit erhalten wir, wenn wir $\vec{r}(t)$ nach der Zeit differenzieren.

$$\vec{v}(t) = (v_{ox}, -gt)$$

Die Beschleunigung erhalten wir, wenn wir $\vec{v}(t)$ nach der Zeit differenzieren.

$$\vec{a}(t) = \frac{d\vec{v}(t)}{dt} = \frac{d^2\vec{r}(t)}{dt^2} = (0, -g)$$

Das Ergebnis ist bekannt, es liegt die nach unten gerichtete Erdbeschleunigung vor.

2. Beispiel: *Rotation auf einer Kreisbahn*
Der Ortsvektor der kreisförmigen Bahnkurve war

$$\vec{r}(t) = (r\cos\omega t, r\sin\omega t)$$

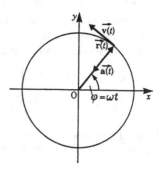

Die Ableitung des Ortsvektors nach der Zeit ist der Geschwindigkeitsvektor $\vec{v}(t)$.

$$\begin{aligned}
\vec{v}(t) &= \frac{d\vec{r}(t)}{dt} = \frac{d}{dt}(r\cos\omega t, r\sin\omega t) \\
&= \left(\frac{d}{dt}(r\cos\omega t), \frac{d}{dt}(r\sin\omega t)\right) \\
\vec{v}(t) &= \omega(-r\sin\omega t, r\cos\omega t)
\end{aligned}$$

Der Geschwindigkeitsvektor steht senkrecht auf dem Ortsvektor.

Beweis: Das Skalarprodukt $\vec{r} \cdot \vec{v}$ verschwindet.

$$\begin{aligned}
\vec{r}(t) \cdot \vec{v}(t) &= (r\cos\omega t, r\sin\omega(t))(-\omega r\sin\omega t, \omega r\cos\omega t) \\
&= \omega r^2 \left[-\cos\omega t \cdot \sin\omega t + \sin\omega t \cdot \cos\omega t\right] = 0
\end{aligned}$$

Der Geschwindigkeitsvektor zeigt in die Richtung der Tangente der Bahnkurve. Er hat den Betrag

$$v = |\vec{v}| = \sqrt{\vec{v}^2} = \sqrt{r^2\omega^2(\cos^2\omega t + \sin^2\omega t)}$$

$$v = r \cdot \omega$$

Die Beschleunigung $\vec{a}(t)$ erhalten wir, wenn wir $\vec{v}(t)$ nach der Zeit t differenzieren.

$$\vec{a}(t) = \frac{d\vec{v}(t)}{dt} \quad = -\omega^2(r\cos\omega t,\, r\sin\omega t)$$
$$= -\omega^2\vec{r}(t)$$

Der Beschleunigungsvektor hat die Richtung von $\vec{r}$ und zeigt zum Koordinatenursprung hin. Der Betrag von $\vec{a}$ ist

$$|\vec{a}| = a = \omega^2 r$$

Wir können wechselweise mit Hilfe von $v = \omega \cdot r$ den Bahnradius r oder die Winkelgeschwindigkeit ω eliminieren:

$$a = \frac{v^2}{r} = v\,\omega$$

Die Beschleunigung $\vec{a}$ wird *Zentripetalbeschleunigung* genannt.

Ein Vektor im dreidimensionalen Raum, der in Komponentendarstellung vorliegt, wird wie im zweidimensionalen Fall nach einem Parameter differenziert, indem jede Komponente einzeln differenziert wird. In Formeln:

$$\vec{r}(t) \quad = \quad (x(t),\, y(t),\, z(t))$$
$$\frac{d\vec{r}}{dt} \quad = \quad \left(\frac{dx}{dt},\, \frac{dy}{dt},\, \frac{dz}{dt}\right)$$

Sind bei Integrationsaufgaben die Komponenten eines Vektors als zeitliche Ableitungen gegeben, dann darf komponentenweise integriert werden.

16.3 Das Linienintegral

Ein Körper werde in einem Kraftfeld auf einer Kurve bewegt. Häufig interessiert man sich dafür, welche Arbeit dabei aufzuwenden ist oder gewonnen wird.

1. Fall: Das Kraftfeld ist homogen. Dann hat es in allen Punkten die gleiche Richtung und den gleichen Betrag. Der Körper werde um den Vektor $\vec{s}$ verschoben.
Dann ist die Arbeit definiert durch das Skalarprodukt von Kraftvektor und Wegvektor:

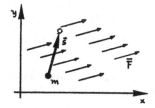

$$W = \vec{F} \cdot \vec{s}$$

2. Fall: Das Kraftfeld $\vec{F}(x, y, z)$ sei ein beliebiges Vektorfeld. Der Weg wird durch den Ortsvektor $\vec{r}(t)$ beschrieben, der in Parameterdarstellung gegeben sei.

Die Wegenden seien durch die beiden Punkte P_1 und P_2 festgelegt.

Um einen Näherungsausdruck für die Arbeit zu erhalten, zerlegen wir den durchlaufenen Weg zunächst in n Wegelemente $\Delta\vec{r}$. Das i-te Wegelement hat die Form

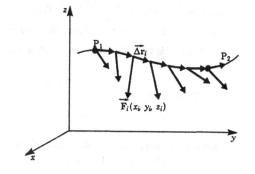

$$\Delta\vec{r_i} = \vec{r}(t_{i+1}) - \vec{r}(t_i).$$

Jetzt bestimmen wir die Kraft für dieses Wegelement.

$$\vec{F}(r(t_i)) = \vec{F}(x(t_i), y(t_i), z(t_i))$$

Um den Arbeitsanteil zu erhalten, bilden wir das Skalarprodukt des Wegelementes mit dem Kraftvektor

$$\Delta W = \vec{F}(x(t_i), y(t_i), z(t_i)) \cdot \Delta r_i$$

Den Näherungsausdruck für die geleistete Arbeit erhalten wir, wenn wir alle Skalarprodukte für den Weg aufsummieren.

$$W \approx \sum_{i=0}^{\infty} \vec{F}(x(t_i), y(t_i), z(t_i)) \cdot \Delta\vec{r_i}$$

Wählen wir die Wegelemente immer kleiner, d.h. lassen wir ihre Anzahl gegen Unendlich gehen, dann erhalten wir den exakten Ausdruck für die geleistete Arbeit im Kraftfeld $F(x, y, z)$ auf dem vorgegebenen Weg.

$$W = \lim_{n \to \infty} \sum_{i=0}^{n} \vec{F}(x(t), y(t_i), z(t_i)) \cdot \Delta \vec{r}_i$$

$$W = \int_{P_1}^{P_2} \vec{F}(x, y, z) \cdot d\vec{r}$$

Dieses Integral wird *Linienintegral* genannt. Der Name rührt daher, daß der Integrationsweg eine Kurve, also eine Linie im Raum, ist.

16.3.1 Berechnung von speziellen Linienintegralen

Im allgemeinen Fall ist es schwierig, das Linienintegral auszurechnen. Viele Probleme lassen sich jedoch auf leicht berechenbare Spezialfälle zurückführen. Das allgemeine Verfahren wird in Abschnitt 16.3.2 beschrieben.

Homogenes Vektorfeld, beliebiger Weg

Ein homogenes Vektorfeld läßt sich darstellen durch $\vec{F} = a\vec{e}_x + b\vec{e}_y + c\vec{e}_z$

Die Arbeit längs eines Weges von P_1 nach P_2 ist

$$W = \int_{P_1}^{P_2} \vec{F} \cdot d\vec{r}$$

Wegen $d\vec{r} = dx\vec{e}_x + dy\vec{e}_y + dz\vec{e}_z$ und $\vec{F} \cdot d\vec{r} = adx + bdy + cdz$ kann das Linienintegral in die folgende Form gebracht werden:

$$W = a \int_{P_1}^{P_2} dx + b \int_{P_1}^{P_2} dy + c \int_{P_1}^{P_2} dz$$

Für die Integrationsgrenzen müssen wir noch diejenigen Koordinaten einsetzen, die den Werten von P_1 und P_2 entsprechen, also

$$W = a \int_{x_1}^{x_2} dx + b \int_{y_1}^{y_2} dy + z \int_{z_1}^{z_2} dz$$
$$= a[x_2 - x_1] + b[y_2 - y_1] + c[z_2 - z_1]$$

In den Klammern stehen die Differenzen der Koordinaten von End- und Anfangspunkt des Weges. Das Ergebnis entspricht unserem 1. Besipiel. Die Arbeit W ist das Skalarprodukt aus Kraft und gesamter Ortsverschiebung: $W = \vec{F} \cdot \vec{s}$. Bei homogenen Kraftfeldern hängt die Arbeit nur von der resultierenden Ortsverschiebung ab, nicht aber von der speziellen Form der Bahnkurve.

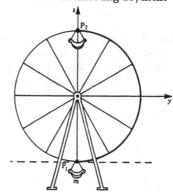

Beispiel: Die Gondel eines Riesenrades mit der Masse m werde vom tiefsten auf den höchsten Punkt gehoben. Das Gravitationsfeld ist homogen. Die Gravitationskraft ist:

$$\vec{F}_g = -mg\vec{e}_z = (0; 0; -mg)$$

Die hebende Kraft ist dann $F_w = mg\vec{e}_z = (0, 0, mg)$

Nach obiger Formel gilt für die geleistete Arbeit

$$W = mg \cdot 2R$$

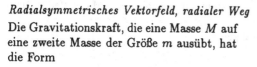

Radialsymmetrisches Vektorfeld, radialer Weg

Die Gravitationskraft, die eine Masse M auf eine zweite Masse der Größe m ausübt, hat die Form

$$\vec{F}_g = -\gamma \frac{mM\vec{r}}{r^3}$$

γ ist die Gravitationskonstante. $\vec{r}$ weise von M nach m.
Wir wollen die Arbeit berechnen, die geleiste wird, wenn m von P_1 in radialer Richtung nach P_2 gebracht wird.
Die bewegende Kraft $\vec{F}_w = -\vec{F}_g$ hat die gleiche Richtung wie $\vec{r}$ und damit gilt

$$
\begin{aligned}
dW &= \vec{F}_w \cdot d\vec{r} = F_w \cdot dr = \gamma \frac{mM r\, dr}{r^3} \\
&= \gamma \frac{mM\, dr}{r^2}
\end{aligned}
$$

Hat P_1 die Entfernung r_1 von M und P_2 die Entfernung r_2, dann gilt für das Linienintegral bei radialsymmetrischem Feld und einem Weg $\overline{P_1 P_2}$ in radialer Richtung

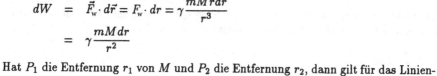

$$\int_{P_1}^{P_2} \vec{F}_w \cdot d\vec{r} = \int_{P_1}^{P_2} F_w \cdot dr = \gamma mM \int_{P_1}^{P_2} \frac{dr}{r^2} = -\gamma mM \left(\frac{1}{r_2} - \frac{1}{r_1} \right) = \gamma mM \left(\frac{1}{r_1} - \frac{1}{r_2} \right)$$

Radialsymmetrisches Feld, kreisförmiger Weg

Bewegt sich die Masse m auf einer Kreisbahn um die Masse M, dann stehen Kraftfeld $\vec{F}$ und Wegelement $d\vec{r}$ senkrecht aufeinander. Damit gilt

$$\vec{F} \cdot d\vec{r} = 0$$

Der Wert des Linienintegrals ist für jedes Kreisbogenstück Null. In einem radialsymmetrischen Feld wird also keine Arbeit auf einer kreisförmigen Bahn um das Kraftzentrum geleistet.

In Formeln:

$$\oint \vec{F} \cdot d\vec{r} = 0$$

Der Kreis in dem Integralzeichen symbolisiert, daß auf einem geschlossenen Weg integriert wird.

Ringförmiges Feld, kreisförmiger Weg

Um einen stromdurchflossenen Leiter entsteht ein ringförmiges Magnetfeld. Die Feldlinien sind Kreise.

Das Magnetfeld hat für einen sehr langen geraden Leiter die Form

$$\vec{H} = \frac{I}{2\pi r_0} (-\sin\varphi, \cos\varphi, 0)$$

r_0 ist der senkrechte Abstand zum Draht. Wir wollen jetzt längs einer magnetischen Feldlinie mit dem Abstand r_0 zum Draht integrieren und zwar auf einem vollständigen Kreis. Den Integrationsweg legen wir in die x-y-Ebene. Dies können wir ohne weiteres tun, da das Magnetfeld H nicht von der z-Koordinate abhängt.

Der Integrationsweg ist ein Kreis. Das Linienintegral über einen Kreisumlauf wird durch einen Kreis im Integralzeichen gekennzeichnet.

$$\oint \vec{H} \, d\vec{r}$$

$d\vec{r}$ und $\vec{H}$ haben hier die gleiche Richtung. Damit wird $d\vec{r} \cdot \vec{H} = dr \cdot H$

$$\oint \vec{H} \cdot d\vec{r} = \oint H \, dr = \frac{I}{2\pi r_0} \oint dr$$

Das Integral $\oint dr$ ist gleich dem Umfang des Kreises, also

$$\oint dr = 2\pi r_0$$

Das ergibt eingesetzt

$$\oint \vec{H}\,d\vec{r} = \frac{I}{2\pi r_0} \cdot 2\pi r_0 = I$$

Das Resultat unserer Rechnung ist ein Spezialfall des allgemeingültigen Satzes: Das Linienintegral längs eines geschlossenen Weges im Magnetfeld ist gleich dem vom Weg eingeschlossenen Strom.

16.3.2 Berechnung des Linienintegrals im allgemeinen Fall

Wir nehmen an, daß die Kurve, auf der entlang das Linienintegral gebildet wird, in Parameterdarstellung gegeben sei. Dann schreibt sich der Ortsvektor als

$$r_x = x\,(t) \qquad r_y = y\,(t) \qquad r_z = z\,(t)$$

$$\vec{r}\,(t) = (x\,(t),\ y\,(t),\ z(t))$$

Die Ortsverschiebung ist dann

$$d\vec{r}\,(t) = (dx\,(t),\ dy\,(t),\ dz\,(t))$$

$dx\,(t)$, $dy\,(t)$ und $dz\,(t)$ sind die Differentiale der Funktionen $x\,(t)$, $y\,(t)$ und $z\,(t)$. Sie sind gleich

$$dx\,(t) \;=\; \frac{dx}{dt} \cdot dt \qquad dy\,(t) = \frac{dy}{dt} \cdot dt \qquad dz\,(t) = \frac{dz}{dt} \cdot dt$$

$$d\vec{r} \;=\; \left(\frac{dx}{dt} \cdot dt, \frac{dy}{dt} \cdot dt, \frac{dz}{dt} \cdot dt \right)$$

Variiert t von t_1 nach t_2, dann wird die Ortskurve von P_1 bis P_2 durchlaufen. Um die
Kraft für jeden Kurvenpunkt zu erhalten,
setzen wir in den Ausdruck für das Vektorfeld die Parameterdarstellung der Ortskurve
ein.

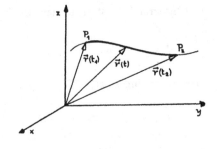

$$\vec{F}(x\,y\,z) = F_x(x(t),\,y(t),\,z(t))\vec{e}_x$$
$$+\,F_y(x(t),\,y(t),\,z(t))\,\vec{e}_y$$
$$+\,F_z(x(t),\,y(t),\,z(t))\,\vec{e}_z$$

Dies setzen wir ein in das Linienintegral für die Arbeit $W = \int \vec{F}\cdot d\vec{r}$ und führen das
Skalarprodukt aus:

$$W = \int\limits_{P_1}^{P_2} F_x(x(t),\,y(t),\,z(t)) \cdot dx(t)$$

$$+ \int\limits_{P_1}^{P_2} F_y(x(t),\,y(t),\,z(t)) \cdot dy(t)$$

$$+ \int\limits_{P_1}^{P_2} F_z(x(t),\,y(t),\,z(t)) \cdot dz(t)$$

Setzen wir als Grenzen noch t_1 und t_2, um auszudrücken, daß die drei Integranden
nur noch von t abhängen, dann ist das Linienintegral

$$W = \int\limits_{t_1}^{t_2} F_x\left(\frac{dx}{dt}\right) dt + \int\limits_{t_1}^{t_2} F_y\left(\frac{dy}{dt}\right) dt + \int\limits_{t_1}^{t_2} F_z\left(\frac{dz}{dt}\right) dt$$

Dies ist die Summe dreier gewöhnlicher bestimmter Integrale mit der Integrations-
variablen t.

Regel: Gegeben ist ein Vektorfeld $\vec{F}(x,\,y,\,z)$ und ein Weg in Parameterdarstellung:

$$\vec{r}(t) = (x(t),\,y(t),\,z(t))$$

Das Linienintegral ist dann

$$W = \int\limits_{P_1}^{P_2} \vec{F}(x,\,y,\,z)\,d\vec{r} = \int\limits_{t_1}^{t_2} F_x\frac{dx}{dt}\,dt + \int\limits_{t_1}^{t_2} F_y\frac{dy}{dt}\,dt + \int\limits_{t_1}^{t_2} F_z\frac{dz}{dt}\,dt$$

16.4 Übungsaufgaben

16.1 A Schiefer Wurf: Beim schiefen Wurf mit dem Winkel α gegenüber der horizontalen x-Achse hat ein Körper die Anfangsgeschwindigkeit $v = (v_0 \cdot \cos\alpha;\; v_0 \cdot \sin\alpha)$. Bestimmen Sie die Gleichung der Wurfparabel.

B Ein Punkt rotiert gleichmäßig in der $x - y$-Ebene. In 2 sec. durchläuft er dreimal die Kreisbahn mit dem Radius R.
Geben Sie die Parameterdarstellung an.

C a) Welche Kurve wird beschrieben durch die Parameterdarstellung
$x(t) = t$
$y(t) = t$
$z(t) = t$

b) Auf welche Kurve führt die folgende Parameterdarstellung:
$x(t) = a \cos t$
$y(t) = b \sin t$

16.2 A Bestimmen Sie den Beschleunigungsvektor $\vec{a}(t)$ bei der gleichmäßigen Rotation. Die Parameterdarstellung der Geschwindigkeit ist:
$v_x(t) = -\omega r \sin\omega t$
$v_y(t) = \omega r \cos\omega t$

B Der Ortsvektor eines Massenpunktes ist gegeben durch $\vec{r}(t) = (R\cos\omega t, R\sin\omega t, t)$. Bestimmen Sie die Geschwindigkeit des Massenpunktes zur Zeit $t = \frac{2\pi}{\omega}$.

C Der Beschleunigungsvektor ist beim freien Fall gleich $\vec{g} = (0, 0, -g)$. Wie sieht der Geschwindigkeitsvektor aus, wenn die Geschwindigkeit zur Zeit $t = 0$ gleich $\vec{v}_0 = (v_0, 0, 0)$ ist?

16.3.1 A In dem homogenen Kraftfeld $\vec{F} = (2, 6, 1)N$ wird ein Körper längs der Kurve $\vec{r}(t) = (\vec{r}_0 + t\vec{e}_x)$ von dem Punkt $\vec{r}(0) = \vec{r}_0$ zum Punkt $\vec{r}(2)$ gebracht. Wie groß ist die aufzuwendende Arbeit?

B Das radialsymmetrische Kraftfeld sei $\vec{F} = (x, y, z)N$. Ein Körper werde in diesem Kraftfeld längs der x-Achse vom Koordinatenursprung zum Punkt $P = (5, 0, 0)$ gebracht. Berechnen Sie die geleistete Arbeit.

C Gegeben sei das Vektorfeld $\vec{A}(x, y, z) = \frac{(x, y, z)}{\sqrt{x^2 + y^2 + z^2}}$. Berechnen Sie das Linienintegral längs des Kreises in der $x - y$-Ebene mit dem Koordinatenursprung als Mittelpunkt.

16.3.2   Berechnen Sie für das Vektorfeld $\vec{A}(x, y, z) = (0, -z, y)$ das Linien-
integral längs der Kurve $\vec{r}(t) = (\sqrt{2}\cos t, \cos 2t, \frac{2t}{\pi})$ von $t = 0$ bis $t = \frac{\pi}{2}$.

Lösungen

16.1   A   Die Wurfparabel ist $y = \tan\alpha \cdot x - \dfrac{g}{2v_0^2\cos^2\alpha}x^2$

   B   Die Parameterdarstellung lautet
   $x(t) = R\cos 3\pi t$
   $y(t) = R\sin 3\pi t$

   C   a) Die Kurve stellt eine Gerade dar.

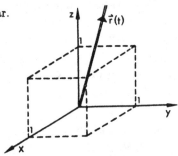

   b) Eliminieren von t führt auf $b^2 x^2 + a^2 y^2 = a^2 b^2$ oder $\frac{x^2}{a^2} + \frac{y^2}{b^2} = 1$
   Die Gleichung stellt eine Ellipse mit den Halbachsen a und b dar.

16.2   A   Der Beschleunigungsvektor $\vec{a}(t)$ ergibt sich als Ableitung
   von $\vec{v}$ nach t.
   $a_x(t) = -\omega^2 r\cos\omega t$
   $a_y(t) = -\omega^2 r\sin\omega t$ oder
   $\vec{a}(t) = -\omega^2 r(\cos\omega t, \sin\omega t)$

   B   Es ist $\vec{v}(t) = \frac{d\vec{r}(t)}{dt}$

   $\vec{v}(t) = \frac{d\vec{r}(t)}{dt} = (-R\omega\sin\omega t,\ R\omega\cos\omega t,\ 1)$

   $\vec{v}\left(\frac{2\pi}{\omega}\right) = (0,\ R\omega,\ 1)$

   C $\vec{v}(t)$ wird aus $\vec{g}$ durch Integration der Komponenten von $\vec{g}$ und t
   und Anpassung des erhaltenen Vektors an $\vec{v}_0$ ermittelt.

   $\vec{v}(t) = (c_1,\ c_2,\ -gt + c_3);$ c_1, c_2, c_3 Integrationskonstanten

   $\vec{v}(0) = \vec{v}_0 = (v_0, 0, 0)$

   Daraus folgt: $c_1 = v_0,\ c_2 = c_3 = 0$

   Damit gilt: $\vec{v}(t) = (v_0,\ 0,\ -gt)$

16.3.1 A In einem homogenen Vektorfeld $\vec{F} = (a, b, c)$ gilt nach 16.3.1 für die Arbeit, die bei der Verschiebung von $P_1 = (x_1, y_1, z_1)$ nach $P_2 = (x_2, y_2, z_2)$ geleistet wird:

$$W = a\,[x_2 - x_1] + b\,[y_2 - y_1] + c\,[z_2 - z_1]$$

Es ist $P_1 = (x_0, y_0, z_0)$ und $P_2 = (x_0 + 2, y_0, z_0)$

Mit $\vec{F} = (2, 6, 1)N$ erhalten wir

$$W = \{2\,[x_0 + 2 - x_0] + 6\,[y_0 - y_0] + 1\,[z_0 - z_0]\}Nm = 4Nm$$

B Für $\vec{F} = (x, y, z)N$ und $d\vec{r} = (dx, 0, 0)$ erhalten wir $\vec{F} \cdot d\vec{r} = x\,dx$
Das Linienintegral wird damit ein gewöhnliches Integral über x:

$$\int\limits_{P_1}^{P_2} \vec{F} \cdot d\vec{r} = \int\limits_0^5 x\,dx = \left[\frac{x^2}{2}\right]_0^5 = \frac{25}{2}Nm$$

C Vektorfeld und Wegelement stehen senkrecht aufeinander. Deshalb verschwindet das Skalarprodukt $\vec{A} \cdot d\vec{r}$ und das Linienintegral hat den Wert Null.

16.3.2 Das Wegelement $d\vec{r}(t)$ ist $d\vec{r}(t) = (-\sqrt{2}\sin t, -2\sin 2t, \frac{2}{\pi})\,dt$
Setzen wir $x(t), y(t)$ und $z(t)$ in das Vektorfeld ein, ergibt sich

$$\vec{A}(t) = (0, -\frac{2t}{\pi}, \cos 2t)$$

Das Linienintegral ist damit

$$\int \vec{A} \cdot d\vec{r} = \int\limits_0^{\frac{\pi}{2}} \left[\frac{4t}{\pi}\sin 2t + \frac{2}{\pi}\cos 2t\right]dt$$

Das Integral über $\dfrac{4t}{\pi}\sin 2t$ wird durch partielle Integration berechnet. Es gilt

$$\int t\sin 2t\,dt = \frac{\sin 2t}{4} - \frac{t\cos 2t}{2}$$

Damit wird

$$\int\limits_0^{\frac{\pi}{2}} \left[\frac{4t}{\pi}\sin 2t + \frac{2}{\pi}\cos 2t\right]dt = \frac{4}{\pi}\left[\frac{\sin 2t}{4} - \frac{t\cos 2t}{2}\right]_0^{\frac{\pi}{2}} + \frac{1}{\pi}\left[\sin 2t\right]_0^{\frac{\pi}{2}}$$

$$= \frac{4}{\pi}\frac{\pi}{4} + 0 = 1$$

17 Oberflächenintegrale

17.1 Der Vektorfluß durch eine Fläche

Durch ein Rohr fließe Wasser. Die Dichte des Wassers sei überall konstant. Die Geschwindigkeit der Wasserteilchen sei $\vec{v}$.

Da jedem Wasserteilchen an jedem Ort eine Geschwindigkeit $\vec{v} = \frac{\Delta \vec{s}}{\Delta t}$ zugeordnet werden kann, liegt ein Vektorfeld vor. Wir nehmen zunächst an, daß $\vec{v}$ überall die gleiche Richtung und den gleichen Betrag hat, also ein homogenes Vektorfeld vorliegt. Wir legen eine Fläche A senkrecht durch den Wasserstrom und fragen nach der Wassermenge, die pro Zeitintervall Δt durch die Fläche A hindurchfließt. Das ist die Wassermenge, die sich in dem Quader mit der Grundfläche A und der Tiefe Δs befindet. Die Tiefe Δs ist durch die Bedingung festgelegt, daß die Wasserteilchen in der Zeit Δt vom Ende des Quaders die Fläche A erreichen müssen. Dann gilt:

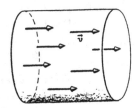

$$\Delta s = v \cdot \Delta t$$

Das Volumen V des Quaders ist damit :

$$V = A \cdot v \cdot \Delta t$$

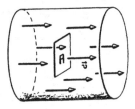

Die hindurchfließende Wassermenge ΔM ist

$$\Delta M = \rho \cdot V = \rho \cdot A \, v \Delta t$$

Die pro Zeiteinheit durch die Flächeneinheit fließende Wassermenge ist dann

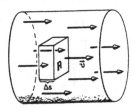

$$\frac{\Delta M}{A \cdot \Delta t} = \rho \cdot \vec{v} = \vec{j}$$

Diese Größe nennen wir *Stromdichte* $\vec{j}$. Da die Geschwindigkeit $\vec{v}$ ein Vektor ist, ist die Stromdichte ebenfalls ein Vektor.

> **Definition:** Die Größe $\vec{j} = \rho \cdot \vec{v}$ heißt *Stromdichte*. Der Betrag der Stromdichte $\vec{j}$ gibt die pro Zeiteinheit durch die Flächeneinheit fließende Wassermenge an. Die Fläche steht senkrecht zur Strömungsgeschwindigkeit $\vec{v}$. Der Vektor $\vec{j}$ zeigt in die Stromrichtung.
>
> $$(17.1)$$

Durch eine beliebige Fläche A senkrecht zur Stromrichtung fließt dann der Strom

$$I = A \cdot |\vec{j}| = A \cdot j$$

Wir legen nun eine Fläche A schräg in den Wasserstrom, so daß die Flächennormale einen Winkel α mit der Stromrichtung bildet.

Wir betrachten die Fläche A und ihre Projektion A_j auf eine Ebene senkrecht zur Stromrichtung. Aus der Abbildung lesen wir ab

$$A_j = A \cos \alpha$$

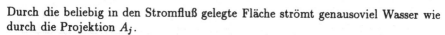

Damit erhalten wir für den Strom I durch A

$$I = j \cdot A_j = jA \cos \alpha$$

Durch die beliebig in den Stromfluß gelegte Fläche strömt genausoviel Wasser wie durch die Projektion A_j.

Dieser Ausdruck hat eine formale Ähnlichkeit mit einem Skalarprodukt zwischen zwei Vektoren $\vec{j}$ und $\vec{A}$.

Um die Orientierung einer Fläche im Raum zu erfassen, führen wir den neuen Begriff des *vektoriellen Flächenelementes* ein.

> **Definition:** Unter dem *vektoriellen Flächenelement* einer ebenen Fläche A verstehen wir einen Vektor $\vec{A}$ der senkrecht auf der Fläche steht und dessen Betrag gleich A ist.
>
> $$|\vec{A}| = A \qquad (17.2)$$

Das Vorzeichen von $\vec{A}$ muß durch Konvention festgelegt werden. In unserem Fall ist es zweckmäßig, das Vorzeichen $\vec{A}$ so festzulegen, daß $\vec{A}$ in die Richtung zeigt, in der der Strom aus der Fläche austritt.

Beispiel: Ein Quadrat mit dem Flächeninhalt A liege in der x-z-Ebene (s. Abb.). Es hat das vektorielle Flächenelement:

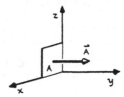

$$\vec{A} = A(0,\ 1,\ 0)$$

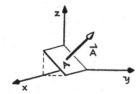

Das Quadrat habe jetzt einen Winkel von
45° zur x-y-Ebene (s. Abb.). Das Flächenelement ist

$$\vec{A} = \frac{A}{\sqrt{2}}(0, 1, 1)$$

Wir können den Strom I durch eine beliebige Fläche $\vec{A}$ mit Hilfe des vektoriellen
Flächenelements als Skalarprodukt schreiben:

$$I = \vec{j} \cdot \vec{A}$$

Wir lösen uns jetzt von der physikalischen Bedeutung des Vektorfeldes $\vec{j}$ und definieren noch den Begriff des Flusses eines beliebigen Vektorfeldes $\vec{F}(x, y, z)$ durch
eine Fläche.

Definition: Gegeben sei eine ebene Fläche A und ein homogenes Vektorfeld $\vec{F}$.
Das skalare Produkt von $\vec{F}$ mit dem vektoriellen Flächenelement
$\vec{A}$ wird dann bezeichnet als
Fluß des Vektorfeldes $\vec{F}$ durch die Fläche A.

$$\vec{F} \cdot \vec{A} = \text{ Fluß von } \vec{F} \text{ durch } \vec{A} \qquad\qquad (17.3)$$

17.2   Das Oberflächenintegral

In der Definition 17.3 hatten wir den Begriff des Flusses eines Vektorfeldes durch
eine Fläche unter zwei Einschränkungen eingeführt:

    1. das Vektorfeld ist homogen

    2. die Fläche ist eben.

Diese beiden Einschränkungen wollen wir nun fallen lassen. Wir lassen jetzt also
beliebige Vektorfelder und gekrümmte Flächen zu.

Aus Kapitel 13 „Funktionen mehrerer Variablen" wissen wir, daß eine Funktion mit
zwei Variablen im allgemeinen eine gekrümmte
Fläche im dreidimensionalen Raum darstellt.

Beispiel:
Die Kugelschale oberhalb der x-y-Ebene ist
gegeben durch die Funktion

$$z = +\sqrt{R^2 - x^2 - y^2}$$

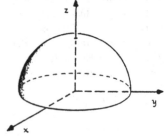

Wie berechnen wir bei gekrümmten Flächen A und beliebigen Vektorfeldern $\vec{F}$ den Fluß von $\vec{F}$ durch A?

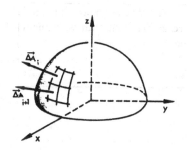

Einen Näherungsausdruck erhalten wir folgendermaßen:

Wir zerlegen die Fläche A in Teilflächen ΔA_i. Sind die ΔA_i genügend klein gewählt, können wir sie als ebene Flächen auffassen und ihnen ein vektorielles Flächenelement $\overrightarrow{\Delta A_i}$ zuordnen mit $|\overrightarrow{\Delta A_i}| = \Delta A_i$. Im Bereich der kleinen Teilflächen ΔA_i können wir annehmen, daß das Vektorfeld $\vec{F}$ als homogen aufgefaßt werden darf.

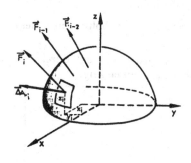

Der Fluß von $\vec{F}$ durch ΔA_i ist dann näherungsweise gegeben durch

$$\vec{F}(x_i, y_i, z_i) \cdot \overrightarrow{\Delta A_i}$$

Die Variablen x, y und z in $\vec{F}$ haben wir mit dem Index i versehen. Das bedeutet, daß das Vektorfeld $\vec{F}(x, y, z)$ für einen Punkt (x_i, y_i, z_i) auf der Fläche ΔA_i berechnet wird.

Einen Näherungsausdruck für den gesamten Fluß von $\vec{F}$ durch die Fläche A erhalten wir durch Addition der Teilflüsse durch die Flächen ΔA_i:

$$\text{Fluß von } \vec{F} \text{ durch } A : \quad \approx \sum_{i=1}^{n} \vec{F}(x_i, y_i, z_i) \cdot \overrightarrow{\Delta A_i}$$

Durch Verfeinerung der Teilflächen ΔA_i erhalten wir einen immer genaueren Wert für den Fluß von $\vec{F}$ durch A. Im Limes $n \to \infty$ ergibt sich der exakte Wert. Diesen Grenzwert nennen wir *Oberflächenintegral* und notieren ihn

$$\int_A \vec{F}(x, y, z) \cdot \overrightarrow{dA} = \text{Fluß von } \vec{F} \text{ durch } A$$

Definition: *Oberflächenintegral* von $\vec{F}(x, y, z)$ *über die Fläche A* oder Fluß von $\vec{F}$ durch A:

$$\int_A \vec{F} \cdot \overrightarrow{dA} = \lim_{n \to \infty} \sum_{i=1}^{n} \vec{F}(x_i, y_i, z_i) \cdot \Delta \vec{A}_i \qquad (17.4)$$

Bei Anwendungen hat man oft das Oberflächenintegral über eine geschlossene Fläche zu berechnen (d.h. den Fluß eines Vektorfeldes durch eine geschlossene Fläche).

Definition: Eine *geschlossene Fläche* zerlegt den Raum derart in zwei Teilräume, daß man die Fläche durchstoßen muß, um von einem Teilraum in den anderen zu kommen.

$$(17.5)$$

Beispiele für geschlossene Flächen:

     Oberfläche eines Würfels
     Oberfläche einer Kugel
     Oberfläche eines Ellipsoids
     Oberfläche eines Torus (aufgepumpter Fahrradschlauch)

Das Oberflächenintegral über eine geschlossene Fläche wird symbolisch mit einem Kreis durch das Integralzeichen dargestellt.[1]

Das Vorzeichen des vektoriellen Flächenelementes $\vec{dA}$ wird, wie gesagt, durch *Konvention* so festgelegt, daß $\vec{dA}$ von der Oberfläche nach außen zeigt.

Definition: Fluß von $\vec{F}$ durch eine geschlossene Fläche

$$\oint \vec{F} \cdot \vec{dA}$$

$\vec{dA}$ zeigt bei geschlossenen Flächen
von der Oberfläche A nach außen.

$$(17.6)$$

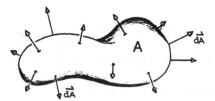

Der Fluß eines Vektorfeldes durch eine geschlossene Fläche hat im Falle einer Flüssigkeitsströmung eine anschauliche Bedeutung. Er gibt an, ob in das von der geschlossenen Fläche begrenzte Volumen mehr hinein als heraus fließt.

---

[1] In der Literatur wird diese Notierung nicht einheitlich gehandhabt. So wird gelegentlich auf den Kreis durch das Integralsymbol verzichtet und unter dem Integral ein Symbol für die Fläche notiert.

17.3 Berechnung des Oberflächenintegrals für Spezialfälle

17.3.1 Der Fluß eines homogenen Feldes durch einen Quader

Wir betrachten ein homogenes Vektorfeld $\vec{F} = (F_x, F_y, F_z)$. Dabei sind $\vec{F}$ und damit F_x, F_y, F_z konstant.

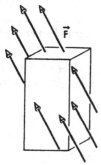

Zur Berechnung des Flusses von $\vec{F}$ durch den Quader zerlegen wir das Oberflächenintegral in sechs Teilintegrale, die den Oberflächenintegralen über die sechs Quaderflächen entsprechen.

Die sechs Flächenelemente sind gemäß der unteren Zeichnung:

$$\vec{A}_1 = ab\,(0, 0, 1)$$
$$\vec{A}_2 = ab\,(0, 0, -1)$$
$$\vec{A}_3 = ac\,(0, 1, 0)$$
$$\vec{A}_4 = ac\,(0, -1, 0)$$
$$\vec{A}_5 = bc\,(1, 0, 0)$$
$$\vec{A}_6 = bc\,(-1, 0, 0)$$

Das Oberflächenintegral eines homogenen Vektorfeldes $\vec{F}$ durch eine ebene Fläche $\vec{A}$ ist gegeben durch das Skalarprodukt von $\vec{F}$ mit $\vec{A}$.

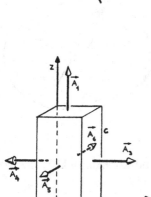

In diesem Spezialfall brauchen wir gar keine Integration durchzuführen. Wir können die sechs Teilflüsse direkt berechnen.

$$\vec{F} \cdot \vec{A}_1 = \quad ab \cdot F_z$$
$$\vec{F} \cdot \vec{A}_2 = -ab \cdot F_z$$
$$\vec{F} \cdot \vec{A}_3 = \quad ac \cdot F_y$$
$$\vec{F} \cdot \vec{A}_4 = -ac \cdot F_y$$
$$\vec{F} \cdot \vec{A}_5 = \quad bc \cdot F_x$$
$$\vec{F} \cdot \vec{A}_6 = -bc \cdot F_x$$

Der Gesamtfluß durch die Quaderoberfläche ist durch die Summe der sechs Teilflüsse gegeben: Bilden wir diese Summe mit Hilfe der obigen Ausdrücke, dann zeigt sich, daß der Fluß des homogenen Feldes durch einen Quader verschwindet.

$$\text{Gesamtfluß} \quad = \sum_{i=1}^{6} \vec{F} \cdot \vec{A}_i = 0$$

Regel: Der Fluß eines homogenen Feldes durch eine Quaderoberfläche ver-
         schwindet.
         Es gilt sogar die verallgemeinerte Aussage:

         Der Fluß eines homogenen Feldes $\vec{F}$ durch eine beliebige geschlossene
         Fläche A verschwindet.

                                                                        (17.7)

Den Beweis der verallgemeinerten Aussage wollen wir hier aufgrund einer Plausibi-
litätsbetrachtung durchführen.

Wir approximieren das Volumen, das von der Fläche A eingeschlossen wird, durch
kleine Quader (Säulen). Davon ist einer gezeichnet. Für jeden Quader verschwindet
der Fluß eines homogenen Feldes.

Der Fluß durch diejenigen Quaderflächen,
die zwei benachbarte Quader begrenzen,
verschwindet, weil die beiden Flächenelemente gleichen Betrag haben und entgegengesetzt gerichtet sind. Übrig bleiben die
Beträge der Deck- und Grundflächen der
Quader, die die Oberfläche des Körpers approximieren.

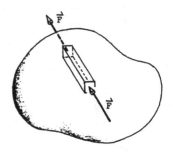

Da deren Flächenvektoren ebenfalls entge-
gengesetzt gerichtet sind und den gleichen
Betrag haben, heben sich diese Beträge auf.
Also verschwindet der Fluß eines homogenen
Vektorfeldes durch eine beliebige geschlos-
sene Fläche.

Für eine stationäre Wasserströmung ist dieses Resultat anschaulich klar. Das Wasser, das in V hineinfließt, fließt auch wieder heraus.

17.3.2 Der Fluß eines radialsymmetrischen Feldes durch eine Kugeloberfläche

Ein radialsymmetrisches Feld hat die allgemeine Form:[1]

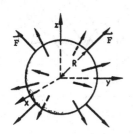

$$\vec{F} = \vec{e}_r \cdot f(r)$$

$\vec{e}_r$ ist der Einheitsvektor, der in radiale Richtung zeigt:

$$\vec{e}_r = \frac{\vec{r}}{|\vec{r}|}$$

Wir setzen voraus, daß der Kugelmittelpunkt mit dem Koordinatenursprung zusammenfällt.

Das Flächenelement $\overrightarrow{dA}$ steht senkrecht auf der Kugeloberfläche, hat also die Richtung von $\vec{r}$. Das Oberflächenintegral läßt sich dadurch vereinfachen:

$$\oint_A \vec{F} \cdot \overrightarrow{dA} = \oint_A f(r)\vec{e}_r \cdot \overrightarrow{dA} = \oint_A f(r)dA$$

Die Integration erfolgt über die Kugeloberfläche mit dem Radius R. Da der Integrand $f(r)$ nur noch von r abhängt, können wir $r = R$ in $f(r)$ einsetzen und $f(R)$ als konstanten Faktor aus dem Integral herausziehen.

$$\oint_A f(r)\,dA = \oint_A f(R)\,dA = f(R) \oint_A dA$$

Das Ergebnis der Integration der Flächenelemente dA für die Kugel kennen wir bereits. Es ist die Kugeloberfläche.

$$\oint_A dA = 4\pi R^2$$

Damit haben wir folgende Regel gefunden:

Regel: Der Fluß eines radialsymmetrischen Feldes $\vec{F} = \vec{e}_r f(r)$ durch eine Kugeloberfläche mit dem Radius R ist:

$$\oint \vec{F} \cdot \overrightarrow{dA} = 4\pi R^2 f(R) \tag{17.8}$$

---

[1] Siehe dazu Abschnitt 13.5.2.

17.4   Berechnung des Oberflächenintegrals im allgemeinen Fall

Gegeben sei das Oberflächenintegral

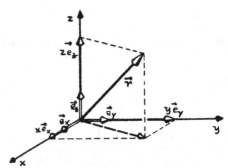

$$\int\limits_A \vec{F}\,(x,\,y,\,z)\cdot \overrightarrow{dA}$$

Wir können es nach Ausführung des inneren
Produktes als eine Summe von drei Integralen schreiben:

$$\int\limits_A \vec{F}\,(x,\,y,\,z)\cdot \overrightarrow{dA} = \int\limits_A [F_x dA_x + F_y dA_y + F_z dA_z]$$

Jetzt müssen wir noch zwei Fragen klären:

1. Wie sehen die Komponenten dA_x, dA_y und dA_z des „differentiellen" Flächen-
    vektors $\overrightarrow{dA}$ aus?

2. Wie berücksichtigen wir bei der Integration den durch die Fläche A vorgege-
    benen Integrationsbereich?

Beginnen wir mit Frage 1:
Im Kapitel „Vektorrechnung" wurde gezeigt, daß beliebige Vektoren im dreidimensionalen Raum als Summe von Vielfachen der drei Einheitsvektoren (Basisvektoren)
$\vec{e}_x$, $\vec{e}_y$, $\vec{e}_z$ dargestellt werden können:

$$\vec{r} = x\vec{e}_x + y\vec{e}_y + z\vec{e}_z$$

Was sind nun die Basisvektoren für das Flächenelement $\vec{A}$?

Die Abbildung zeigt drei Einheitsvektoren in Richtung der Flächenelemente:

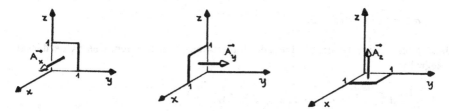

Dem Einheitsvektor in x-Richtung ist z.B. ein Quadrat mit der Seitenlänge 1 in der y-z-Ebene zugeordnet.

Die Komponenten A_x, A_y und A_z eines Flächenvektors $\vec{A}$ sind Flächen in den y-z-, x-z- und x-y-Ebenen, und zwar ist

$\vec{A}_x$ die Projektion der Fläche A auf die y-z-Ebene

$\vec{A}_y$ die Projektion von A auf die x-z-Ebene

$\vec{A}_z$ die Projektion von A auf die x-y-Ebene

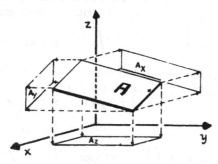

Für die Komponenten dA_x, dA_y und dA_z des differentiellen Flächenelementes $\vec{dA}$ in den drei Koordinatenrichtungen erhalten wir analog zu den obigen Basisvektoren

$$dA_x = dydz \qquad dA_y = dxdz \qquad dA_z = dxdy$$

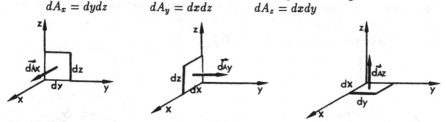

Die Flächen, auf denen die Vektoren senkrecht stehen, sind keine Quadrate mehr mit dem Flächeninhalt 1, sondern differentielle Flächen $dxdy, dydz$ bzw. $dydz$.

Damit erhalten wir für das differentielle Flächenelement

$$\vec{dA} = (dydz,\ dxdz,\ dxdy)$$

Jetzt müssen wir noch das Problem der Integrationsbereiche lösen. Unser Oberflächenintegral war

$$\int \vec{F}d\vec{A} = \int [F_x dA_x + F_y dA_y + F_z dA_z]$$

Wir betrachten den dritten Summanden:

$$\int F_z \cdot dA_z = \int F_z dxdy$$

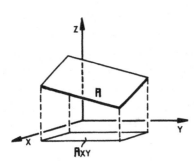

Welchen Bereich haben die x- und y-Werte in diesem Ausdruck zu durchlaufen? Es ist der Bereich A_{xy}, der durch die Projektion der Fläche A in die x-y-Ebene entsteht. Wir erhalten ein Doppelintegral:

$$\int F_z(x,\ y,\ z)\,dxdy$$

Für z setzen wir in $F_z((x,\ y,\ z)$ die Beziehung $z = f(x,\ y)$ ein, die die Fläche A über der x-y-Ebene beschreibt:

$$F_z(x,\ y,\ f(x,\ y))$$

Analoge Überlegungen führen für den ersten Summanden $\int F_x dA_x$ im Oberflächenintegral auf den Integrationsbereich A_{yz} und in dem zweiten Summanden auf A_{xz}. A_{yz} und A_{xz} sind die Projektionen von A in die y-z- bzw. x-z-Ebene. Hier müssen wir sinngemäß die Beziehung $z = f(x,\ y)$ nach x bzw. y auflösen und für x bzw. y in die Komponenten von $\vec{F}$ einsetzen. Aus $z = f(x,y)$ entsteht durch Auflösen nach x: $x = g(y,z)$, durch Auflösen nach y: $y = h(x,z)$.

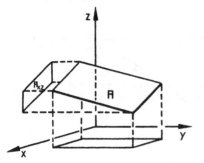

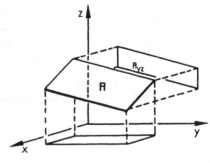

Damit haben wir eine allgemeine Methode, Oberflächenintegrale zu berechnen:

$$\int\limits_{A} \vec{F}(x, y, z)\overrightarrow{dA} = \int\limits_{A_{yz}} F_x(x = g(y, z), y, z)dydz$$

$$+ \int\limits_{A_{xz}} F_y(x, y = h(x, z), z)\, dxdz$$

$$+ \int\limits_{A_{xy}} F_z(x, y, z = f(x, y))\, dxdy$$

Beispiel: Gegeben ist das nichthomogene Vektorfeld $\vec{F} = (0, 0, y)$. Berechnet werden soll der Fluß des Vektors $\vec{F}$ durch den rechteckigen Bereich in der x-y-Ebene, der festgelegt ist durch den Koordinatenursprung und die Punkte

$$P_1 = (a, 0, 0)$$
$$P_2 = (0, b, 0)$$
$$P_3 = (a, b, 0)$$

Damit erhalten wir für das Oberflächenintegral bzw. den Fluß von $\vec{F}$ durch die Fläche A den Ausdruck

$$\int \vec{F} \cdot \overrightarrow{dA} = \int\limits_{x=0}^{a} \int\limits_{y=0}^{b} y \cdot dxdy = \frac{a \cdot b^2}{2}$$

Das bedeutet: Bei Vergrößerungen von A in y-Richtung steigt der Fluß von $\vec{F}$ durch A quadratisch; bei Vergrößerungen in x-Richtung linear.

17.5   Fluß des elektrischen Feldes einer Punktladung durch eine Kugeloberfläche mit Radius R

Im Koordinatenursprung liege eine punktförmige Ladung Q. Diese Ladung erzeugt ein elektrisches Feld.

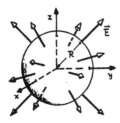

$$\vec{E}(x, y, z) = \frac{Q\vec{e}_r}{r^2 4\pi\varepsilon_0} = Q\frac{(x, y, z)}{r^3 4\pi\varepsilon_0}$$

$$\text{mit } r = \sqrt{x^2 + y^2 + z^2}$$

Dieses Feld ist radialsymmetrisch. Wir können also die Beziehung (17.8) anwenden: Für den Radius R gilt dann:

$$\oint \vec{F} \cdot \vec{dA} = 4\pi R^2 f(R)$$

Einsetzen von $\vec{E}$ liefert

$$\oint \vec{E} \cdot \vec{dA} = \frac{Q}{\varepsilon_0}$$

Das bedeutet: Der Fluß des elektrischen Feldes einer Punktladung durch eine Kugeloberfläche ist unabhängig vom Radius R.

Diese Beziehung gilt nicht nur für Kugelflächen, sondern allgemein für jede geschlossene Fläche, die die Ladung Q umschließt. Sie heißt *Gaußsches Gesetz* und ist eine der Grundgleichungen, die die elektromagnetischen Erscheinungen beschreiben.

17.6 Übungsaufgaben

17.1 A   Ein Quadrat mit Flächeninhalt 4 liege in der
a) $x - y$-Ebene   b) $x - z$-Ebene   c) $y - z$-Ebene
Geben Sie die Flächenelemente an.

B   Geben Sie das vektorielle Flächenelement des Rechtecks mit Flächeninhalt $a \cdot b$ an.

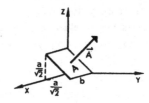

C   Berechnen Sie den Fluß des Vektorfeldes $\vec{F}(x, y, z) = (5, 3, 0)$ durch die Fläche mit dem Flächenelement
a) $\vec{A} = (1, 1, 1)$ b) $\vec{A} = (2, 0, 0)$ c) $\vec{A} = (0, 3, 1)$

17.2   Geben Sie die vektoriellen Flächenelemente für den nebenstehenden Quader an.

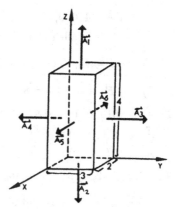

17.3.1   Berechnen Sie den Fluß des Vektorfeldes $\vec{F}(x, y, z) = (2, 2, 4)$ durch

a)   die Kugeloberfläche mit dem Radius $R = 3$ (Kugelmittelpunkt und Koordinatenursprung fallen zusammen)

b)   den Quader aus Aufgabe 17.2

17.3.2 Berechnen Sie den Fluß der Vektorfelder $\vec{F}$ durch die Kugeloberfläche
mit Radius $R = 2$ (Kugelmittelpunkt = Koordinatenursprung)

     a) $\vec{F}(x,y,z) = 3\frac{(x,y,z)}{x^2+y^2+z^2}$ b) $\vec{F}(x,y,z) = \frac{(x,y,z)}{\sqrt{1+x^2+y^2+z^2}}$

17.4 Berechnen Sie das Oberflächenintegral
über die Fläche A.
Das Vektorfeld $\vec{F}$ ist
$\vec{F}(x,y,z) = (z,y,0)$.

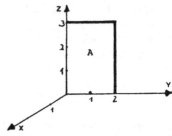

Lösungen

17.1 A)   a) $\vec{A} = 4\,(0,0,1)$ b) $\vec{A} = 4\,(0,1,0)$ c) $\vec{A} = 4\,(1,0,0)$

       $-\vec{A}$ ist in allen drei Fällen ebenfalls eine richtige Lösung.

    B) $\vec{A} = \frac{a\cdot b}{\sqrt{2}}(0,1,1)$

    C)   a) $\vec{F}\cdot\vec{A} = 5+3 = 8$ b) $\vec{F}\cdot\vec{A} = 10$ c) $\vec{F}\cdot\vec{A} = 9$

17.2 $\vec{A}_1 = 6\,(0,0,1) = -\vec{A}_2$

      $\vec{A}_3 = 8\,(0,1,0) = -\vec{A}_4$

      $\vec{A}_5 = 12\,(1,0,0) = -\vec{A}_6$

17.3.1 $\vec{F} = (2,2,4)$ ist ein homogenes Vektorfeld.

      $\oint \vec{F}\cdot\overrightarrow{dA} = 0$ für a) und b)

17.3.2 $\vec{F}(x,y,z)$ ist für a) und b) ein radialsymmetrisches Feld. Regel 17.8

      $\oint \vec{F}\cdot\overrightarrow{dA} = 4\pi R^2 f(R)$ mit $R = 2$

     a) $F(R) = \frac{3R}{R^2} = \frac{3}{R}$ $\oint \vec{F}\cdot\overrightarrow{dA} = 4\pi\cdot\frac{3\cdot R^2}{R} = 12\pi R$

     b) $F(R) = \frac{R}{\sqrt{1+R^2}}$ $\oint \vec{F}\cdot\overrightarrow{dA} = 4\pi R^2\frac{R}{\sqrt{1+R^2}} = \frac{4\pi R^3}{\sqrt{1+R^2}}$

17.4 Das differentielle Flächenelement ist $\overrightarrow{dA} = (dydz,0,0)$.

     $\int \vec{F}\cdot\overrightarrow{dA} = \int z\cdot dydz = \int\limits_{0}^{3} z\,dz\cdot\int\limits_{0}^{2} dy = \frac{9}{2}\cdot 2 = 9$

18 Divergenz und Rotation

18.1 Divergenz eines Vektorfeldes

In Kapitel 17 „Oberflächenintegrale" hatten wir die folgende Fragestellung behandelt: Eine geschlossene Fläche A wird von einem Vektorfeld $\vec{F}(x, y, z)$ durchsetzt. Gefragt ist nach einem Maß dafür, wie „stark" das Vektorfeld $\vec{F}$ die Fläche A von innen nach außen – oder von außen nach innen – durchsetzt. Diese Frage wird durch das Oberflächenintegral über die Fläche A beantwortet

$$\oint_A \vec{F}(x, y, z)\overrightarrow{dA} = \lim_{n \to \infty} \sum_{i=1}^{n} \vec{F}(x_i, y_i, z_i) \cdot \Delta \vec{A}_i \qquad (18.1)$$

Betrachten wir der Anschaulichkeit wegen ein physikalisches Beispiel. Im Innern einer geschlossenen Fläche befinde sich die elektrische Ladungsdichte ρ. Die Ladungsdichte ist definiert als Ladung pro Volumeneinheit, $\rho = \dfrac{dQ}{dV}$.[1]
An positiven Ladungen entspringen die Feldlinien des Feldstärkevektors, an den negativen enden sie. Bei positiven Ladungen sprechen wir deshalb von *Quellen* des Feldes, bei negativen Ladungen von *Senken*.

Beispiel: Umschließt eine Fläche A eine positive elektrische Ladungsdichte ρ, dann ist das Oberflächenintegral des elektrischen Feldes über die Fläche A proportional der eingeschlossenen Ladung Q. Es gilt

$$\int \vec{E}\overrightarrow{dA} = \frac{Q}{\varepsilon_0}$$

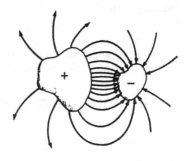

Dieses Ergebnis hatten wir bereits für eine Punktladung im Inneren einer Kugeloberfläche im Abschnitt 17.5 erhalten.

Wir kehren zu unserem Oberflächenintegral (18.1) zurück und dividieren durch V

$$\frac{1}{V} \oint_A \vec{F} \cdot \overrightarrow{dA}$$

Diesen Ausdruck betrachten wir dann als mittlere Quellendichte im Volumen V.

---

[1] Die Behandlung von Punktladungen ist im Rahmen unseres Formalismus nicht möglich, weil in diesem Fall die Grenzwerte, die wir später bilden, nicht existieren.

Uns interessiert nun die Quellendichte in einem bestimmten Punkt P. Dazu bilden wir den Grenzübergang und lassen $V \to 0$ gehen. Wir nennen diesen Grenzwert *Divergenz des Vektorfeldes* $\vec{F}$ am Punkt P und bezeichnen ihn mit div $\vec{F}$.

$$\text{div } \vec{F} = \lim_{V \to 0} \frac{1}{V} \oint_{A(V)} \vec{F} \cdot \vec{dA}$$

Die Divergenz liefert uns eine eindeutige Aussage darüber, ob der Punkt P zum Gebiet der Quellen oder Senken gehört. Gilt div $\vec{F} > 0$, dann liegt in dem Punkt eine Quelle des Vektorfeldes $\vec{F}$ vor. Gilt div $\vec{F} < 0$, dann liegt dort eine Senke. In den Punkten mit div $\vec{F} = 0$ ist F quellen- und senkenfrei.

Als nächsten Schritt leiten wir eine praktische Rechenvorschrift zur Bestimmung der Divergenz her. Dazu betrachten wir einen Quader, dessen Kanten parallel zu den Koordinatenachsen verlaufen. Die Kantenlängen seien Δx, Δy und Δz.
Für ihn berechnen wir die Divergenz

$$\text{div } \vec{A} = \lim_{V \to 0} \frac{1}{V} \oint \vec{F} \cdot \vec{dA}$$

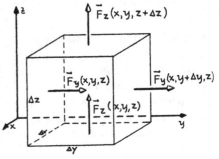

Für das Oberflächenintegral bilden wir einen Näherungsausdruck. Wir ersetzen das Oberflächenintegral durch den Fluß durch die sechs Quaderflächen, wobei der Fluß $\vec{F}$ für jede Quaderfläche als konstant angenommen wird.

Die Komponenten von $\vec{F}$ zeigen in gleiche bzw. entgegengesetzte Richtung wie die entsprechenden vektoriellen Flächenelemente.

$$\frac{1}{V} \oint \vec{F} \cdot \vec{dA} \approx \frac{1}{\Delta x \Delta y \Delta z} \left\{ \left[F_x(x + \Delta x, y, z) - F_x(x, y, z) \right] \Delta y \Delta z \right.$$

$$+ \left[F_y(x, y + \Delta y, z) - F_y(x, y, z) \right] \Delta x \Delta z$$

$$\left. + \left[F_z(x, y, z + \Delta z) - F_z(x, y, z) \right] \Delta x \Delta y \right\}$$

$$= \frac{F_x(x + \Delta x, y, z) - F_x(x, y, z)}{\Delta x}$$

$$+ \frac{F_y(x, y + \Delta y, z) - F_y(x, y, z)}{\Delta y}$$

$$+ \frac{F_z(x, y, z + \Delta z) - F_z(x, y, z)}{\Delta z}$$

Wir bilden den limes $V \to 0$ mit $\Delta x \to 0$, $\Delta y \to 0$, $\Delta z \to 0$ und erhalten als Grenzwert die Summe der drei partiellen Ableitungen

---

Definition: Divergenz des Vektorfeldes F

$$\text{div } \vec{F} = \lim_{V \to 0} \frac{1}{V} \oint \vec{F} \cdot \vec{dA} = \frac{\delta F_x}{\delta x} + \frac{\delta F_y}{\delta y} + \frac{\delta F_z}{\delta z}$$

Die Divergenz eines Vektorfeldes ist eine skalare Größe. Die Operation der Divergenzbildung ordnet dem Vektorfeld $\vec{F}(x, y, z)$ das skalare Feld div $\vec{F}$ zu.

Im Kapitel 14 hatten wir den Nabla-Operator $\vec{\nabla}$ bereits eingeführt. Er war definiert durch

$$\vec{\nabla} = \left(\frac{\delta}{\delta x}, \frac{\delta}{\delta y}, \frac{\delta}{\delta z} \right)$$

Mit Hilfe des Nabla-Operators kann die Divergenz des Vektorfeldes formal als Skalarprodukt von $\vec{\nabla}$ und $\vec{F}$ geschrieben werden:

$$\text{div } \vec{F} = \vec{\nabla} \cdot \vec{F} = \frac{\delta F_x}{\delta x} + \frac{\delta F_y}{\delta y} + \frac{\delta F_z}{\delta z}$$

Betrachten wir wieder unser physikalisches Beispiel mit einer gegebenen Ladungsdichte $\rho = \frac{dQ}{dV}$, die die Feldstärke $\vec{E}$ erzeugt. Es gilt hier, wie bereits gesagt,

$$\oint \vec{E} \cdot \vec{dA} = \frac{Q}{\varepsilon_0}$$

Q ist die gesamte Ladung, die in dem von der Fläche A eingeschlossenen Volumen V liegt. Wir dividieren durch das Volumen V und führen den Grenzübergang $V \to 0$ durch. Wir erhalten

$$\text{div } \vec{E}(x, y, z) = \frac{\rho(x, y, z)}{\varepsilon_0}$$

Damit haben wir aus der Maxwellschen Gleichung $\oint \vec{E} \cdot \vec{dA} = \frac{Q}{\varepsilon_0}$ in der Integraldarstellung eine Gleichung gewonnen, die die Größen $\vec{E}$ und ρ für jeden Punkt $P(x, y, z)$ des Raumes verknüpft.

Beispiel 1: Für homogene Vektorfelder verschwindet die Divergenz.

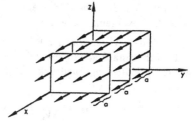

$$\vec{F}(x, y, z) = (a, b, c)$$
$$\text{div } \vec{F} = \left(\frac{\delta}{\delta x}(a) + \frac{\delta}{\delta y}(b) + \frac{\delta}{\delta z}(c) \right)$$
$$= 0$$

Beispiel 2: Das Vektorfeld $\vec{F}(x,\,y,\,z) = (x,\,y,\,z)$ hat die Divergenz 3.

$$\text{div } \vec{F} = \frac{\delta x}{\delta x} + \frac{\delta y}{\delta y} + \frac{\delta z}{\delta z} = 3$$

Beispiel 3: Das elektrische Feld einer Kugel mit homogener Ladungsdichte (Gesamt-ladung Q, Kugelradius R) hat außerhalb der Kugeloberfläche die Form

$$\vec{E}(x,\,y,\,z) = \frac{Q}{4\pi\varepsilon_0} \frac{(x,\,y,\,z)}{(\sqrt{x^2 + y^2 + z^2})^3}$$

Im Kugelinnern hat es die Form

$$\vec{E}(x,\,y,\,z) = \frac{Q}{4\pi\varepsilon_0 R^3}(x,\,y,\,z)$$

Außerhalb der Kugeloberfläche verschwindet die Divergenz des elektrischen Feldes:

$$\text{div } \vec{E} = \frac{Q}{4\pi\varepsilon_0}\left\{ +\frac{3}{\left(\sqrt{x^2 + y^2 + z^2}\right)^3} - \frac{3\left(x^2 + y^2 + z^2\right)}{\left(\sqrt{x^2 + y^2 + z^2}\right)^5} \right\} = 0$$

Im Kugelinnern gilt

$$\text{div } \vec{E} = \frac{3Q}{4\pi\varepsilon_0 R^3} = \frac{\rho}{\varepsilon_0}$$

Bei homogener Ladungsverteilung ist im Innern der Kugel jeder Punkt eine Quelle des elektrischen Feldes. Außerhalb der Kugeloberfläche ist das elektrische Feld quellen- und senkenfrei.

18.2 Integralsatz von Gauß

Durch den Integralsatz von Gauß wird für ein beliebiges Vektorfeld das Oberflächen-integral über die Oberfläche eines beliebigen Volumens mit dem Volumenintegral über die Divergenz verknüpft.

Ein Volumen V sei von der Fläche A eingeschlossen. Wir zerlegen das Volumen in n Teilvolumina ΔV_i mit den Oberflächen ΔA_i. Für jedes Teilvolumen ΔV_i können wir einen Näherungsausdruck für die Divergenz des Vektorfeldes $\vec{F}$ angeben:

$$\text{div}\vec{F}\,(x_i,\,y_i,\,z_i) \approx \frac{1}{\Delta V_i} \oint \vec{F} \cdot \overrightarrow{dA}$$

Wir multiplizieren mit ΔV_i und bilden die Summe über alle n Teilvolumina

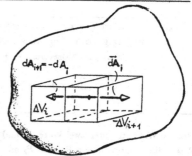

$$\sum_{i=1}^{n} \operatorname{div} \vec{F}(x_i, y_i, z_i)\Delta V_i$$

$$\approx \sum_{i=1}^{n} \oint \vec{F} \cdot \overrightarrow{dA}$$

Haben wir die ΔV_i als Quader gewählt, dann ist anschaulich klar, daß es zu jeder im Innern von V gelegenen Quaderfläche eine entgegengesetzt orientierte vom Nachbarquader gibt. Diese Beiträge heben sich in der Summe über die Oberflächenintegrale auf.

Übrig bleiben nur die Beiträge von der Oberfläche A. Führen wir den Grenzübergang $n \to \infty$ und $\Delta V_i \to 0$ durch, dann erhalten wir

$$\lim_{n\to\infty} \sum_{i=1}^{n} \operatorname{div} \vec{F} \cdot (x_i, y_i, z_i)\Delta V_i = \int_{V} \operatorname{div} \vec{F} \cdot dV$$

und

$$\lim_{n\to\infty} \sum_{i=1}^{n} \oint_{A_i} \vec{F} \cdot \overrightarrow{dA} = \oint_{A} \vec{F} \cdot \overrightarrow{dA}$$

Zusammengefaßt resultiert daraus der *Gauß'sche Integralsatz*.

Integralsatz von Gauß:

$$\int_{V} \operatorname{div} \vec{F} \cdot dV = \oint_{A(V)} \vec{F} \cdot \overrightarrow{dA}$$

Der *Gauß'sche Integralsatz* erlaubt es, ein Volumenintegral über die Divergenz eines Vektorfeldes in ein Oberflächenintegral umzuwandeln.

18.3 Rotation eines Vektorfeldes

Es gibt Vektorfelder, bei denen der Wert eines Linienintegrals zwischen zwei Punkten P_1 und P_2 vom gewählten Integrationsweg unabhängig ist. Beispiele sind das Gravitationsfeld und das elektrische Feld von Punktladungen. Ist das der Fall, kann man sich denjenigen Weg wählen, auf dem die Berechnung des Integrals am einfachsten ist. Für Felder dieses Typs gilt folgender Satz:

Satz: Der Wert des Linienintegrals zwischen zwei Punkten P_1 und P_2 ist un-
        abhängig vom Weg zwischen diesen Punkten, wenn das Linienintegral
        für jeden geschlossenen Weg C verschwindet, wenn also gilt

$$\oint_C \vec{F} \cdot \vec{ds} = 0$$

Beweis: Wir betrachten zwei Wege C_1 und C_2 von P_1 nach P_2, die in V liegen. Der geschlossene Weg C führe längs C_1 von P_1 nach P_2 und zurück nach P_1 über C_2. Nach Voraussetzung gilt

$$\oint_C \vec{F} \cdot \vec{ds} = \int_{\substack{P_1 \\ C_1}}^{P_2} \vec{F} \cdot \vec{ds} + \int_{\substack{P_2 \\ C_2}}^{P_1} \vec{F} \cdot \vec{ds} = 0$$

Dann gilt:

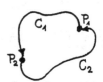

$$\int_{\substack{P_1 \\ C_1}}^{P_2} \vec{F} \cdot \vec{ds} = - \int_{\substack{P_2 \\ C_2}}^{P_1} \vec{F} \cdot \vec{ds}$$

Bei der Umkehr der Integrationsrichtung ändert sich das Vorzeichen. Also gilt:

$$\int_{\substack{P_1 \\ C_1}}^{P_2} \vec{F} \cdot \vec{ds} = \int_{\substack{P_1 \\ C_2}}^{P_2} \vec{F} \cdot \vec{ds}$$

Damit ist gezeigt, daß das Linienintegral von P_1 nach P_2 auf einem beliebigen Weg dann vom Weg unabhängig ist, wenn folgende Voraussetzung gegeben ist:

$$\oint \vec{F} \cdot \vec{ds} = 0$$

Vektorfelder, bei denen das Linienintegral längs jedes geschlossenen Weges verschwindet, heißen *wirbelfrei*.

Es gibt nun aber auch Vektorfelder, bei denen das Linienintegral längs einer geschlossenen Kurve *nicht* verschwindet. Der Wert des Linienintegrals zwischen zwei
Punkten ist im allgemeinen vom Weg abhängig, wenn für das Vektorfeld $\vec{F}$ gilt:

$$\oint_C \vec{F} \cdot \vec{ds} \neq 0$$

Vektorfelder, bei denen das Linienintegral längs einer geschlossenen Kurve nicht verschwindet, heißen *Wirbelfelder*.

Beispiel: Ein sich zeitlich veränderndes Magnetfeld $\vec{B}$ erzeugt ein ringförmiges elektrisches Feld $\vec{E}$. Eine Ladung werde von Punkt P_1 zum Punkt P_2 bewegt. Die Arbeit hängt in diesem Fall, wie man aus der Zeichnung sieht, vom Weg ab. Die Arbeit längs des Weges C_1 ist positiv, die Arbeit längs des Weges C_2 ist negativ.

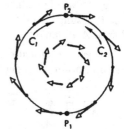

Das geschlossene Linienintegral von P_1 über P_2 nach P_1 ist die Differenz beider Arbeitsanteile. Im Falle des Wirbelfeldes ist es deshalb von Null verschieden.

Der Wert des Linienintegrals längs einer geschlossenen Kurve C heißt *Zirkulation*. In der Abbildung unten sind drei Vektorfelder $\vec{F}$ gezeichnet. Die Zirkulation ist längs des Kreises für das Feld 1 am größten und für das Feld 3 Null.

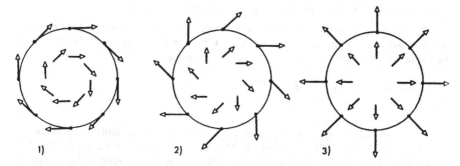

Der Wert der Zirkulation ist ein Maß für die Wirbelstärke in der durch den Integrationsweg C eingeschlossenen Fläche A.[2]

Die Zirkulation stellt also einen mittleren Wert für die Wirbelhaftigkeit in dieser Fläche dar. Damit haben wir noch keine Aussage über die Wirbelhaftigkeit in einem bestimmten Punkt. Um diese zu bestimmen, gehen wir ähnlich vor wie im Abschnitt 17.1. Dort haben wir die lokale Quellendichte, die Divergenz, bestimmt. Wir bilden hier das Verhältnis der Zirkulation zur Fläche A, die vom Integrationsweg C eingeschlossen wird.

---

[2]Hierbei wird die Fläche A als eben betrachtet. Diese Voraussetzung treffen wir, um unsere Überlegungen zu vereinfachen. Sie schränkt den Gültigkeitsbereich unserer Aussagen und Folgerungen nicht ein, da wir später die Zirkulation nur im Grenzwert $A \to 0$ betrachten. Eine Folge nichtebener Flächen A' würde im Grenzwert $A' \to 0$ das gleiche Resultat liefern.

Diese Art des Vorgehens führte beim Bestimmen der Divergenz zum Ziel. Hier ist der Fall etwas komplizierter, denn eine Fläche ist außer durch die Größe noch durch eine Richtung charakterisiert. Der Wert der Zirkulation ist von der Orientierung der Fläche A abhängig.

Wir legen die Orientierung der Fläche A durch das vektorielle Flächenelement $\vec{A}$ fest und bestimmen den Grenzwert

$$\lim_{A \to 0} \frac{1}{A} \oint_{C(A)} \vec{F} \cdot \vec{ds}$$

Wählen wir als Richtung von $\vec{A}$ nacheinander die Richtungen der drei Koordinatenachsen, dann ergeben sich für diesen Grenzwert im allgemeinen drei verschiedene Werte. Es kann nun bewiesen werden, daß diese drei Werte als Beträge der Komponenten eines Vektors aufgefaßt werden können. Der Beweis wird im Anhang dieses Kapitels geführt.

Dieser Vektor heißt *Rotation* von $\vec{F}$ und wird geschrieben rot $\vec{F}$.

Die Komponente des Vektors rot $\vec{F}$ in Richtung des vektoriellen Flächenelementes $\vec{A}$ ist gegeben durch den obigen Grenzwert. Wir bezeichnen nun den Einheitsvektor in Richtung von $\vec{A}$ mit $\vec{A}_0$. Dann können wir schreiben

$$\text{rot } \vec{F} \cdot \vec{A}_0 = \lim_{A \to 0} \frac{1}{A} \oint_{C(A)} \vec{F} \cdot \vec{ds}$$

Ein anschauliches Beispiel für die Kennzeichnung eines Vektorfeldes $\vec{F}$ durch seine Rotation liefert eine Wasserströmung. Die Wasserströmung wird durch das Geschwindigkeitsfeld $\vec{v}(x, y, z)$ beschrieben. Da die Geschwindigkeit üblicherweise $\vec{v}$ genannt wird, tritt hier $\vec{v}$ an die Stelle von $\vec{F}$. Wir werfen eine Kugel in die Strömung. Die Dichte der Kugel sei genau so groß wie die Dichte des Wassers, so daß die Kugel in der Wasserströmung schwebt. Gibt es Wirbel in der Strömung, ist rot $\vec{v}$ nicht überall Null, dann beginnt die Kugel sich zu drehen. Die Rotationsachse, die natürlich ihre Orientierung von Ort zu Ort verändern kann, gibt die Richtung von rot $\vec{v}$ an. Die Wirbelgeschwindigkeit in bezug auf die Drehachse ist proportional zum Betrag von rot $\vec{v}$.

Als nächstes leiten wir eine Rechenvorschrift zur Bestimmung des Vektors rot $\vec{F}$ her. Wir gehen dabei so vor, daß wir die Rotation komponentenweise bestimmen. Als erstes berechnen wir die x-Komponente.

Die Fläche A_x wählen wir als Rechteck in der y-z-Ebene. Es habe die Seitenlängen Δy und Δz.

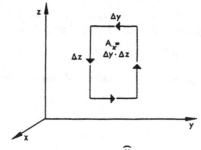

Einen Näherungsausdruck für das Linienintegral erhalten wir durch Multiplikation der Rechteckseiten mit den Komponenten von $\vec{F}$ in Richtung des Integrationsweges (s. Abb.).

$$\text{rot}_x \vec{F} = \frac{1}{\Delta y \Delta z} \oint_{C_x} \vec{F} \cdot \vec{ds} \approx \frac{1}{\Delta y \Delta z} \left[F_z(x, y + \Delta y, z)\Delta z - F_z(x, y, z)\Delta z \right.$$

$$\left. - F_y(x, y, z + \Delta z)\Delta y + F_y(x, y, z)\Delta y \right]$$

$$= \left[\frac{F_z(x, y + \Delta y, z) - F_z(x, y, z)}{\Delta y} \right.$$

$$\left. - \frac{F_y(x, y, z + \Delta z) - F_y(x, y, z)}{\Delta z} \right]$$

Im Limes $\Delta y \to 0$, $\Delta z \to 0$ erhalten wir die Differenz der partiellen Ableitungen

$$\text{rot}_x \vec{F} = \frac{\delta F_z}{\delta y} - \frac{\delta F_y}{\delta z}$$

Zur Berechnung der y- und der z-Komponenten von rot $\vec{F}$ legen wir die Fläche A in die x-z-Ebene bzw. x-y-Ebene und gehen analog vor. Damit erhalten wir die Rechenvorschrift zur Berechnung der Rotation.

Definition: Rotation eines Vektorfeldes

$$\text{rot}\,\vec{F} \;=\; \left(\frac{\delta F_z}{\delta y} - \frac{\delta F_y}{\delta z} ; \; \frac{\delta F_x}{\delta z} - \frac{\delta F_z}{\delta x} ; \; \frac{\delta F_y}{\delta x} - \frac{\delta F_x}{\delta y} \right)$$

Mit Hilfe des Nabla-Operators ∇ können wir die Rotation des Vektorfeldes $\vec{F}$ als Vektorprodukt von ∇ und $\vec{F}$ schreiben:

$$\text{rot}\,\vec{F} = \nabla \times \vec{F}$$

Wie jedes Vektorprodukt kann man die Rotation auch als Determinante schreiben:

$$\text{rot}\,\vec{F} = \begin{vmatrix} \vec{e}_x & \vec{e}_y & \vec{e}_z \\[4pt] \frac{\delta}{\delta x} & \frac{\delta}{\delta y} & \frac{\delta}{\delta z} \\[4pt] F_x & F_y & F_z \end{vmatrix}$$

Die Rotationsbildung ordnet einem Vektorfeld $\vec{F}$ wieder ein Vektorfeld zu. Bei der Divergenzbildung wurde einem Vektorfeld ein skalares Feld zugeordnet.

Beispiel 1: In der Abbildung ist ein Längsschnitt durch das Geschwindigkeitsfeld einer Flüssigkeitsströmung gezeichnet. Die Geschwindigkeit hat die Richtung der y-Achse. Am Grund ($z = 0$) verschwindet die Geschwindigkeit. Die Geschwindigkeit nimmt linear mit der Höhe über Grund zu.
Das Geschwindigkeitsfeld $\vec{v}\,(x, y, z)$ läßt sich darstellen als

$$\vec{v}\,(x, y, z) = az \cdot \vec{e}_y ; \; a = \text{const}$$

Die Rotation von $\vec{v}$ ist

$$\text{rot}\,\vec{v} = (-a, 0, 0)$$

Das Linienintegral längs des geschlossenen Weges C verschwindet nicht.

Beispiel 2: Zu berechnen ist die Rotation des Vektorfeldes

$$\vec{F}\,(x, y, z) = (-y, x, 0)$$
$$\text{rot}\,\vec{F} = (0, 0, 2)$$

Dieses Vektorfeld ist nicht wirbelfrei, was auch anschaulich klar ist.

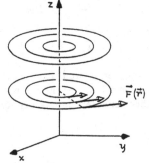

Beispiel 3: Wir berechnen rot $\vec{F}$ für ein radialsymmetrisches Feld

$$\vec{F}(x, y, z) = (x, y, z)$$
$$\text{rot } \vec{F} = (0, 0, 0)$$

Dieses radialsymmetrische Feld ist natürlich wirbelfrei.

18.4 Integralsatz von Stokes

Durch den Integralsatz von Stokes wird für ein beliebiges Vektorfeld das Oberflächenintegral über diese Fläche mit dem Linienintegral um den Rand dieser beliebig großen und beliebig gelegten Fläche verknüpft.

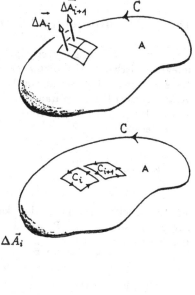

Wir betrachten die Fläche A mit der Randkurve C. Die Fläche kann näherungsweise durch n ebene Teilflächen $\Delta \vec{A}_i$ dargestellt werden. Die i-te Teilfläche wird durch die Kurve C_i umrandet.

Wir bilden für die i-te Teilfläche ΔA_i das Linienintegral

$$\oint_{C_i} \vec{F} \cdot \vec{ds}$$

Dieser Ausdruck ist näherungsweise gleich rot $\vec{F} \cdot \Delta \vec{A}_i$.

Wir summieren über i und erhalten

$$\sum_{i=1}^{n} \text{rot} \vec{F} \cdot \Delta \vec{A}_i = \sum_{i=1}^{n} \text{rot } \vec{F}(x_i, y_i, z_i) \cdot \Delta \vec{A}_i$$

$$\approx \sum_{i=1}^{n} \oint_{C_i} \vec{F} \cdot \vec{ds}$$

In der Summe über die Linienintegrale tritt bei den inneren Berandungen jeweils ein Wegpaar mit entgegengesetzter Richtung auf. Diese inneren Beiträge heben sich gegenseitig auf, so daß nur der Beitrag von den äußeren Wegelementen längs C übrigbleibt. Wir führen den Grenzübergang $\Delta A_i \to 0$, $n \to \infty$ durch und erhalten den *Integralsatz von Stokes*.

Integralsatz von Stokes

$$\int_A \text{rot } \vec{F} \cdot \vec{dA} = \oint_{C(A)} \vec{F} \cdot \vec{ds}$$

Der Integralsatz von Stokes verknüpft das Oberflächenintegral der Rotation des Vektorfeldes $\vec{F}$ über eine Fläche A mit dem Linienintegral von $\vec{F}$ längs der Umrandung C.
Gilt rot $\vec{F} = 0$ für ein Volumen V, in dem die Fläche A enthalten ist, dann verschwindet die linke Seite und es gilt[*]

$$\oint_{C(A)} \vec{F} \cdot \vec{ds} = 0$$

Daraus folgt nach dem in Abschnitt 18.3 Gesagten, daß das Integral in diesem Fall vom Weg unabhängig ist.

18.5   Potential eines Vektorfeldes

Ein Vektorfeld $\vec{F}(x, y, z)$ sei wirbelfrei. Dann ist nach Abschnitt 18.3 das Linienintegral zwischen zwei Punkten P_0 und P vom Weg unabhängig, und der Wert des Linienintegrals hängt nur ab von P_0 und P. Halten wir P_0 fest und betrachten P als veränderlichen Punkt im Raum, dann ist der Wert des Linienintegrals eine Funktion von P. Wir nennen diesen Wert das *Potential des Vektorfeldes* $\vec{F}$ und bezeichnen das Potential mit $\varphi(P)$.

$$\varphi(P) = \int_{P_0}^{P} \vec{F} \cdot \vec{ds} \tag{18.2}$$

Jedem wirbelfreien Vektorfeld $\vec{F}$ kann durch diese Vorschrift ein skalares Feld φ zugeordnet werden. Das Potential φ ist bis auf eine Konstante eindeutig festgelegt. Die Konstante wird festgelegt durch die Wahl von P_0. Wir werden als nächstes zeigen, daß zwischen φ und $\vec{F}$ aus der obigen Zuordnung die Gleichung folgt:

$$\vec{F}(x, y, z) = \text{grad } \varphi$$

Dazu erinnern wir uns, daß wir im Abschnitt 14.3 „Gradient" einem skalaren Feld φ ein Vektorfeld zugeordnet hatten. Für jeden Punkt im Raum sei eine skalare Größe φ gegeben durch $\varphi = \varphi(x, y, z)$. Aus φ kann ein Vektor gewonnen werden, der Gradient heißt und senkrecht auf den Niveauflächen $\varphi = $ const steht.

$$\text{grad } \varphi = \left(\frac{\delta \varphi}{\delta x}, \frac{\delta \varphi}{\delta y}, \frac{\delta \varphi}{\delta z} \right)$$

Die Änderung von φ bei einer beliebig kleinen Ortsveränderung war gegeben durch

$$d\varphi = \text{grad}\varphi \cdot \vec{ds}$$

Der Betrag des Gradienten ist ein Maß für die Änderung des Funktionswertes pro Wegeinheit senkrecht zu den Niveauflächen.

Bei größeren Ortsveränderungen müssen wir integrieren und erhalten

$$\varphi(P) = \int\limits_{P_0}^{P} \text{grad}\varphi \, \vec{ds}$$

Das aber entspricht genau dem Ausdruck 18.2, mit dem wir das Potential des Vektorfeldes definiert haben. Es gilt die Zuordnung

$$\vec{F}(x,\, y,\, z) = \text{grad}\varphi(x,\, y,\, z) = \left(\frac{\delta\varphi}{\delta x},\, \frac{\delta\varphi}{\delta y},\, \frac{\delta\varphi}{\delta z} \right)$$

Einem wirbelfreien Vektorfeld $\vec{F}$ können wir also ein skalares Feld φ zuordnen gemäß der Beziehung

$$\varphi(x,\, y,\, z) = \int\limits_{P_0}^{P=(x,y,z)} \vec{F} \cdot \vec{ds}$$

Ist das skalare Feld $\varphi(x,\, y,\, z)$ bekannt und suchen wir das zugehörige $\vec{F}(x,\, y,\, z)$, können wir uns $\vec{F}$ durch Gradientenbildung verschaffen

$$\text{Potential } \varphi \quad \xrightarrow{\text{grad } \varphi} \quad \text{Vektorfeld } \vec{F}$$
$$\xleftarrow{\int \vec{F} \cdot \vec{ds}}$$

Die Bedeutung dieser Beziehungen für die Physik liegt darin, daß wir $\vec{F}$ als Kraft und φ als potentielle Energie interpretieren können. In der Physik wird noch durch Konvention festgelegt, daß bei einem gegebenen Kraftfeld $\vec{F}$ das Potential die Arbeit ist, die auf dem Weg von P_0 nach P_1 *gegen* das Kraftfeld geleistet wird. Dann muß das Vorzeichen des Linienintegrals geändert werden. Damit werden in der Physik die Beziehungen zwischen einem wirbelfreien Kraftfeld $\vec{F}$ und seinem Potential φ wie folgt definiert

$$\varphi(x,\, y,\, z) = -\int\limits_{P_0}^{P} \vec{F} \cdot \vec{ds}$$

$$\vec{F}(x,\, y,\, z) = -\text{grad}\varphi$$

Wirbelfreie Kraftfelder werden als *konservative Felder* bezeichnet.

Als Beispiel betrachten wir das Gravitationsfeld einer Masse M, die homogen eine Kugel mit Radius R ausfüllt. Es gilt außerhalb der Kugel

$$\vec{F}(x,\,y,\,z) = -\gamma M \frac{(x,\,y,\,z)}{\sqrt{x^2 + y^2 + z^2}^3} \quad (\gamma \text{ ist die Gravitationskonstante})$$

$\vec{F}$ ist wirbelfrei, wovon sich der Leser zur Übung selbst überzeugen kann. Das Potential bestimmt sich durch

$$\varphi(x,\,y,\,z) = \gamma M \int_{r_0}^{r} \frac{(x,\,y,\,z) \cdot (dx,\,dy,\,dz)}{\sqrt{x^2 + y^2 + z^2}^3}$$

Wenn wir den Integrationsweg speziell in radialer Richtung wählen, dann gilt $\vec{r} \cdot \vec{dr} = r\,dr$, und das Integral vereinfacht sich zu einem gewöhnlichen Integral, das zu erstrecken ist von

$$r_o = \sqrt{x_0^2 + y_0^2 + z_0^2} \quad \text{bis} \quad r = \sqrt{x^2 + y^2 + z^2}$$

$$\varphi(x,\,y,\,z) = \gamma M \int_{r_0}^{r} \frac{dr}{r^2} = -\gamma M\left(\frac{1}{r} - \frac{1}{r_0}\right) = \gamma M\left(\frac{1}{r_0} - \frac{1}{r}\right)$$

Das Potential φ ist bis auf die additive Konstante $\frac{\gamma M}{r_0}$ eindeutig bestimmt. Konventionellerweise legt man fest, daß die potentielle Energie für $r \to \infty$ Null wird. Mit dieser Forderung wird φ eindeutig, nämlich

$$\varphi(x,\,y,\,z) = \frac{-\gamma M}{\sqrt{x^2 + y^2 + z^2}}$$

Bilden wir von φ den Gradienten, dann erhalten wir wieder $\vec{F}$:

$$\vec{F} = -\text{ grad } \varphi = -\gamma M \frac{(x,\,y,\,z)}{\sqrt{x^2 + y^2 + z^2}^3}$$

18.6   Anhang

Wir beweisen die Aussage, daß sich der folgende Grenzwert schreiben läßt als Skalarprodukt des vektoriellen Flächenelementes $\vec{A}_0$ mit einem Vektor rot $\vec{F}$.

$$\lim_{A \to 0} \frac{1}{A} \oint \vec{F} \cdot \vec{ds} = \vec{A}_0 \cdot \text{rot}\, \vec{F}$$

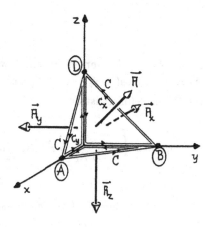

Die Fläche A werde durch das Dreieck in der nebenstehenden Skizze dargestellt. Die Orientierung von A ist durch den Vektor $\vec{A}$ gegeben. Der geschlossene Weg C umläuft das Dreieck von A nach B über D nach A. $\vec{A}_x$, $\vec{A}_y$ und $\vec{A}_z$ sind die Flächenelemente auf den Dreiecken, die vom Koordinatenursprung von den Punkten A, B und D gebildet werden. Die Randkurven von $\vec{A}_x$, $\vec{A}_y$ und $\vec{A}_z$ bezeichnen wir mit C_x, C_y und C_z. Weil die Integrale längs der Strecken $\overline{OA}$; $\overline{OD}$ und $\overline{OB}$ je zweimal in entgegengesetzter Richtung durchlaufen werden und sich deshalb gegenseitig aufheben, läßt sich das Linienintegral über C schreiben als

$$\oint_C \vec{F} \cdot \vec{ds} = \oint_{C_x} \vec{F} \cdot \vec{ds} + \oint_{C_y} \vec{F} \cdot \vec{ds} + \oint_{C_z} \vec{F} \cdot \vec{ds}$$

Wir setzen diese Beziehung ein in $\lim_{A \to 0} \frac{1}{A} \oint_{C(A)} \vec{F} \cdot \vec{ds}$:

$$\lim_{A \to 0} \frac{1}{A} \oint_{C(A)} \vec{F} \cdot \vec{ds} = \lim_{A \to 0} \left[\frac{1}{A} \oint_{C_x} \vec{F} \cdot \vec{ds} + \frac{1}{A} \oint_{C_y} \vec{F} \cdot \vec{ds} + \frac{1}{A} \oint_{C_z} \vec{F} \cdot \vec{ds} \right]$$

Es gilt

$$
\begin{aligned}
A_x &= \vec{A} \cdot \vec{e}_x &&= A\cos(\vec{A}, \vec{e}_x) \\
A_y &= \vec{A} \cdot \vec{e}_y &&= A\cos(\vec{A}, \vec{e}_y) \\
A_z &= \vec{A} \cdot \vec{e}_z &&= A\cos(\vec{A}, \vec{e}_z)
\end{aligned}
$$

Wir ersetzen nun A durch die passenden Ausdrücke:

$$\lim_{A\to 0}\frac{1}{A}\oint_{C_{(F)}}\vec{F}\cdot\vec{ds} \;=\; \cos(\vec{A},\vec{e}_x)\lim_{A_x\to 0}\frac{1}{A_x}\oint_{C_x}\vec{F}\cdot\vec{ds}$$

$$+\cos(\vec{A},\vec{e}_y)\lim_{A_y\to 0}\frac{1}{A_y}\oint_{C_y}\vec{F}\cdot\vec{ds}$$

$$+\cos(\vec{A},\vec{e}_z)\lim_{A_z\to 0}\frac{1}{A_z}\oint_{C_z}\vec{F}\cdot\vec{ds}$$

Dieser Ausdruck kann interpretiert werden als das skalare Produkt des Vektors $\vec{A}_0 = \frac{\vec{A}}{|A|} = (\cos(\vec{A},\vec{e}_x),\,\cos(\vec{A},\vec{e}_y),\,\cos(\vec{A},\vec{e}_z))$ in Richtung von $\vec{A}$ mit einem Vektor rot $\vec{F}$, der definiert ist durch

$$\text{rot }\vec{F} = \left(\lim_{A_x\to 0}\frac{1}{A_x}\oint_{C_x}\vec{F}\cdot\vec{ds},\;\lim_{A_y\to 0}\frac{1}{A_y}\oint_{C_y}\vec{F}\cdot\vec{ds},\;\lim_{A_z\to 0}\frac{1}{A_z}\oint_{C_z}\vec{F}\cdot\vec{ds}\right)$$

Also gilt $\displaystyle\lim_{A\to 0}\frac{1}{A}\oint_{C_{(F)}}\vec{F}\cdot\vec{ds} = \vec{A}_0\cdot\text{rot }\vec{F}$

18.7 Übungsaufgaben

18.1 Berechnen Sie von den Vektorfeldern $\vec{F}$ die Divergenz. Geben Sie an, wo Quellen und Senken liegen, bzw. wo das Feld quellen- und senkenfrei ist.

a) $\vec{F}(x, y, z) = (x - a, y, z)$

b) $\vec{F}(x, y, z) = (a, -x, z^2)$

18.2 Sind die Vektorfelder wirbelfrei? a) $\vec{F}(x, y, z) = (a, x, b)$

b) $\vec{F}(x, y, z) = \frac{(x, y, z)}{x^2 + y^2 + z^2}$

18.3 Berechnen Sie das Linienintegral $\oint \vec{F} \cdot \vec{ds}$ längs des Rechtecks in der y-z-Ebene mit den Seiten a und b. $\vec{F}$ ist gegeben durch

$$\vec{F}(x, y, z) = 5(0, y, z)$$

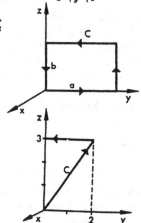

18.4 Berechnen Sie für das Vektorfeld $\vec{F}(x, y, z) = (0, y, z)$ das Linienintegral längs des Weges C vom Punkt $(0, 0, 0)$ zum Punkt $(0, 0, 3)$

Lösungen

18.1 a) div $\vec{F} = 3$ Jeder Punkt des Raumes stellt eine Quelle dar.

b) div $\vec{F} = 2z$ Die Ebene $z = 0$ ist quellen- und senkenfrei. Im Raum unter dieser Ebene ist jeder Punkt eine Senke, oberhalb eine Quelle.

18.2 a) rot $\vec{F} = (0, 0, 1)$ Dies ist ein Wirbelfeld

b) rot $\vec{F} = (0, 0, 0)$ Das Feld ist wirbelfrei

18.3 Es gilt rot $\vec{F} = (0, 0, 0)$. Deshalb gilt $\oint\limits_{C} \vec{F} \cdot \vec{ds} = 0$

18.4 Wegen rot $\vec{F} = (0, 0, 0)$ ist das Linienintegral unabhängig vom Weg. Deswegen integrieren wir längs der z-Achse von $z = 0$ bis $z = 3$

$$\int\limits_{C} \vec{F} \cdot \vec{ds} = \int\limits_{0}^{3}(0, y, z) \cdot (0, 0, dz) = \int\limits_{0}^{3} z \, dz = \frac{9}{2}$$

19 Koordinatentransformationen und Matrizen

Die Wahl des Koordinatensystems, in dem ein physikalisches oder technisches Problem behandelt wird, bestimmt zu einem beträchtlichen Teil den Schwierigkeitsgrad und den Aufwand der Rechnung.

Wir untersuchen die Bewegung auf der schiefen Ebene.

Die Kraft im Schwerefeld $\vec{F}_G = m\vec{g}$ wirkt senkrecht nach unten. Diese Kraft zerlegen wir in eine Komponente parallel zur schiefen Ebene, die in Bewegungsrichtung zeigt, und in eine Komponente, die senkrecht auf der schiefen Ebene steht.
Der Betrag der Komponente in Bewegungsrichtung F ist

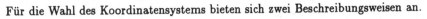

$$F = mg \sin \alpha$$

Für die Wahl des Koordinatensystems bieten sich zwei Beschreibungsweisen an.

a) Wir wählen die x-Achse horizontal

b) Wir legen die x-Achse parallel zur Richtung der schiefen Ebene, also in die Bewegungsrichtung.

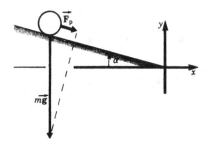
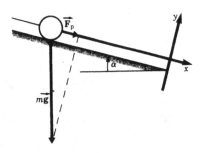

Das Ergebnis (die Bewegung) hängt nicht von der Wahl des Koordinatensystems ab. Die Rechnung ist jedoch für die Lage b) einfacher.

Fall a): Die Kugel rollt auf der schiefen Ebene. Das ergibt eine Bewegung sowohl in x- als auch in y-Richtung.

Um die Bewegungsgleichungen für die beiden Komponenten der Bewegung zu erhalten, zerlegen wir die Kraft $\vec{F}$ in die x- und y-Komponenten.

Die Zerlegung liefert für die Beträge der Komponenten:

$$F_x = F \cos \alpha = mg \cdot \sin \alpha \cdot \cos \alpha$$

$$F_y = F \sin \alpha = mg \cdot \sin \alpha \cdot \sin \alpha$$

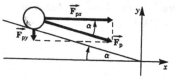

Die Bewegungsgleichungen erhalten die Form:

$$m\ddot{x} = F_x = mg \cdot \sin \alpha \cdot \cos \alpha$$

$$m\ddot{y} = F_y = mg \cdot \sin \alpha \cdot \sin \alpha$$

Fall b): Die Bewegung ist auf die x-Richtung beschränkt. Die Kraft in x-Richtung ist $F_x = F = mg \cdot \sin \alpha$. Wir erhalten die Bewegungsgleichungen:

$$m\ddot{x} = mg \cdot \sin \alpha$$

$$m\ddot{y} = 0$$

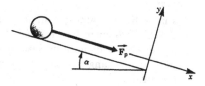

Diese Gleichungen sind offensichtlich einfacher als die im Falle a).

Durch geschickte Wahl des Koordinatensystems wird oft die Behandlung eines Problems erleichtert. Manchmal ist es gerade die geeignete Wahl des Koordinatensystems, die ein Problem überhaupt rechnerisch lösbar macht.

Man überlegt sich also, bevor man mit der Rechnung beginnt, welches Koordinatensystem für das spezielle Problem das geeignetste ist und legt dann dieses für die Rechnung zugrunde. Bei schwierigen Problemen kommt es vor, daß man an irgendeiner Stelle des Rechenganges bemerkt, daß eine andere Wahl des Koordinatensystems sinnvoll wird. Man kann nun die Rechnung in dem neuen Koordinatensystem erneut beginnen oder die alten Koordinaten in die neuen transformieren.

In diesem Kapitel werden wir uns mit der zweiten Alternative beschäftigen, der Transformation eines rechtwinkligen Koordinatensystems in ein anderes, ebenfalls rechtwinkliges. Zwei Transformationen sind besonders wichtig, Translationen und Drehungen.

Translationen
Das neue Koordinatensystem wird um
einen Vektor $\vec{r}_0$ verschoben, die entsprechenden Koordinatenachsen bleiben parallel.

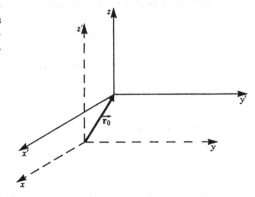

Drehungen
Das neue Koordinatensystem wird um
eine Achse um einen bestimmten Winkel φ gegenüber dem alten System gedreht. Z.B. Drehung um die x-Achse um
den Winkel φ:

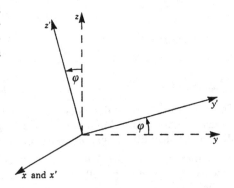

Die allgemeine Transformation, die ein rechtwinkliges Koordinatensystem in ein
anderes rechtwinkliges System überführt, setzt sich zusammen aus einer Translation
und einer Drehung.[1]

---

[1]Eventuell treten noch Spiegelungen auf, die hier nicht erörtert werden: Zur Spiegelung siehe
Baule, Die Mathematik des Naturwissenschaftlers und Ingenieurs, Frankfurt/M.

19.1 Koordinatenverschiebungen - Translationen

Der Punkt P in einem Koordinatensystem habe den Ortsvektor $\vec{r} = (x, y, z)$. Wir verschieben jetzt den Ursprung des Koordinatensystems um einen Vektor $\vec{r}_0 = (x_0, y_0, z_0)$. Die dadurch entstehenden Koordinatenachsen bezeichnen wir mit (x', y', z'). Welche Koordinaten hat der Punkt in dem neuen Koordinatensystem?

Dem Ortsvektor $\vec{r}$ im x, y, z-Koordinatensystem entspricht der Ortsvektor $\vec{r}'$ im x', y', z'-Koordinatensystem.

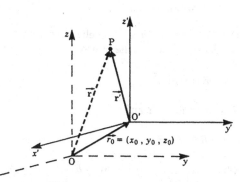

Aus der Abbildung lesen wir ab:

$$\vec{r} = \vec{r}_0 + \vec{r}' \quad \text{oder}$$
$$\vec{r}' = \vec{r} - \vec{r}_0$$

Wir können die obige Transformationsformel auch in Koordinatenschreibweise notieren:

$$x' = x - x_0 \qquad y' = y - y_0 \qquad z' = z - z_0$$

Damit haben wir bereits die Transformationsformel einer Verschiebung oder Translation des Systems um einen Vektor $\vec{r}_0$. Bei einer solchen Transformation bleiben die entsprechenden Koordinatenachsen parallel.

Regel: Transformationsgleichungen für die *Verschiebung* oder *Translation* des Koordinatensystems um einen Vektor $\vec{r}_0 = (x_0, y_0, z_0)$.
Der Ortsvektor $\vec{r} = (x, y, z)$ geht über in den neuen Ortsvektor r' nach der Formel $\vec{r}' = \vec{r} - \vec{r}_0$

$$x' = x - x_0 \qquad y' = y - y_0 \qquad z' = z - z_0$$

Beispiel: Ein Koordinatensystem werde um den Vektor $\vec{r}_0 = (2, -3, 7)$ verschoben. In welchen Vektor geht der Ortsvektor $\vec{r} = (5, 2, 3)$ bei dieser Transformation über?
Nach den Transformationsformeln gilt dann

$$
\begin{aligned}
x' &= 5 - 2 &&= 3 \\
y' &= 2 - (-3) &&= 5 \\
z' &= 3 - 7 &&= -4
\end{aligned}
$$

Also ist $\vec{r}' = (3, 5, -4)$

An einem weiteren Beispiel wollen wir die Nützlichkeit einer Koordinatenverschiebung verdeutlichen. Eine Kugel mit dem Radius R habe ihren Mittelpunkt nicht im Koordinatenursprung.

Wir wollen die Gleichung für die Punkte auf der Kugeloberfläche herleiten. Der Kugelmittelpunkt werde durch den Ortsvektor $\vec{r}_0$ festgelegt:

$$\vec{r}_0 = (x_0, y_0, z_0)$$

Der Ortsvektor für einen beliebigen Punkt
auf der Kugeloberfläche lautet:

$$\vec{r} = \vec{r}_0 + \vec{R}$$

Wir lösen nach $\vec{R}$ auf:

$$\vec{R} = \vec{r} - \vec{r}_0$$

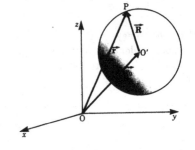

Wir bilden das Skalarprodukt $\vec{R}\cdot\vec{R}$, das den konstanten Wert R^2 hat. Damit erhalten wir die Gleichung für die Kugeloberfläche.

$$
\begin{aligned}
\vec{R} \cdot \vec{R} &= R^2 = (\vec{r} - \vec{r}_0)^2 \\
R^2 &= (x - x_0)^2 + (y - y_0)^2 + (z - z_0)^2 \\
R^2 &= x^2 - 2xx_0 + x_0^2 + y^2 - 2yy_0 + y_0^2 + z^2 - 2zz_0 + z_0^2
\end{aligned}
$$

Wir wollen jetzt die entsprechende Gleichung ableiten für ein Koordinatensystem, das durch eine Translation um den Vektor r_0 entsteht. In diesem Fall hat die Kugel ihren Mittelpunkt im Koordinatenursprung. Aus der Abbildung unten ersehen wir, daß in dem neuen x', y', z'-Koordinatensystem gilt

$$R^2 = x'^2 + y'^2 + z'^2$$

Die Gleichung für die Kugeloberfläche
ist in dem transformierten
x', y', z'-Koordinatensystem
erheblich einfacher.

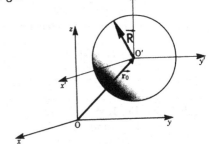

19.2 Drehungen

19.2.1 Drehungen im zweidimensionalen Raum

Ein Punkt P hat in einem x-y-Koordinatensystem den Ortsvektor

$$\vec{r} = (x,\, y) = x\vec{e}_x + y\vec{e}_y$$

Wir drehen jetzt das Koordinatensystem um den Winkel φ in eine neue Lage. Die neuen Koordinatenachsen bezeichnen wir gemäß der Abbildung mit x' und y', die neuen Basisvektoren mit $\vec{e}_x{}'$ und $\vec{e}_y{}'$.
Der Ortsvektor $\vec{r}$ hat dann im neuen Koordinatensystem die Form

$$\vec{r} = x'\vec{e}_x{}' + y'\vec{e}_y{}'$$

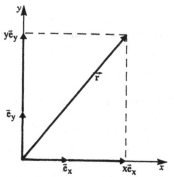 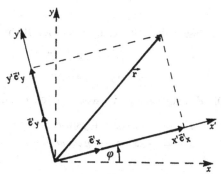

Den Übergang vom alten zum neuen Koordinatensystem erhalten wir folgendermaßen: Wir gehen aus von den Komponenten von $\vec{r}$ im ursprünglichen System. Diese Komponenten können wir nun ihrerseits in je zwei Komponenten in Richtung der neuen Achsen zerlegen. Schließlich fassen wir dann die Anteile in Richtung der neuen Achsen zusammen.

Wir beginnen mit der ursprünglichen x-Komponente von $\vec{r}$.
Im neuen Koordinatensystem ist die ursprüngliche x-Komponente gemäß Abbildung rechts gegeben durch:

$$x\vec{e}_x = x \cos\varphi\,\vec{e}_x' - x \sin\varphi\,\vec{e}_y'\,.$$

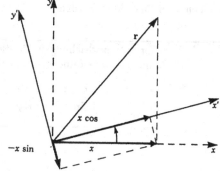

Die ursprüngliche y-Komponente ist gemäß der Abbildung rechts gegeben durch

$$y\vec{e}_y = y\sin\varphi\,\vec{e}'_x + y\cos\varphi\,\vec{e}'_y$$

Wir können den Ortsvektor $\vec{r}$ im neuen Koordinatensystem darstellen, indem wir die obigen Beziehungen für $x\vec{e}_x$ und $y\vec{e}_y$ einsetzen:

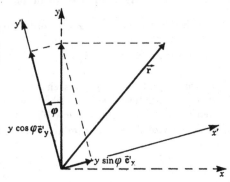

$$\begin{aligned} \vec{r} &= \quad x\vec{e}_x + y\vec{e}_y \\ &= \quad x\cos\varphi\,\vec{e}'_x - x\sin\varphi\,\vec{e}'_y \\ &\quad + y\sin\varphi\,\vec{e}'_x + y\cos\varphi\,\vec{e}'_y \end{aligned}$$

Wir fassen die Beträge in den neuen Richtungen $\vec{e}'_x$ und $\vec{e}'_y$ zusammen:

$$\begin{aligned} \vec{r} &= \quad (x\cos\varphi + y\sin\varphi)\vec{e}'_x \\ &\quad + (-x\sin\varphi + y\cos\varphi)\vec{e}'_y \end{aligned}$$

Die Klammern sind die Koordinaten x' und y' in den neuen Richtungen:

$$\begin{aligned} x' &= \quad x\cos\varphi + y\sin\varphi \\ y' &= \quad -x\sin\varphi + y\cos\varphi \end{aligned}$$

Mit Hilfe dieser Formeln können die neuen Koordinaten eines beliebigen Punktes P aus den alten berechnet werden.

Regel: Transformationsgleichungen für die Koordinaten eines Punktes bei der Drehung eines zweidimensionalen Koordinatensystems um den Winkel φ

$$\begin{aligned} x' &= \quad x\cos\varphi + y\sin\varphi \\ y' &= \quad -x\sin\varphi + y\cos\varphi \end{aligned} \tag{19.1}$$

Beispiel: Ein Punkt habe die Koordinaten $P = (2,2)$. Welche Koordinaten hat
der Punkt P nach einer Drehung des Koordinatensystems um 45°?
Die neuen Koordinaten x' und y' lassen
sich über die obigen Transformationsgleichungen berechnen. Dabei berücksichtigen wir:

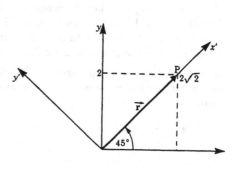

$$\cos \frac{\pi}{4} = \sin \frac{\pi}{4} = \frac{1}{\sqrt{2}}$$

$$x' = \left(2\cos\frac{\pi}{4} + 2\sin\frac{\pi}{4}\right) = 2\sqrt{2}\,\vec{e}_x'$$

$$y' = \left(-2\sin\frac{\pi}{4} + 2\cos\frac{\pi}{4}\right) = 0$$

Damit hat der Punkt P in dem um 45° gedrehten Koordinatensystem die Koordinaten

$$P = (2\sqrt{2},\, 0)$$

Weil die neue x'-Achse mit dem Vektor r zusammenfällt, verschwindet seine y'-
Komponente.

19.2.2 Mehrfache Drehung

Wir wollen jetzt die Transformationsgleichungen herleiten, die sich ergeben, wenn
wir das Koordinatensystem zuerst um den Winkel φ drehen in ein x', y'-Koordina-
tensystem und danach um einen Winkel ψ in ein x'', y''-Koordinatensystem. Wir
suchen den Übergang von den Koordinaten x, y zu den Koordinaten x'', y''.

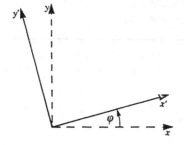
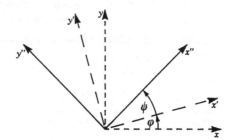

Die Anschauung läßt bereits vermuten, daß die Drehung um den Winkel φ und danach um den Winkel ψ durch *eine* einzige Drehung um den Winkel $\varphi + \psi$ ersetzt werden kann. Diese Vermutung trifft zu und wir werden sie durch die analytische Ableitung der Transformationsgleichungen bestätigen.

Die Transformationsgleichungen für die Übergänge $x, y \rightarrow x', y'$ und $x', y' \rightarrow x'', y''$ sind aus dem vorhergehenden Abschnitt – Regel 19.1 – bekannt:

$$x' = x\cos\varphi + y\sin\varphi \qquad\qquad y' = -x\sin\varphi + y\cos\varphi$$

$$x'' = x'\cos\psi + y'\sin\psi \qquad\qquad y'' = -x'\sin\psi + y'\cos\psi$$

Wir setzen in die unteren Gleichungen x' und y' aus den oberen Gleichungen ein:

$$x'' = (x\cos\varphi + y\sin\varphi)\cos\psi$$
$$+ (-x\sin\varphi + y\cos\varphi)\sin\psi$$
$$y'' = (x\cos\varphi + y\sin\varphi)\sin\psi$$
$$+ (-x\sin\varphi + y\cos\varphi)\cos\psi$$

Wir multiplizieren die Klammern aus, vereinfachen mit Hilfe der Additionstheoreme[2] und ordnen nach Beträgen von x und y:

$$x'' = x\cos(\varphi + \psi) + y\sin(\varphi + \psi)$$
$$y'' = -x\sin(\varphi + \psi) + y\cos(\varphi + \psi)$$

Dieses Ergebnis bestätigt unsere Vermutung: Die Hintereinanderausführung zweier Drehungen um die Winkel φ und ψ führt zu dem gleichen Resultat wie *eine* Drehung um den Winkel $\varphi + \psi$.

Regel: Transformationsgleichungen für die aufeinanderfolgende Drehung um die Winkel φ und ψ:

$$x'' = x\cos(\varphi + \psi) + y\sin(\varphi + \psi)$$
$$y'' = -x\sin(\varphi + \psi) + y\cos(\varphi + \psi)$$

---

[2] Benutzt werden die folgenden Additionstheoreme

$$\sin(\varphi + \psi) = \sin\varphi\cos\psi + \cos\varphi\sin\psi$$
$$\cos(\varphi + \psi) = \cos\varphi\cos\psi - \sin\varphi\sin\psi$$

19.2.3 Drehungen im dreidimensionalen Raum

In diesem Abschnitt werden wir uns mit Drehungen im dreidimensionalen Raum befassen. Zunächst wollen wir uns auf solche Drehungen beschränken, bei denen die Drehung um eine der Koordinatenachsen erfolgt. Dadurch läßt sich unsere Aufgabe auf bereits bekannte Fälle zurückführen.

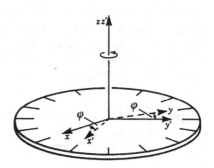

1. Beispiel: Drehung um die z-Achse, Drehwinkel φ.

Hierbei wird die x-Achse in die x'-Achse und die y-Achse in die y'-Achse gedreht. Die z-Achse bleibt erhalten. Das bedeutet, daß die z-Koordinaten bei einer Drehung um die z-Achse erhalten bleiben: $z' = z$.

Die verbleibende Transformation der Koordinaten x, y bei einer Drehung um den Winkel φ ist bereits bekannt (Regel 19.1):

$$
\begin{aligned}
x' &= x\cos\varphi + y\sin\varphi \\
y' &= -x\sin\varphi + y\cos\varphi
\end{aligned}
$$

Fassen wir diese Formeln mit der für die z-Koordinate zusammen, erhalten wir die Transformationsgleichungen

$$
\begin{aligned}
x' &= x\cos\varphi + y\sin\varphi \\
y' &= -x\sin\varphi + y\cos\varphi \\
z' &= z
\end{aligned}
$$

2. Beispiel: Drehung um die x-Achse, Drehwinkel ϑ. Bei dieser Drehung bleibt die x-Koordinate erhalten. Also

$$x' = x$$

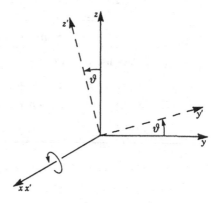

Es verbleibt wieder die Drehung eines zweidimensionalen Koordinatensystems. Nur muß jetzt die x-Koordinate durch y ersetzt werden und die y-Koordinate durch z.

$$
\begin{aligned}
y' &= y\cos\vartheta + z\sin\vartheta \\
z' &= -y\sin\vartheta + z\cos\vartheta
\end{aligned}
$$

Insgesamt ergeben sich damit die Transformationsgleichungen für die Drehung des Koordinatensystems um die x-Achse mit dem Winkel ϑ zu

$$
\begin{aligned}
x' &= x \\
y' &= y\cos\vartheta + z\sin\vartheta \\
z' &= -y\sin\vartheta + z\cos\vartheta
\end{aligned}
$$

Die Drehung um die y-Achse in dem Drehwinkel ϑ ergibt sich analog.
Damit können wir eine beliebige Drehung im Raum herstellen.

Ein Koordinatensystem kann durch drei aufeinanderfolgende Drehungen um die x, y und z-Achse in jede beliebige Lage im Raum gebracht werden. Die neuen Koordinaten ergeben sich, wenn die drei Transformationen nacheinander durchgeführt werden. Die Reihenfolge ist beliebig.

Regel: *Transformationsgleichungen für die Drehungen eines dreidimensionalen Koordinatensystems*
Drehachse x-Achse:

$$
\begin{aligned}
x' &= x \\
y' &= y\cdot\cos\vartheta + z\cdot\sin\vartheta \\
z' &= -y\cdot\sin\vartheta + z\cdot\cos\vartheta
\end{aligned}
$$

Drehachse y-Achse:

$$
\begin{aligned}
x' &= x\cos\psi + z\sin\psi \\
y' &= y \\
z' &= -x\sin\psi + z\cos\psi
\end{aligned}
$$

Drehachse z-Achse:

$$
\begin{aligned}
x' &= x\cos\varphi + y\sin\varphi \\
y' &= -x\sin\varphi + y\cos\varphi \\
z' &= z
\end{aligned}
$$

(19.2)

19.3   Matrizenrechnung

Die bisher abgeleiteten Transformationsgleichungen lassen sich übersichtlicher schreiben, wenn wir den Begriff der Matrix einführen und dafür Rechenregeln aufstellen. Im Abschnitt 19.4 werden wir dann die Transformationsgleichungen in Matrizenform aufstellen. In Kapitel 20 werden wir Matrizen benutzen, um lineare Gleichungssysteme zu lösen.

Definition: *Matrix* heißt ein rechteckiges Zahlenschema reeller Zahlen der Art

$$\begin{pmatrix} a_{11} & a_{12} & \cdots & a_{1n} \\ a_{21} & a_{22} & \cdots & a_{2n} \\ \vdots & & & \\ a_{m1} & a_{m2} & \cdots & a_{mn} \end{pmatrix}$$

Die horizontalen Zahlenreihen heißen *Zeilen* der Matrix.

Beispiel: $\quad \begin{pmatrix} a_{11} & a_{12} & \cdots & a_{1n} \\ - & - & \cdots & - \\ - & - & \cdots & - \end{pmatrix}$

Die vertikalen Zahlenreihen heißen *Spalten* der Matrix.

Beispiel: $\quad \begin{pmatrix} a_{11} & - & - & - \\ a_{21} & - & - & - \\ \vdots & & & \\ a_{m1} & - & - & - \end{pmatrix}$

Eine Matrix hat m Zeilen und n Spalten. Wir nennen sie deshalb eine $m \times n$-Matrix. Die einzelnen Zahlen heißen Matrixelemente.

Im Folgenden werden wir unsere Betrachtung weitgehend auf quadratische Matrizen beschränken, bei ihnen ist die Spaltenzahl gleich der Zeilenzahl.

Matrizen werden meist mit deutschen Buchstaben oder mit großen lateinischen Buchstaben bezeichnet.

$$A = \begin{pmatrix} 2 & \cdot 7 \\ 33 & -8 \end{pmatrix} \text{ ist eine } 2 \times 2 \text{ - Matrix}$$

Wir definieren nun das Produkt eines Vektors mit einer Matrix. Dafür geben wir eine Rechenvorschrift anhand eines Beispiels an. Die Matrix sei eine 2×2-Matrix.

$$A = \begin{pmatrix} a_{11} & a_{12} \\ a_{21} & a_{22} \end{pmatrix}$$

Der Vektor sei $\vec{r} = (x, y)$. Wir können diesen Vektor auch schreiben als $\vec{r} = \begin{pmatrix} x \\ y \end{pmatrix}$.

Der Grund für die Benutzung dieser Schreibweise liegt in der übersichtlichen Darstellung des Produktes eines Vektors mit einer Matrix. Das Produkt $A \cdot \vec{r}$ ist ein neuer Vektor $\vec{r} = \begin{pmatrix} x' \\ y' \end{pmatrix}$.

Definition: Das *Produkt $A \cdot \vec{r}$ einer Matrix A und eines Vektors $\vec{r}$* ist ein neuer Vektor $\vec{r}\,'$ mit den Komponenten

$$\vec{r}\,' = A \cdot \vec{r} = \begin{pmatrix} a_{11} & a_{12} \\ a_{21} & a_{22} \end{pmatrix} \begin{pmatrix} x \\ y \end{pmatrix} = \begin{pmatrix} x' \\ y' \end{pmatrix} = \begin{pmatrix} a_{11}x + a_{12}y \\ a_{21}x + a_{22}y \end{pmatrix}$$

Die Komponenten x' und y' erhalten wir dadurch, daß wir Skalarprodukte zwischen den Zeilen der Matrix A und dem Vektor $\begin{pmatrix} x \\ y \end{pmatrix}$ bilden.

x' ergibt sich als Skalarprodukt zwischen den „Vektoren" (a_{11}, a_{12}) und $\begin{pmatrix} x \\ y \end{pmatrix}$,

y' ergibt sich als Skalarprodukt von (a_{21}, a_{22}) und $\begin{pmatrix} x \\ y \end{pmatrix}$.

Beispiel: Wir berechnen $A \cdot \vec{r} = \vec{r}\,'$ mit $A = \begin{pmatrix} 1 & -3 \\ 6 & 4 \end{pmatrix}$ und $\vec{r} = \begin{pmatrix} x \\ y \end{pmatrix}$

Es ist

$$A\vec{r} = \begin{pmatrix} x' \\ y' \end{pmatrix} = \begin{pmatrix} 1 & -3 \\ 6 & 4 \end{pmatrix} \begin{pmatrix} x \\ y \end{pmatrix} = \begin{pmatrix} x - 3y \\ 6x + 4y \end{pmatrix}$$

Die Verallgemeinerung auf Vektoren im dreidimensionalen Raum und 3×3-Matrizen ergibt

$$A\vec{r} = \begin{pmatrix} x' \\ y' \\ z' \end{pmatrix} = \begin{pmatrix} a_{11} & a_{12} & a_{13} \\ a_{21} & a_{22} & a_{23} \\ a_{31} & a_{32} & a_{33} \end{pmatrix} \begin{pmatrix} x \\ y \\ z \end{pmatrix} = \begin{pmatrix} a_{11}x + a_{12}y + a_{13}z \\ a_{21}x + a_{22}y + a_{23}z \\ a_{31}x + a_{32}y + a_{33}z \end{pmatrix}$$

Beispiel: Zu berechnen ist $\vec{r}\,' = A \cdot \vec{r}$ mit

$$A = \begin{pmatrix} 1 & 0 & 3 \\ 4 & -2 & 0 \\ 0 & 0 & 5 \end{pmatrix}$$

Wir erhalten

$$\vec{r}\,' = \begin{pmatrix} x' \\ y' \\ z' \end{pmatrix} = \begin{pmatrix} 1 & 0 & 3 \\ 4 & -2 & 0 \\ 0 & 0 & 5 \end{pmatrix} \begin{pmatrix} x \\ y \\ z \end{pmatrix} = \begin{pmatrix} x & + & 3z \\ 4x & - & 2y \\ 5z & & \end{pmatrix}$$

Abschließend wollen wir noch angeben, wie das Produkt $A \cdot B = C$ von Matrizen zu berechnen ist. Wir beginnen mit dem Produkt von 2×2 Matrizen.

Das folgende Schema zeigt, wie das Matrixelement C_{22} der Produktmatrix $C = A \cdot B$ entsteht: Man bildet das „skalare" Produkt der zweiten Zeile der Matrix A mit der zweiten Spalte der Matrix B:

$$C_{22} = a_{21} \cdot b_{12} + a_{22} \cdot b_{22}$$

Die anderen Matrixelemente werden entsprechend gebildet.

2. Spalte

$$\begin{pmatrix} b_{11} & \mathbf{b_{12}} \\ b_{21} & \mathbf{b_{22}} \end{pmatrix}$$

2. Zeile $\begin{pmatrix} a_{11} & a_{12} \\ \mathbf{a_{21}} & \mathbf{a_{22}} \end{pmatrix}$ $\begin{pmatrix} c_{11} & c_{12} \\ c_{21} & \mathbf{c_{22}} \end{pmatrix}$

Beispiel: Es ist das Produkt zweier Matrizen zu bilden

$$A = \begin{pmatrix} 5 & 2 \\ 0 & 1 \end{pmatrix} \quad \text{und} \quad B = \begin{pmatrix} -3 & 7 \\ 1 & -1 \end{pmatrix}$$

$$C = A \cdot B = \begin{pmatrix} 5 & 2 \\ 0 & 1 \end{pmatrix} \begin{pmatrix} -3 & 7 \\ 1 & -1 \end{pmatrix} = \begin{pmatrix} -15+2 & 35-2 \\ 0+1 & 0-1 \end{pmatrix}$$

$$= \begin{pmatrix} -13 & 33 \\ 1 & -1 \end{pmatrix}$$

Definition: *Produkt von 2 × 2-Matrizen*

$$A = \begin{pmatrix} a_{11} & a_{12} \\ a_{21} & a_{22} \end{pmatrix} \qquad B = \begin{pmatrix} b_{11} & b_{12} \\ b_{21} & b_{22} \end{pmatrix}$$

Das Produkt wird definiert durch

$$A \cdot B = C = \begin{pmatrix} c_{11} & c_{12} \\ c_{21} & c_{22} \end{pmatrix} = \begin{pmatrix} a_{11} & a_{12} \\ a_{21} & a_{22} \end{pmatrix} \cdot \begin{pmatrix} b_{11} & b_{12} \\ b_{21} & b_{22} \end{pmatrix}$$

$$= \begin{pmatrix} a_{11}b_{11} + a_{12}b_{21} & a_{11}b_{12} + a_{12}b_{22} \\ a_{21}b_{11} + a_{22}b_{21} & a_{21}b_{12} + a_{22}b_{22} \end{pmatrix}$$

Die Matrixelemente c_{ik} $(i = 1, 2; k = 1, 2)$ der Produktmatrix $C = A \cdot B$ ergeben sich, indem die i-te Zeile der Matrix A und die k-te Spalte der Matrix B als Vektoren aufgefaßt werden und das Skalarprodukt zwischen ihnen gebildet wird:

$$c_{ik} = (a_{i1\,'}, a_{i2}) \cdot (b_{1k}, b_{2k}) = \sum_{j=1}^{2} a_{ij} b_{jk}$$

Die Erweiterung auf 3 × 3 Matrizen ist unmittelbar einsichtig. Die Matrixelemente der Produktmatrix C sind das „Skalarprodukt" der Zeile i der Matrix A und der Spalte k der Matrix B.

Beispiel: Gegeben sind die Matrizen

$$A = \begin{pmatrix} 1 & 0 & 0 \\ 0 & 2 & 3 \\ 0 & -3 & 7 \end{pmatrix} \quad \text{und} \quad B = \begin{pmatrix} 4 & 0 & 5 \\ 0 & 1 & 0 \\ -3 & -2 & 1 \end{pmatrix}$$

Wir berechnen das Produkt $A \cdot B = C$ und benutzen zur Erleichterung wieder das Schema wie unten angedeutet

$$C = \begin{pmatrix} 1 & 0 & 0 \\ 0 & 2 & 3 \\ 0 & -3 & 7 \end{pmatrix} \cdot \begin{pmatrix} 4 & 0 & 5 \\ 0 & 1 & 0 \\ -3 & -2 & 1 \end{pmatrix} = \begin{pmatrix} 1 & 0 & 0 \\ 0 & 2 & 3 \\ 0 & -3 & 7 \end{pmatrix} \begin{pmatrix} " & " & " \\ " & " & " \\ " & " & 7 \end{pmatrix}$$

Vollständiges Ausmultiplizieren ergibt:

$$C = \begin{pmatrix} 1 \cdot 4 & +0 & +0 & 0 & +0 & +0 & 1 \cdot 5 & +0 & +0 \\ 0 & +0 & -3 \cdot 3 & 0 & +2 \cdot 1 & -3 \cdot 2 & 0 & +0 & +3 \cdot 1 \\ 0 & +0 & -7 \cdot 3 & 0 & -3 \cdot 1 & -7 \cdot 2 & 0 & +0 & +7 \cdot 1 \end{pmatrix}$$

$$C = \begin{pmatrix} 4 & 0 & 5 \\ -9 & -4 & 3 \\ -21 & -17 & 7 \end{pmatrix}$$

Das Verfahren kann auf das Produkt einer $n \times m$ Matrix mit einer $p \times n$ Matrix erweitert werden. Eine Bedingung gilt: Die Anzahl der Spalten von A muß mit der Anzahl der Zeilen von B übereinstimmen. Auch im allgemeinen Fall kann das angegebene Schema benutzt werden.

Definition: Produkt einer $m \times n$ Matrix mit einer $n \times p$ Matrix.
Die Matrixelemente c_{ij} der Produktmatrix C sind definiert als das Skalarprodukt des i-ten Zeilenvektors der Matrix A und des j-ten Spaltenvektors der Matrix B:

$$c_{ij} = \sum_{k=1}^{n} a_{ik} b_{kj}$$

Wir wollen noch darauf hinweisen, daß das Produkt zweier Matrizen nicht kommutativ ist, es gilt i.a. $A \cdot B \neq B \cdot A$. Der interessierte Leser kann dies am obigen Beispiel der 2×2-Matrizen leicht verifizieren.

Zum Abschluß wollen wir der Vollständigkeit halber angeben, wie die Addition zweier Matrizen und die Multiplikation einer Matrix mit einem Skalar definiert sind.

Definition: *Addition von Matrizen*

$$A = \begin{pmatrix} a_{11} & a_{12} & a_{13} \\ a_{21} & a_{22} & a_{23} \\ a_{31} & a_{32} & a_{33} \end{pmatrix} \quad \text{und} \quad B = \begin{pmatrix} b_{11} & b_{12} & b_{13} \\ b_{21} & b_{22} & b_{23} \\ b_{31} & b_{32} & b_{33} \end{pmatrix}$$

Die Summe $A + B = C$ ist definiert als

$$A + B = \begin{pmatrix} a_{11} + b_{11} & a_{12} + b_{12} & a_{13} + b_{13} \\ a_{21} + b_{21} & a_{22} + b_{22} & a_{23} + b_{23} \\ a_{31} + b_{31} & a_{32} + b_{32} & a_{33} + b_{33} \end{pmatrix}$$

Wir addieren die Matrixelemente mit gleichen Indizes.

Beispiel: $\begin{pmatrix} -3 & 2 \\ 5 & 0 \end{pmatrix} + \begin{pmatrix} 1 & 3 \\ 4 & 6 \end{pmatrix} = \begin{pmatrix} -2 & 5 \\ 9 & 6 \end{pmatrix}$

Definition: *Multiplikation mit einem Skalar*
Eine Matrix A wird mit einer skalaren Größe t multipliziert, indem jedes Matrixelement mit t multipliziert wird.

Das Produkt einer 2×2-Matrix A mit dem Skalar t lautet dann wie folgt:

$$A = \begin{pmatrix} a_{11} & a_{12} \\ a_{21} & a_2 \end{pmatrix}$$

$$tA = \begin{pmatrix} ta_{11} & ta_{12} \\ ta_{21} & ta_{22} \end{pmatrix}$$

Beispiel: $A = \begin{pmatrix} 5 & -7 \\ 3 & 2 \end{pmatrix}, \qquad t = 2,5$

$$tA = \begin{pmatrix} 12,5 & -17,5 \\ 7,5 & 5 \end{pmatrix}$$

19.4   Darstellung von Drehungen in Matrizenform

Drehungen im zweidimensionalen Raum:

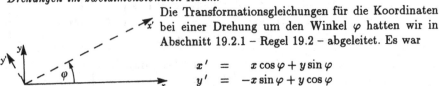

Die Transformationsgleichungen für die Koordinaten bei einer Drehung um den Winkel φ hatten wir in Abschnitt 19.2.1 – Regel 19.2 – abgeleitet. Es war

$$x' = x\cos\varphi + y\sin\varphi$$
$$y' = -x\sin\varphi + y\cos\varphi$$

Diese Transformationsgleichungen lassen sich unmittelbar als Produkt einer Drehmatrix mit dem ursprünglichen Vektor darstellen.

$$\begin{pmatrix} x' \\ y' \end{pmatrix} = \begin{pmatrix} \cos\varphi & \sin\varphi \\ -\sin\varphi & \cos\varphi \end{pmatrix} \begin{pmatrix} x \\ y \end{pmatrix}$$

Beispiel: Wir drehen unser x-y-Koordinatensystem um den Winkel $\varphi = \frac{\pi}{2}$. Dann geht die x-Achse in die y-Achse und die y-Achse in die negative x-Achse über.

Setzen wir in die Drehmatrix für φ den Wert $\frac{\pi}{2}$ ein, erhalten wir:

$$\begin{pmatrix} \cos\frac{\pi}{2} & \sin\frac{\pi}{2} \\ -\sin\frac{\pi}{2} & \cos\frac{\pi}{2} \end{pmatrix} = \begin{pmatrix} 0 & 1 \\ -1 & 0 \end{pmatrix}$$

Die Koordinatentransformation ist damit

$$\begin{pmatrix} x' \\ y' \end{pmatrix} = \begin{pmatrix} 0 & 1 \\ -1 & 0 \end{pmatrix} \begin{pmatrix} x \\ y \end{pmatrix} = \begin{pmatrix} y \\ -x \end{pmatrix}$$

Wir werden jetzt die Matrix für eine Gesamtdrehung bestimmen, die sich aus einer Drehung um den Winkel φ und einer Drehung um den Winkel ψ zusammensetzt.

Nach der ersten Drehung geht (x, y) über in (x', y'). Nach der zweiten Drehung geht (x', y') über in (x'', y''). Gesucht ist die Matrix für den Übergang $(x, y) \to (x'', y'')$.

Es gelten (siehe Abschnitt 19.2.2)

$$\begin{pmatrix} x' \\ y' \end{pmatrix} = \begin{pmatrix} \cos\varphi & \sin\varphi \\ -\sin\varphi & \cos\varphi \end{pmatrix} \begin{pmatrix} x \\ y \end{pmatrix} \tag{1}$$

und

$$\begin{pmatrix} x'' \\ y'' \end{pmatrix} = \begin{pmatrix} \cos\psi & \sin\psi \\ -\sin\psi & \cos\psi \end{pmatrix} \begin{pmatrix} x' \\ y' \end{pmatrix} \tag{2}$$

Wir setzen Gleichung (1) in die Gleichung (2) ein und erhalten

$$\begin{pmatrix} x'' \\ y'' \end{pmatrix} = \begin{pmatrix} \cos\psi & \sin\psi \\ -\sin\psi & \cos\psi \end{pmatrix} \begin{pmatrix} \cos\varphi & \sin\varphi \\ -\sin\varphi & \cos\varphi \end{pmatrix} \begin{pmatrix} x \\ y \end{pmatrix}$$

Ausmultiplizieren der Matrizen ergibt:

$$\begin{pmatrix} x'' \\ y'' \end{pmatrix} = \begin{pmatrix} \cos\psi\cos\varphi - \sin\psi\sin\varphi & \cos\psi\sin\varphi + \sin\psi\cos\varphi \\ -\sin\psi\cos\varphi - \cos\psi\sin\varphi & -\sin\psi\sin\varphi + \cos\psi\cos\varphi \end{pmatrix} \begin{pmatrix} x \\ y \end{pmatrix}$$

Mit Hilfe der Additionstheoreme für die cos- und sin-Funktionen ergibt sich die Drehmatrix für die Gesamtdrehung zu

$$\begin{pmatrix} \cos(\varphi+\psi) & \sin(\varphi+\psi) \\ -\sin(\varphi+\psi) & \cos(\varphi+\psi) \end{pmatrix}$$

Drehungen im dreidimensionalen Raum:

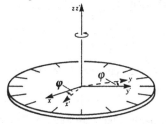

In Abschnitt 19.2.3 hatten wir die Transformationsgleichungen für eine *Drehung* um den Winkel φ mit der *z-Achse* als Drehachse hergeleitet. Es war – Regel 19.2:

$$\begin{aligned} x' &= x\cos\varphi + y\sin\varphi \\ y' &= -x\sin\varphi + y\cos\varphi \\ z' &= z \end{aligned}$$

Daraus erhalten wir die Transformationsgleichung in Matrizenform

$$\begin{pmatrix} x' \\ y' \\ z' \end{pmatrix} = \begin{pmatrix} \cos\varphi & \sin\varphi & 0 \\ -\sin\varphi & \cos\varphi & 0 \\ 0 & 0 & 1 \end{pmatrix} \begin{pmatrix} x \\ y \\ z \end{pmatrix}$$

Der Leser überlege sich, daß die Drehmatrix für eine Drehung um die y-Achse mit dem Winkel ψ die Form hat

$$\begin{pmatrix} \cos\psi & 0 & \sin\psi \\ 0 & 1 & 0 \\ -\sin\psi & 0 & \cos\psi \end{pmatrix}$$

Schließlich hat die Drehmatrix für eine Drehung um die x-Achse um den Winkel ϑ die Form

$$\begin{pmatrix} 1 & 0 & 0 \\ 0 & \cos\vartheta & \sin\vartheta \\ 0 & -\sin\vartheta & \cos\vartheta \end{pmatrix}$$

Eine beliebige Drehung läßt sich durch aufeinanderfolgende Drehungen um die x, y und z-Achse bewirken. In diesem Fall wird die Transformation mit einer Drehung begonnen, das Ergebnis wird noch einmal transformiert und dieses Ergebnis wird dann ein drittes Mal transformiert.

19.5   Spezielle Matrizen

In diesem Abschnitt werden spezielle Matrizen erläutert und definiert. Manche ihrer Eigenschaften werden ohne vollständigen Beweis angegeben.

Einheitsmatrix
Die *Einheitsmatrix* ist eine quadratische Matrix der folgenden Form

$$E = \begin{pmatrix} 1 & 0 & 0 \\ 0 & 1 & 0 \\ 0 & 0 & 1 \end{pmatrix}$$

Alle Elemente auf der *Hauptdiagonalen* sind Eins, alle anderen sind Null.

Multipliziert man eine Matrix A oder einen Vektor $\vec{r}$ mit der Einheitsmatrix, so bleiben die Matrix oder der Vektor unverändert erhalten.

$$E \cdot A = A$$
$$E \cdot \vec{r} = \vec{r}$$

Die Eigenschaft der Einheitsmatrix folgt unmittelbar aus den Regeln der Matrizenmultiplikation und kann leicht selbst verifiziert werden.

Diagonalmatrizen
Eine *Diagonalmatrix* ist eine quadratische Matrix, deren Elemente auf der Hauptdiagonalen $\neq 0$ sind, und deren übrige Elemente gleich Null sind.

$$D = \begin{pmatrix} a_{11} & 0 & 0 \\ 0 & a_{22} & 0 \\ 0 & 0 & a_{33} \end{pmatrix}$$

Die Einheitsmatrix ist also eine spezielle Diagonalmatrix.

Nullmatrix
Die *Nullmatrix* ist eine Matrix, bei der sämtliche Elemente Null sind. Sie wird mit 0 bezeichnet. Auf folgenden Zusammenhang sei hingewiesen: Aus der Gleichung $A \cdot B = 0$ folgt nicht notwendig, daß entweder $A = 0$ oder $B = 0$ ist.

Beispiel:

$$\begin{pmatrix} 1 & 2 \\ 2 & 4 \end{pmatrix} \cdot \begin{pmatrix} 2 & -1 \\ -1 & 0{,}5 \end{pmatrix} = \begin{pmatrix} 0 & 0 \\ 0 & 0 \end{pmatrix} = 0$$

Transponierte Matrix
Vertauschen wir die Zeilen und Spalten einer $m \times n$ Matrix A, so erhalten wir eine neue Matrix, die jetzt eine $n \times m$ Matrix ist. Diese Matrix heißt *transponierte Matrix* oder *Transponierte* der ursprünglichen Matrix.
Sie wird bezeichnet durch A^T oder $\tilde{A}$.

| Matrix | Transponierte Matrix |

$$A = \begin{pmatrix} a_{11} & a_{12} \\ a_{21} & a_{22} \\ a_{31} & a_{32} \end{pmatrix} \qquad A^T = \begin{pmatrix} a_{11} & a_{21} & a_{31} \\ a_{12} & a_{22} & a_{32} \end{pmatrix}$$

Aus der ersten Zeile wird die erste Spalte, aus der zweiten Zeile wird die zweite Spalte etc. Beispiel:

$$A = \begin{pmatrix} 2 & 0 & 0 \\ 2 & 1 & -6 \\ 6 & 0 & -1 \end{pmatrix} \qquad A^T = \begin{pmatrix} 2 & 2 & 6 \\ 0 & 1 & 0 \\ 0 & -6 & -1 \end{pmatrix}$$

Der Leser kann die folgenden Behauptungen leicht selbst beweisen:

Die Transponierte einer transponierten Matrix ergibt wieder die ursprüngliche Matrix.

$$(A^T)^T = A$$

Die Transponierte eines Matrizenprodukts ist das Produkt der transponierten Matrizen.

$$(A \cdot B)^T = B^T \cdot A^T$$

Allgemein gilt $(A \cdot B \cdot C \ldots Z)^T = Z^T \cdot \ldots B^T \cdot A^T$

Orthogonale Matrizen

Eine quadratische Matrix A heißt *orthogonal*, wenn sie der folgenden Bedingung genügt:

$$A \cdot A^T = E \qquad \text{(Orthogonalitätsbedingung)}$$

Betrachten wir die Gleichung $A \cdot A^T = E$. Wenn wir die Zeilen und Spalten der Matrizen A und A^T als Vektoren auffassen, und ihre Skalarprodukte berechnen, dann gilt für eine orthogonale Matrix A:

Das Skalarprodukt einer Zeile mit sich selbst ist 1.

Das Skalarprodukt einer Zeile mit einer anderen
Zeile ist immer Null.

Was für Zeilen gesagt wurde, gilt auch für Spalten.

Drehmatrizen sind immer orthogonale Matrizen. Wird eine orthogonale Matrix A mit zwei Vektoren $\vec{r}$ und $\vec{s}$ multipliziert, dann bleibt deren Skalarprodukt unverändert:

$$\vec{r} \cdot \vec{s} = (A\vec{r}) \cdot (A\vec{s})$$

Dies bedeutet, daß bei der Transformation Längen und Winkel der Vektoren erhalten bleiben. Ein System rechtwinkliger Koordinaten wird in ein anderes rechtwinkliges Koordinatensystem überführt. Durch diese Eigenschaft ist der Name orthogonale Matrix begründet.

Singuläre Matrix
Eine Matrix heißt *singulär*, wenn ihre Determinante Null ist. Der Begriff der Determinanten wird im Kapitel 20 erläutert.

Symmetrische Matrizen und schief-symmetrische Matrizen
Eine quadratische Matrix heißt *symmetrisch*, wenn gilt: $a_{ij} = a_{ji}$. Dies bedeutet, daß die Matrix gleich ihrer Transponierten ist.

$$A = A^T$$

Eine quadratische Matrix heißt *schief-symmetrisch*, wenn gilt $a_{ij} = -a_{ji}$. Für schief-symmetrische Matrizen sind alle Elemente auf der Hauptdiagonalen Null. Es gilt:

$$A = -A^T$$

Jede quadratische Matrix kann dargestellt werden als die Summe einer symmetrischen und einer schief-symmetrischen Matrix.

Beweis: $A = \frac{1}{2}(A + A^T) + \frac{1}{2}(A - A^T)$

Die erste Klammer ist eine symmetrische Matrix und die zweite Klammer ist eine schief-symmetrische Matrix.

Beispiel: Die Matrix A wird in eine symmetrische und in eine schief-symmetrische Matrix zerlegt:

$$A = \begin{pmatrix} 798 & 29 & 26 \\ 1 & 8 & 27 \\ 74 & 69 & 88 \end{pmatrix}$$

$$A = \begin{pmatrix} 798 & 15 & 50 \\ 15 & 8 & 48 \\ 50 & 48 & 88 \end{pmatrix} + \begin{pmatrix} 0 & 14 & -24 \\ -14 & 0 & -21 \\ 24 & 21 & 0 \end{pmatrix}$$

Spur einer Matrix
Die Summe der Elemente auf der Hauptdiagonalen heißt *Spur* der Matrix A, abgekürzt $Sp(A)$

Spur: $Sp(A) = a_{11} + a_{22} + a_{33} \ldots + a_{nn}$

19.6   Inverse Matrix

Für eine nicht-singuläre quadratische Matrix A ist die *inverse Matrix* A^{-1} durch folgende Bedingung definiert: Das Produkt der Matrix A mit der inversen Matrix A^{-1} ergibt die Einheitsmatrix E.

Die folgenden Gleichungen gelten:

$$A \cdot A^{-1} = E \qquad \text{(Postmultiplikation mit } A^{-1})$$

$$A^{-1} \cdot A = E \qquad \text{(Prämultiplikation mit } A^{-1})$$

Die Berechnung der Inversen einer Matrix wird im Kapitel 20 im Abschnitt 20.1.3 beschrieben. Hier geben wir nur ein Beispiel:

$$A = \begin{pmatrix} 2 & 0 & 0 \\ 2 & 1 & -6 \\ 6 & 0 & -1 \end{pmatrix} \qquad A^{-1} = \begin{pmatrix} \frac{1}{2} & 0 & 0 \\ 17 & 1 & -6 \\ 3 & 0 & -1 \end{pmatrix}$$

Der Leser kann selbst verifizieren, daß folgende Gleichungen gelten:

$$A \cdot A^{-1} = A^{-1} \cdot A = E$$

Eine quadratische Matrix A ist orthogonal, wenn die inverse Matrix A^{-1} gleich der transponierten Matrix A^T ist:

$$A^{-1} = A^T$$

Wenn man die Operationen mit Matrizen anhand einfacher Beispiele durchgeführt und verstanden hat, wird man sie später bei Bedarf mit Hilfe des PC und eines Algebraprogramms wie Mathematica, Maple, Derive u.a. durchführen.

19.7 Übungsaufgaben

19.1   Der Scheitelpunkt eines Paraboloids
haben den Abstand 2 vom Koordinatenursprung $z = 2 + x^2 + y^2$. Geben
Sie diejenige Transformation, die das
Koordinatensystem derart verschiebt,
daß Scheitelpunkt und Koordinatenursprung zusammenfallen.

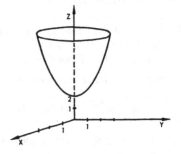

19.2.1 Ein zweidimensionales Koordinatensystem wird um den Winkel $\varphi = \frac{\pi}{3}$ gedreht. Die Transformationsmatrix lautet

$$\begin{pmatrix} \frac{1}{2} & \frac{\sqrt{3}}{2} \\ -\frac{\sqrt{3}}{2} & \frac{1}{2} \end{pmatrix}$$ In welchen Vektor $\vec{r}'$ wird der Vektor $\vec{r} = (2, 4)$ transformiert?

19.2.2 Ein dreidimensionales Koordinatensystem wird mit dem Winkel $\varphi = 30°$
um die z-Achse gedreht. In welchen Vektor $\vec{r}'$ geht der Vektor $\vec{r} = (3, 3, 3)$
über?

19.3   a) Die Matrizen sind zu multiplizieren

$$A = \begin{pmatrix} 0 & 1 & 2 \\ 3 & 0 & 4 \\ 0 & 0 & 5 \end{pmatrix} \text{ und } B = \begin{pmatrix} 1 & 0 & 0 \\ 1 & 1 & 0 \\ 0 & 0 & 1 \end{pmatrix} \text{ sind zu multiplizieren.}$$

b) Zeigen Sie, daß für die beiden Matrizen aus a) die Produkte $A \cdot B$ und
$B \cdot A$ verschieden voneinander sind.

c) Berechnen Sie $A\vec{r}$. $A = \begin{pmatrix} 1 & -2 \\ 5 & 7 \end{pmatrix}$ $\vec{r} = \begin{pmatrix} x \\ y \end{pmatrix}$

19.4 a) Gegeben sei $A = \begin{pmatrix} 1 & 2 \\ 4 & -3 \\ 3 & 0 \end{pmatrix}$ Berechnen Sie a) A^T und b) $(A^T)^T$

b) Gegeben sei $A = \begin{pmatrix} 1 & 0 & 3 \\ 2 & -3 & 1 \\ 1 & 2 & 2 \end{pmatrix}$ und $A^{-1} = \begin{pmatrix} -8 & 6 & 9 \\ -3 & -1 & 5 \\ 7 & -2 & -3 \end{pmatrix} \cdot \frac{1}{13}$

Zeigen Sie, daß $A \cdot A^{-1} = E$.

Lösungen

19.1 $\quad x' = x \qquad y' = y \qquad z' = z - 2$

19.2.1 $\quad \vec{r} = \begin{pmatrix} \frac{1}{2} & \frac{\sqrt{3}}{2} \\ \frac{\sqrt{3}}{2} & \frac{1}{2} \end{pmatrix} \begin{pmatrix} 2 \\ 4 \end{pmatrix} = \begin{pmatrix} 1 + 2\sqrt{3} \\ -\sqrt{3} + 2 \end{pmatrix}$

19.2.2 Die Transformationsformeln für eine Drehung um die z-Achse lauten:

$\quad z' = z \qquad x' = x \cos\varphi + y \sin\varphi \qquad y' = -x \sin\varphi + y \cos\varphi$

Setzen wir $x = 3$, $y = 3$ und $z = 3$ ein, erhalten wir

$z' = 3 \qquad x' = 3\cos 30° + 3\sin 30° \qquad y' = -3\sin 30° + 3\cos 30°$

$\vec{r} = (x', y', z')$

19.3 a) $\quad A \cdot B = \begin{pmatrix} 0 & 1 & 2 \\ 3 & 0 & 4 \\ 0 & 0 & 5 \end{pmatrix} \begin{pmatrix} 1 & 0 & 0 \\ 1 & 1 & 0 \\ 0 & 0 & 1 \end{pmatrix} = \begin{pmatrix} 1 & 1 & 2 \\ 3 & 0 & 4 \\ 0 & 0 & 5 \end{pmatrix}$

b) $\quad B \cdot A = \begin{pmatrix} 1 & 0 & 0 \\ 1 & 1 & 0 \\ 0 & 0 & 1 \end{pmatrix} \begin{pmatrix} 0 & 1 & 2 \\ 3 & 0 & 4 \\ 0 & 0 & 5 \end{pmatrix} = \begin{pmatrix} 0 & 1 & 2 \\ 3 & 1 & 6 \\ 0 & 0 & 5 \end{pmatrix}$

also: $A \cdot B \neq B \cdot A$

c) $\quad \begin{pmatrix} x & - & 2y \\ 5x & + & 7y \end{pmatrix}$

19.4 a) $\quad A^T = \begin{pmatrix} 1 & 4 & 3 \\ 2 & -3 & 0 \end{pmatrix}$

$(A^T)^T = \begin{pmatrix} 1 & 2 \\ 4 & -3 \\ 3 & 0 \end{pmatrix} = A$

b) $\quad A \cdot A^{-1} = \frac{1}{13} \begin{pmatrix} 13 & 0 & 0 \\ 0 & 13 & 0 \\ 0 & 0 & 13 \end{pmatrix} = E$

20 Lineare Gleichungssysteme und Determinanten

20.1 Lineare Gleichungssysteme

In diesem Kapitel werden wir die Lösungen linearer Gleichungssysteme untersuchen. Zunächst wird eine Methode dargestellt, die in nahezu allen praktischen Fällen benutzt werden kann, die Gauß'sche Eliminationsmethode und ihre Weiterentwicklungen. Die Grundidee ist klar und elementar. Hilfreich ist dabei die Matrix-Schreibweise.

Danach wird das Konzept der Determinante entwickelt und eine zweite Lösungsmethode angegeben, die Cramersche Regel. Das Konzept der Determinante ist vor allem von theoretischer Bedeutung, denn an der Determinante ist ersichtlich, ob ein lineares Gleichungssystem eine eindeutige Lösung hat.

20.1.1 Gauß'sches Eliminationsverfahren, schrittweise Elimination der Variablen

Gegeben sei ein System linearer algebraischer Gleichungen. Zunächst nehmen wir an, daß eine eindeutige Lösung existiert, und daß die Anzahl der Gleichungen gleich der Zahl der unbekannten Variablen ist. Gesucht sei die Lösung. Betrachten wir ein System von drei Gleichungen der folgenden Form:

$$\begin{aligned} a_{11}x_1 &+& a_{12}x_2 &+& a_{13}x_3 &=& b_1 \\ a_{21}x_1 &+& a_{22}x_2 &+& a_{23}x_3 &=& b_2 \\ a_{31}x_1 &+& a_{32}x_2 &+& a_{33}x_3 &=& b_3 \end{aligned}$$

Die Grundidee des Gauß'schen Eliminationsverfahrens ist es, die gegebenen Gleichungen in die folgende gestaffelte Form zu transformieren:

$$\begin{aligned} a'_{11}x_1 &+& a'_{12}x_2 &+& a'_{13}x_3 &=& b'_1 \\ 0 &+& a'_{22}x_2 &+& a'_{23}x_3 &=& b'_2 \\ 0 &+& 0 &+& a'_{33}x_3 &=& b'_3 \end{aligned}$$

Unterhalb der Diagonale sind alle Koeffizienten a_{ij} Null. Dieses System läßt sich dann direkt lösen: Die unterste Gleichung wird aufgelöst nach x_3. Die zweite Gleichung wird gelöst, indem der Wert von x_3 eingesetzt wird. Die erste Gleichung kann nun durch die Wiederholung des Verfahrens gelöst werden.

Unser Problem ist, das gegebene lineare Gleichungssystem in das gestaffelte umzuformen. Dies wird durch die Methode der schrittweisen Elimination von Variablen erreicht. Folgende Schritte sind nötig:

Schritt 1: In allen Gleichungen außer der ersten wird x_1 eliminiert. Wir multiplizieren die erste Gleichung mit $\dfrac{a_{21}}{a_{11}}$ und subtrahieren sie von der zweiten.
Damit ist in der zweiten Gleichung x_1 eliminiert.

Um auch in der dritten Gleichung x_1 zu eliminieren, multiplizieren wir
die erste mit $\dfrac{a_{31}}{a_{11}}$ und subtrahieren sie von der dritten.

Schritt 2: In der dritten Gleichung wird in gleicher Weise x_2 eliminiert.

Schritt 3: Bestimmung der Variablen.

Mit der untersten Gleichung ist bereits x_3 bestimmt. Diesen Wert setzen
wir in die zweite ein und bestimmen x_2. Danach werden x_2 und x_3 in
die erste eingesetzt und x_1 bestimmt.

Dieses Verfahren heißt *Gauß'sches Eliminationsverfahren*. Das Verfahren kann auf
beliebig große Gleichungssysteme erweitert werden.

Beispiel: Zu lösen sei das folgende lineare Gleichungssystem:

$$
\begin{array}{rcrcrcrl}
6x_1 & - & 12x_2 & + & 6x_3 & = & 6 & \quad(1) \\
3x_1 & - & 5x_2 & + & 5x_3 & = & 13 & \quad(2) \\
2x_1 & - & 6x_2 & + & 0 & = & -10 & \quad(3)
\end{array}
$$

Schritt 1: Elimination von x_1:

Wir multiplizieren Gleichung (1) mit $\frac{3}{6}$ und ziehen sie von Gleichung (2)
ab. Danach multiplizieren wir Gleichung (1) mit $\frac{2}{6}$ und ziehen sie von
Gleichung (3) ab. Ergebnis:

$$
\begin{array}{rcrcrcrl}
6x_1 & - & 12x_2 & + & 6x_3 & = & 6 & \quad(1) \\
0 & + & x_2 & + & 2x_3 & = & 10 & \quad(2') \\
0 & - & 2x_2 & - & 2x_3 & = & -12 & \quad(3')
\end{array}
$$

Schritt 2: Elimination von x_2:

Wir multiplizieren Gleichung (2') mit 2. Der Koeffizient der Variablen
x_2 in der dritten Gleichung ist negativ. Um die Variable zu eliminieren
müssen wir in diesem Fall addieren. Ergebnis:

$$
\begin{array}{rcrl}
6x_1 - 12x_2 + 6x_3 & = & 6 & \quad(1) \\
x_2 + 2x_3 & = & 10 & \quad(2'') \\
2x_3 & = & 8 & \quad(3'')
\end{array}
$$

Schritt 3: Bestimmung der Variablen x_1, x_2, x_3. Die Gleichung (3'') ergibt
$x_3 = 4$
Schrittweises Einsetzen ergibt
$x_2 = 2$
$x_1 = 1$

20.1.2 Gauß-Jordan Elimination

Gegeben sei ein System von n linearen Gleichungen mit n Variablen. Wir fragen, ob wir dieses Gleichungssystem durch schrittweise Elimination der Variablen in die folgende Form bringen können:

$$
\begin{array}{ccccccccc}
x_1 & + & 0 & + & 0 & + & \ldots & + & 0 & = & c_1 \\
0 & + & x_2 & + & 0 & + & \ldots & + & 0 & = & c_2 \\
0 & + & 0 & + & x_3 & + & \ldots & + & 0 & = & c_3 \\
\vdots & & \vdots & & \vdots & & & & \vdots & & \vdots \\
0 & + & 0 & + & 0 & + & \ldots & + & x_n & = & c_n
\end{array}
$$

In dieser Form ist das Gleichungssystem bereits die Lösung. Wir erreichen diese Transformation durch eine Erweiterung des Gauß'schen Eliminationsverfahrens. Während bisher bei der schrittweisen Elimination einer Variablen nur die Koeffizienten unterhalb des Diagonalelementes eliminiert wurden, müssen wir nun auch die Koeffizienten oberhalb des Diagonalelementes eliminieren. Danach ist die verbleibende Gleichung noch durch den Koeffizienten des Diagonalelementes a_{jj} zu teilen. Dieses Verfahren heißt Gauß-Jordan'sches Eliminationsverfahren.

Wir demonstrieren es, indem wir das vorhergehende Beispiel benutzen:

$$
\begin{array}{rcrcrclc}
6x_1 & - & 12x_2 & + & 6x_3 & = & 6 & \quad(1) \\
3x_1 & - & 5x_2 & + & 5x_3 & = & 13 & \quad(2) \\
2x_1 & - & 6x_2 & + & 0 & = & -10 & \quad(3)
\end{array}
$$

Um die numerischen Rechnungen zu erleichtern, beginnen wir jeden Eliminationsschritt, indem wir zunächst das Diagonalelement zu Eins machen. Dafür dividieren wir die Gleichung durch a_{jj}.

Schritt 1: Wir teilen die erste Gleichung durch a_{11}. Danach eliminieren wir x_1 in den übrigen Gleichungen.
Zweite Gleichung: Wir subtrahieren das 3-fache der ersten Gleichung.
Dritte Gleichung: Wir subtrahieren das 2-fache der ersten Gleichung:

$$
\begin{array}{rcrcrclc}
x_1 & - & 2x_2 & + & x_3 & = & 1 & \quad(1) \\
0 & + & x_2 & + & 2x_3 & = & 10 & \quad(2) \\
0 & - & 2x_2 & - & 2x_3 & = & -12 & \quad(3)
\end{array}
$$

Schritt 2: Es braucht nicht geteilt zu werden, da $a_{22} = 1$. Unterhalb und oberhalb der Diagonalen wird x_2 eliminiert.
Erste Gleichung: Wir addieren das 2-fache der zweiten Gleichung.
Dritte Gleichung: Wir addieren das 2-fache der zweiten Gleichung.

$$
\begin{array}{rcrcrclc}
x_1 & + & 0 & + & 5x_3 & = & 21 & \quad(1') \\
0 & + & x_2 & + & 2x_3 & = & 10 & \quad(2') \\
0 & + & 0 & + & 2x_3 & = & 8 & \quad(3')
\end{array}
$$

Schritt 3: Wir dividieren die dritte Gleichung durch a_{33} und eliminieren x_3 in den oberen Gleichungen.

$$
\begin{array}{ccccccc}
x_1 & + & 0 & + & 0 & = & 1 \quad (1'') \\
0 & + & x_2 & + & 0 & = & 2 \quad (2'') \\
0 & + & 0 & + & x_3 & = & 4 \quad (3'')
\end{array}
$$

Damit haben wir die gewünschte Form und die Lösung des Gleichungssystems gewonnen.

20.1.3 Matrixschreibweise linearer Gleichungssysteme und Bestimmung der inversen Matrix

Gegeben sei ein System linearer algebraischer Gleichungen:

$$
\begin{array}{ccccccc}
a_{11}x_1 & + & a_{12}x_2 & + & a_{13}x_3 & = & b_1 \\
a_{21}x_1 & + & a_{22}x_2 & + & a_{23}x_3 & = & b_2 \\
a_{31}x_1 & + & a_{32}x_2 & + & a_{33}x_3 & = & b_3
\end{array}
$$

Dieses Gleichungssystem kann formal als Matrizengleichung geschrieben werden. Die Koeffizienten a_{ij} seien die Elemente einer Matrix A. Die Matrix A heißt *Koeffizienten-Matrix*.

$$
A = \begin{pmatrix} a_{11} & a_{12} & a_{13} \\ a_{21} & a_{22} & a_{23} \\ a_{31} & a_{32} & a_{33} \end{pmatrix}
$$

$\vec{x}$ und $\vec{b}$ sind Spaltenvektoren

$$
\vec{x} = \begin{pmatrix} x_1 \\ x_2 \\ x_3 \end{pmatrix} \qquad \vec{b} = \begin{pmatrix} b_1 \\ b_2 \\ b_3 \end{pmatrix}
$$

Das lineare Gleichungssystem kann nun als Matrixgleichung geschrieben werden:

$$
A \cdot \vec{x} = \vec{b}
$$

Aus Kapitel 19 kennen wir die Matrizenmultiplikation, die Definition der Einheitsmatrix E und die Definition der inversen Matrix A^{-1}.

Nun sei eine Matrixgleichung gegeben, die ein lineares algebraisches Gleichungssystem repräsentiert:

$$
A \cdot \vec{x} = \vec{b}
$$

Wir multiplizieren beide Seiten dieser Matrixgleichung von links mit der Inversen von A:

$$A^{-1} \cdot A \cdot \vec{x} = A^{-1} \cdot \vec{b}$$

Wir erinnern uns, daß $A^{-1} \cdot A = E$ und erhalten:

$$E \cdot \vec{x} = A^{-1} \cdot \vec{b}$$

Diese Gleichung entspricht dem Gleichungssystem nach Durchführung des Gauß-Jordan'schen Eliminationsverfahrens. Sie ist die Lösung des linearen Gleichungssystems in Matrixschreibweise. Allerdings wissen wir im Augenblick nicht, wie die Inverse A^{-1} der Koeffizientenmatrix A gewonnen wird, um diese Multiplikation auszuführen. Auf der anderen Seite kennen wir mit dem Gauß-Jordan'schen Eliminationsverfahren eine Methode, ein System linearer algebraischer Gleichungen zu lösen. Wir fragen uns nach der Beziehung zwischen der Lösung des Gleichungssystems und der Bestimmung der inversen Matrix A^{-1}.

Ohne einen Beweis geben wir die Antwort: Durch die Gauß-Jordan Elimination transformieren wir die Koeffizientenmatrix A in eine Einheitsmatrix E. Wenn wir alle Operationen gleichzeitig auf eine Einheitsmatrix anwenden, wird diese in die inverse Matrix A^{-1} transformiert.

In Wirklichkeit gewinnen wir so keine neue Methode, ein System linearer Gleichungen zu lösen, sondern statt dessen gewinnen wir eine Methode, die Inverse einer gegebenen Matrix zu berechnen.

Zwischenbemerkung: Eine gegebene $n \times m$ Matrix A kann formal erweitert werden durch eine zusätzliche $n \times k$ Matrix B. Auf diese Weise entsteht eine erweiterte Matrix, die folgendermaßen bezeichnet wird: $A|B$. Zum Beispiel ist die *erweiterte Matrix $A|E$* eine Matrix, deren erster Teil aus A und deren zweiter Teil aus E besteht.

Regel:	Berechnung der *Inversen A^{-1}* für eine gegebene Matrix A: Die Matrix A wird zunächst durch die Einheitsmatrix E erweitert. Dann wird das Gauß-Jordan'sche Eliminationsverfahren durchgeführt, um den Teil A der erweiterten Matrix in eine Einheitsmatrix zu überführen. Dabei wird automatisch der Teil E der erweiterten Matrix in die inverse Matrix A^{-1} transformiert.

Wir zeigen die Berechnung der inversen Matrix von A anhand der Koeffizientenmatrix eines Beispiels.

$$A = \begin{pmatrix} 2 & 0 & 0 \\ 2 & 1 & -6 \\ 6 & 0 & -1 \end{pmatrix}$$

Zunächst erweitern wir A durch E und erhalten die erweiterte Matrix $A|E$:

$$A|E = \begin{pmatrix} 2 & 0 & 0 & 1 & 0 & 0 \\ 2 & 1 & -6 & 0 & 1 & 0 \\ 6 & 0 & -1 & 0 & 0 & 1 \end{pmatrix}$$

Nun führen wir die Gauß-Jordan Elimination durch, um den Teil A in eine Einheitsmatrix umzuwandeln. Dabei führen wir die im vorhergehenden Abschnitt beschriebenen Schritte durch, wenden aber alle Operationen auch auf den zweiten Teil der erweiterten Matrix an.

Schritt 1: Division der ersten Zeile durch $a_{11} = 2$ und Elimination der Elemente der ersten Spalte unterhalb der Diagonalen:

$$\begin{pmatrix} 1 & 0 & 0 & \frac{1}{2} & 0 & 0 \\ 0 & 1 & -6 & -1 & 1 & 0 \\ 0 & 0 & -1 & -3 & 0 & 1 \end{pmatrix}$$

Schritt 2: Die Elemente der zweiten Spalte oberhalb und unterhalb des Diagonalelements sind bereits Null.

Schritt 3: Division der dritten Zeile durch $a_{33} = -1$ und Elimination des Elements in der dritten Spalte oberhalb der Diagonalen:

$$\begin{pmatrix} 1 & 0 & 0 & \frac{1}{2} & 0 & 0 \\ 0 & 1 & 0 & 17 & 1 & -6 \\ 0 & 0 & 1 & 3 & 0 & -1 \end{pmatrix}$$

Damit ist die Einheitsmatrix E in die inverse Matrix A^{-1} überführt.

$$A^{-1} = \begin{pmatrix} \frac{1}{2} & 0 & 0 \\ 17 & 1 & -6 \\ 3 & 0 & -1 \end{pmatrix}$$

Im weiteren benutzen wir die Matrixschreibweise um Schreibarbeit bei der Transformation von Gleichungssystemen zu sparen.

Jede Zeile der Matrixgleichung $A \cdot \vec{x} = \vec{b}$ repräsentiert eine lineare algebraische Gleichung. So ist Gleichung i:

$$a_{i1}x_1 + a_{i2}x_2 + \ldots + a_{in}x_n = b_i$$

Wenn wir diese Gleichung mit einem Faktor multiplizieren müssen, entspricht dies in der Matrixschreibweise der Multiplikation der Zeile i der Matrizen A und b mit diesem Faktor.

Nehmen wir an, wir müssen Gleichung i zu Gleichung j addieren. Dann entsteht eine neue Gleichung j' deren Koeffizienten nun sind

$$(a_{i1} + a_{j1})x_1 + (a_{i2} + a_{j2})x_2 \ldots (a_{in} + a_{jn})x_n = b_i + b_j$$

In der Matrixschreibweise entspricht dies der Addition korrespondierender Elemente der Zeile i zur Zeile j und der Addition von b_i zu b_j. Dies kann verallgemeinert werden für die Addition von Vielfachen einer Gleichung und die Subtraktion von Vielfachen von Gleichungen.

Folglich können die Gauß'sche Elimination und die Gauß-Jordan'sche Elimination durchgeführt werden, indem die Rechnungen mit den Elementen der Koeffizientenmatrix und dem entsprechenden Element von b ausgeführt werden. Wenn wir die Matrixschreibweise benutzen, ist dies am einfachsten, wenn wir die Koeffizientenmatrix A mit dem Spaltenvektor b erweitern und diese erweiterte Matrix $A|b$ gemäß dem Gauß'schen oder dem Gauß-Jordan'schen Eliminationsverfahren behandeln.

Dabei wird der erste Teil A in eine Einheitsmatrix überführt und die Spalte b wird in den Spaltenvektor der Lösungen transformiert. Dies spart Schreibarbeit und hilft, Schreibfehler zu vermeiden.

20.1.4 Existenz von Lösungen

Zahl der Variablen

Wir wissen, daß aus einer Gleichung nur eine unbekannte Variable bestimmt werden kann. Wenn wir eine Gleichung mit zwei Variablen haben, ist eine der Variablen frei wählbar. Für die Bestimmung von zwei Variablen benötigen wir zwei Gleichungen.

Um n Variablen zu bestimmen, brauchen wir n Gleichungen. Diese Gleichungen müssen *linear unabhängig* voneinander sein. Eine Gleichung ist *linear abhängig* von einer oder mehreren anderen, wenn sie als eine Summe von Vielfachen der anderen geschrieben werden kann.

Haben wir n Variablen und nur m linear unabhängige Gleichungen $(m < n)$, können nur m Variablen bestimmt werden und $(n - m)$ Variablen sind frei wählbar. Dies ist verständlich. In einem System von n Gleichungen können $(n - m)$ Variablen auf die rechte Seite gebracht werden. Dann verbleiben m Variablen auf der linken Gleichungsseite. Wenden wir das Gauß-Jordan'sche Eliminationsverfahren auf dieses System an, können Lösungen für die m Variablen gewonnen werden. Aber diese Lösung enthält noch die $(n-m)$ Variablen, die vorher auf die rechte Gleichungsseite gebracht wurden. Also sind diese Variablen frei wählbare Parameter.

Haben wir mehr Gleichungen als Variablen $(m > n)$ ist das System überbestimmt. Es ist nur dann lösbar, wenn $(m - n)$ Gleichungen linear abhängig sind.

Existenz einer Lösung

Wir betrachten ein System von n linearen Gleichungen und n Variablen. Wenn bei einem Schritt j des Eliminationsverfahrens der Koeffizient a_{jj} bereits Null ist, muß diese Gleichung mit einer Gleichung getauscht werden, deren Koeffizient von x_j unterhalb der Diagonale ungleich Null ist. Sind alle Koeffizienten von x_j unterhalb der Diagonale ebenfalls Null, hat das System entweder keine eindeutige Lösung oder überhaupt keine Lösung. In diesem Fall gehen wir einfach zu der nächsten Variablen über und führen das Eliminationsverfahren zu Ende.

Das System hat keine eindeutige Lösung, wenn auf der rechten Seite der Gleichung j der Wert von b_j ebenfalls Null ist. Dann ist diese Gleichung linear abhängig von den anderen. Der Wert von x_j ist dann unbestimmt und frei wählbar. Tritt dieser Fall bei r Gleichungen ein, bekommen wir r frei wählbare Parameter.

Der Sachverhalt ist unmittelbar zu verstehen. Wenn in einer Gleichung alle Koeffizienten auf der rechten und auf der linken Seite verschwinden, verschwindet die Gleichung. Folglich übertrifft nun die Zahl der Variablen die Zahl der verbleibenden Gleichungen $m = (n - r)$. Oben ist bereits ausgeführt, daß in diesem Fall $r = n - m$ Variablen nicht bestimmt werden können und somit r frei wählbare Parameter bleiben.

Das Gleichungssystem hat überhaupt keine Lösung, wenn auf der rechten Seite der Zeile j der Wert von b_j nicht gleich Null wird. In diesem Fall erhalten wir die Gleichung

$$0 = b_j$$

Das ist unmöglich. Infolgedessen enthält das System der Gleichungen Widersprüche und hat überhaupt keine Lösung.

Beispiel: Gegeben sei ein System linearer Gleichungen.

Wir benutzen die Matrixschreibweise und formen die erweiterte Matrix $A|b$ um.

$$\begin{pmatrix} 4 & -8 & 0 & -4 \\ 1 & 1 & 3 & 5 \\ 2 & -2 & 2 & 4 \\ -3 & 7 & 1 & 7 \end{pmatrix} \cdot \vec{x} = \begin{pmatrix} -12 \\ 12 \\ 8 \\ 18 \end{pmatrix} \quad A|b = \begin{pmatrix} 4 & -8 & 0 & 4 & -12 \\ 1 & 1 & 3 & 5 & 12 \\ 2 & -2 & 2 & 4 & 8 \\ -3 & 7 & 1 & 7 & 18 \end{pmatrix}$$

Schritt 1: Division der ersten Zeile durch a_{11} und Elimination der Koeffizienten in der ersten Spalte.
Ziele 2: Subtraktion von Zeile 1
Zeile 3: Subtraktion des 2-fachen der Zeile 1
Zeile 4: Addition des 3-fachen von Zeile 1

$$\begin{pmatrix} 1 & -2 & 0 & -1 & -3 \\ 0 & 3 & 3 & 6 & 15 \\ 0 & 2 & 2 & 6 & 14 \\ 0 & 1 & 1 & 4 & 9 \end{pmatrix}$$

Schritt 2: Division der zweiten Zeile durch a_{22} und Elimination der Koeffizienten
in der zweiten Spalte
Zeile 1: Addition des 2-fachen von Zeile 2
Zeile 3: Subtraktion des 2-fachen von Zeile 2
Zeile 4: Subtraktion von Zeile 2

$$\begin{pmatrix} 1 & 0 & 2 & 3 & 7 \\ 0 & 1 & 1 & 2 & 5 \\ 0 & 0 & 0 & 2 & 4 \\ 0 & 0 & 0 & 2 & 4 \end{pmatrix}$$

Schritt 3: In der dritten Zeile sind der Koeffizient a_{33} und die Koeffizienten darunter Null. Infolgedessen gehen wir zur vierten Spalte über. Wir teilen die vierte Spalte durch a_{44} und eliminieren die Koeffizienten darüber.

$$\begin{pmatrix} 1 & 0 & 2 & 0 & 1 \\ 0 & 1 & 1 & 0 & 1 \\ 0 & 0 & 0 & 0 & 0 \\ 0 & 0 & 0 & 1 & 2 \end{pmatrix}$$

In der dritten Zeile sind alle Elemente Null. Infolgedessen hat das System keine eindeutige Lösung. Der Wert x_3 ist frei wählbar. Die Werte von x_1 und x_2 hängen von dieser Wahl ab:

$$x_1 = 1 - 2x_3$$
$$x_2 = 1 - x_3$$
$$x_3 = \text{frei wählbar}$$
$$x_4 = 2$$

Lösungen eines homogenen Gleichungssystems

Wir betrachten wieder ein System von n linearen Gleichungen und n Variablen. Alle Konstanten b_j auf der rechten Seite des Gleichungssystems seien Null. Dann heißt das Gleichungssystem *homogen*. Eine *homogenes* Gleichungssystem hat zunächst eine triviale Lösung: alle Variablen sind gleich Null. Diese Lösung heißt *Nullösung*.

$$x_j = 0 \qquad j = 1, \dots, n$$

Es können jedoch auch nicht-triviale Lösungen existieren. In diesem Fall muß mindestens eine Gleichung linear von den anderen abhängig sein. Folglich ist die Lösung nicht eindeutig und enthält mindestens einen frei wählbaren Parameter.

Beispiel: Gegeben sei ein homogenes Gleichungssystem

$$\begin{pmatrix} 1 & 4 & -1 \\ 4 & 16 & -4 \\ 2 & -3 & 1 \end{pmatrix} \cdot \vec{x} = 0 \qquad \begin{pmatrix} 1 & 4 & -1 & 0 \\ 4 & 16 & -4 & 0 \\ 2 & -3 & 1 & 0 \end{pmatrix} = A|b$$

Erweiterte Matrix $A|b$

Schritt 1: Elimination der Koeffizienten in der ersten Spalte ergibt:

$$\begin{pmatrix} 1 & 4 & -1 & 0 \\ 0 & 0 & 0 & 0 \\ 0 & -11 & 3 & 0 \end{pmatrix}$$

Wir sehen, daß das System eine nicht-triviale Lösung hat, denn eine Zeile besteht aus Nullen und ist damit linear abhängig von den anderen.

Schritt 2: Wir tauschen Zeile 2 und Zeile 3 weil $a_{22} = 0$ und eliminieren den Koeffizienten oberhalb der Diagonale in der zweiten Zeile:

$$\begin{pmatrix} 1 & 0 & \frac{1}{11} & 0 \\ 0 & 1 & -\frac{3}{11} & 0 \\ 0 & 0 & 0 & 0 \end{pmatrix}$$

Es bleiben zwei Gleichungen für drei Variable übrig. x_3 ist frei wählbar. Die Lösung der Gleichungen ist dann:

$$x_1 = \frac{-1}{11} x_3 \qquad x_2 = \frac{3}{11} x_3$$

Die Lösung ist nicht eindeutig, sie enthält den frei wählbaren Parameter x_3.

20.2   Determinanten

20.2.1   Einführung

Wir führen den Begriff der *Determinante* anhand eines Spezialfalles ein. Gegeben sei ein Gleichungssystem von zwei linearen Gleichungen mit zwei Unbekannten x_1 und x_2. Vorausgesetzt sei, daß die Koeffizienten reelle Zahlen sind

$$a_{11}x_1 + a_{12}x_2 = b_1$$

$$a_{21}x_1 + a_{22}x_2 = b_2$$

Das Gleichungssystem läßt sich in bekannter Weise lösen. Schreibt man die Lösung vollständig hin, ergibt sich:

$$x_1 = \frac{b_1 a_{22} - b_2 a_{12}}{a_{11} a_{22} - a_{21} a_{12}}$$

$$x_2 = \frac{b_2 a_{11} - b_1 a_{21}}{a_{11} a_{22} - a_{21} a_{12}}$$

Lösungen existieren nur, wenn die Nenner nicht gleich Null sind. Die Nenner werden durch den Ausdruck $a_{11}a_{22} - a_{21}a_{12}$ gebildet.

Diesen Ausdruck nennt man die 2-reihige Determinante des Gleichungssystems. Die Determinante schreiben wir:

$$\begin{vmatrix} a_{11} & a_{12} \\ a_{21} & a_{22} \end{vmatrix} = a_{11}a_{22} - a_{12}a_{21}$$

Die Determinante muß man von der zugehörigen Koeffizientenmatrix unterscheiden. Die Koeffizientenmatrix des Gleichungssystems schreiben wir:

$$A = \begin{pmatrix} a_{11} & a_{12} \\ a_{21} & a_{22} \end{pmatrix}$$

Eine Matrix ist ein Zahlenschema, dem man bestimmte Eigenschaften zugeordnet hat. Demgegenüber ist die Determinante eine Zahl. Man kann diese Zahl berechnen, sobald man die Werte der $a_{11}, a_{12} \ldots$ kennt.

Die Determinante einer – quadratischen – Matrix A wird in der Literatur in unterschiedlicher Weise geschrieben.

$$\begin{vmatrix} a_{11} & a_{12} \\ a_{21} & a_{22} \end{vmatrix} = \text{Det } A = \text{Det} \begin{pmatrix} a_{11} & a_{12} \\ a_{21} & a_{22} \end{pmatrix} = a_{11}a_{22} - a_{12}a_{21}$$

Die Berechnungsvorschrift gilt für die Determinante einer 2×2 Matrix. Die Berechnung der Determinante einer $n \times n$ Matrix kann schrittweise auf die Berechnung der Determinanten von 2×2 Matrizen zurückgeführt werden.

20.2.2 Definition und Eigenschaften der n-reihigen Determinante

Zunächst sei wiederholt, daß die Determinante eine Zahl ist, die durch eine noch zu erläuternde Rechenvorschrift aus den Koeffizienten gewonnen wird. Auch bei Determinanten sprechen wir von Zeilen und Spalten. Allgemein wird die Determinante einer quadratischen Matrix von n Zeilen und n Spalten eine n-reihige Determinante genannt. Oft wird n die Ordnung der Determinante genannt. In der üblichen Schreibweise einer Determinante stehen die Elemente in derselben Anordnung wie in der zugehörigen Matrix. Beim Element a_{ik} bezeichnet der erste Index (i) die Zeile, der zweite Index (k) die Spalte.

$$\text{Det} \begin{pmatrix} a_{11} & a_{12} & \cdots & a_{1k} & \cdots & a_{1n} \\ \vdots & \vdots & & \vdots & & \vdots \\ a_{i1} & a_{i2} & \cdots & a_{ik} & \cdots & a_{in} \\ \vdots & \vdots & & \vdots & & \vdots \\ a_{n1} & a_{n2} & \cdots & a_{nk} & \cdots & a_{nn} \end{pmatrix} = \begin{vmatrix} a_{11} & a_{12} & \cdots & a_{1k} & \cdots & a_{1n} \\ \vdots & \vdots & & \vdots & & \vdots \\ a_{i1} & a_{i2} & \cdots & a_{ik} & \cdots & a_{in} \\ \vdots & \vdots & & \vdots & & \vdots \\ a_{n1} & a_{n2} & \cdots & a_{nk} & \cdots & a_{nn} \end{vmatrix}$$

Unterdeterminante: Die Unterdeterminante ist für jedes a_{ik} definiert. Man erhält die Unterdeterminante, wenn man die Zeile i und die Spalte k streicht. Demzufolge sind die Unterdeterminanten $(n - 1)$-reihige Determinanten.

Algebraisches Komplement: Das algebraische Komplement A_{ik} ist das Produkt der Unterdeterminante für a_{ik} mit dem Faktor $(-1)^{i+k}$.

In der Literatur wird das algebraische Komplement auch Adjunkte genannt. Das unten angegebene Schema zeigt die Berechnung des algebraischen Komplements.

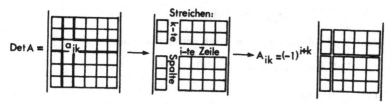

Unterdeterminante   algebraisches Komplement

Beispiel: Berechnung der algebraischen Komplemente A_{11}, A_{12} und A_{13} für die Determinante A:

$$\text{Det } A = \begin{vmatrix} 1 & 2 & 3 \\ 3 & 2 & 1 \\ 5 & -3 & 1 \end{vmatrix}$$

$$A_{11} = (-1)^{1+1} \begin{vmatrix} 2 & 1 \\ -3 & 1 \end{vmatrix} = + \begin{vmatrix} 2 & 1 \\ -3 & 1 \end{vmatrix} = 5$$

$$A_{12} = (-1)^{1+2} \begin{vmatrix} 3 & 1 \\ 5 & 1 \end{vmatrix} = - \begin{vmatrix} 3 & 1 \\ 5 & 1 \end{vmatrix} = 2$$

$$A_{13} = (-1)^{1+3} \begin{vmatrix} 3 & 2 \\ 5 & -3 \end{vmatrix} = + \begin{vmatrix} 3 & 2 \\ 5 & -3 \end{vmatrix} = -19$$

Entwicklung einer Determinante:
Der Wert einer Determinante ist durch die folgende „*Entwicklungsvorschrift*" festgelegt. Die Entwicklung einer Determinante nach einer Zeile erhält man, wenn man jedes Element der Zeile mit seinem algebraischen Komplement multipliziert und die entstehenden Produkte addiert. In gleicher Weise ist die Entwicklung einer Determinante nach einer Spalte definiert. Die Entwicklung nach verschiedenen Zeilen und Spalten ergibt immer denselben Wert. Im Rahmen dieses Buches wird die Aussage nicht bewiesen.

Beispiel: Die gegebene Determinante soll nach der ersten Zeile entwickelt werden

$$\text{Det } A = \begin{vmatrix} 1 & 2 & 3 \\ 3 & 2 & 1 \\ 5 & -3 & 1 \end{vmatrix} = a_{11}A_{11} + a_{12}A_{12} + a_{13}A_{13}$$

Im vorhergehenden Beispiel sind die algebraischen Komplemente bereits berechnet worden:

$$A_{11} = 5 \qquad A_{12} = 2 \qquad A_{13} = -19$$

Dann ergibt die Entwicklung nach der ersten Zeile

$$\text{Det } A = 1 \cdot 5 + 2 \cdot 2 + 3(-19) = -48$$

Berechnung von Determinanten:
Der Wert einer n-reihigen Determinante ist definiert durch den Wert ihrer Entwicklung nach einer beliebigen Zeile oder Spalte.

Entwicklung nach der i-ten Zeile ergibt: Det $A = a_{i1}A_{i1} + a_{i2}A_{i2} + \ldots + a_{in}A_{in}$

Entwicklung nach der k-ten Spalte ergibt: Det $A = a_{1k}A_{1k} + a_{2k}A_{2k} + \ldots + a_{nk}A_{nk}$

Durch unsere Entwicklungsvorschrift ist die Berechnung einer Determinante mit n Zeilen und Spalten auf die Berechnung einer Determinante mit $n - 1$ Zeilen und Spalten zurückgeführt. Auf diese $(n-1)$-reihigen Determinanten können wir wieder die Entwicklungsvorschrift anwenden und die Ordnung der noch zu berechnenden Determinante weiter reduzieren. Nach wiederholter Anwendung der Entwicklungsvorschrift erhält man schließlich einen Ausdruck der nur aus 2-reihigen Determinanten besteht.

Auf einen Spezialfall sei hingewiesen: Die Determinante einer Diagonalmatrix ist durch das Produkt der Diagonalelemente gegeben. Dabei ist vom Vorzeichen abgesehen. Dies folgt unmittelbar aus der gegebenen Entwicklungsvorschrift.

$$\begin{vmatrix} a_{11} & 0 & 0 & \ldots & 0 \\ 0 & a_{22} & 0 & \ldots & 0 \\ 0 & 0 & a_{33} & \ldots & 0 \\ \vdots & \vdots & \vdots & & \vdots \\ 0 & 0 & 0 & \ldots & a_{nn} \end{vmatrix} = a_{11} \cdot a_{22} \cdot a_{33} \cdots a_{nn}$$

Determinantenregeln, Umformung von Determinanten
Für die Umformung von Determinanten werden die Determinantenregeln (1) bis (7) angegeben. Es ist zweckmäßig, mittels dieser Regeln eine Determinante vor der eigentlichen Rechnung so umzuformen, daß die Entwicklung erleichtert wird. Die Regeln werden meist ohne Beweis mitgeteilt.

(1) Vertauschung von Zeilen und Spalten ändert den Wert einer Determinante nicht

$$\text{Det } A = \text{Det } A^T$$

Da die Vertauschung von Zeilen und Spalten den Wert einer Determinante nicht ändert, gelten alle Regeln, die im folgenden für Zeilen angegeben werden, ebenfalls für Spalten. Darauf wird nicht mehr ausdrücklich hingewiesen. Beispiel:

$$
\begin{vmatrix}
a_{11} & a_{12} & a_{13} \\
a_{21} & a_{22} & a_{23} \\
a_{31} & a_{32} & a_{33}
\end{vmatrix}
=
\begin{vmatrix}
a_{11} & a_{21} & a_{31} \\
a_{12} & a_{22} & a_{33} \\
a_{13} & a_{32} & a_{33}
\end{vmatrix}
$$

(2) Werden zwei beliebige Zeilen vertauscht, ändert sich das Vorzeichen der Determinante.

$$
\begin{vmatrix}
a_{11} & a_{12} & a_{13} \\
a_{21} & a_{22} & a_{23} \\
a_{31} & a_{32} & a_{33}
\end{vmatrix}
= -
\begin{vmatrix}
a_{21} & a_{22} & a_{23} \\
a_{11} & a_{12} & a_{13} \\
a_{31} & a_{32} & a_{33}
\end{vmatrix}
\quad \text{(Vertauschung von Zeile 1 und 2)}
$$

(3) Enthalten alle Elemente einer Zeile einen gemeinsamen Faktor k so kann k als Faktor vor die Determinante gezogen werden.

$$
\text{Det } A =
\begin{vmatrix}
a_{11} & a_{12} & a_{13} \\
ka_{21} & ka_{22} & ka_{23} \\
a_{31} & a_{32} & a_{33}
\end{vmatrix}
= k
\begin{vmatrix}
a_{11} & a_{12} & a_{13} \\
a_{21} & a_{22} & a_{23} \\
a_{31} & a_{32} & a_{33}
\end{vmatrix}
$$

Multipliziert man <u>alle</u> Elemente einer Matrix mit einem Faktor k, ist die Determinante der neuen Matrix:

$$k^n \text{ Det } A$$

(4) Sind zwei Zeilen einer Determinanten gleich, hat die Determinante den Wert Null. Dies gilt auch, wenn zwei Zeilen zueinander proportional sind.

Zieht man den gemeinsamen Proportionalitätsfaktor der einen Zeile nach Regel (3) heraus, erhält man zwei gleiche Zeilen. Bei der Vertauschung dieser Zeilen geht die Determinante in sich über; andererseits wechselt sie nach (2) ihr Vorzeichen, also gilt Det $A = -$ Det A. Das ist nur möglich wenn Det $A = 0$.

(5) Ist jedes Element einer Zeile als Summe zweier Zahlen dargestellt, kann die Determinante als Summe von zwei Determinanten geschrieben werden, deren übrige Zeilen erhalten bleiben. Beispiel:

$$
\begin{vmatrix}
a_{11}+b_1 & a_{12}+b_2 & a_{13}+b_3 \\
a_{21} & a_{22} & a_{23} \\
a_{31} & a_{32} & a_{33}
\end{vmatrix}
=
\begin{vmatrix}
a_{11} & a_{12} & a_{13} \\
a_{21} & a_{22} & a_{23} \\
a_{31} & a_{32} & a_{33}
\end{vmatrix}
+
\begin{vmatrix}
b_1 & b_2 & b_3 \\
a_{21} & a_{22} & a_{23} \\
a_{31} & a_{32} & a_{33}
\end{vmatrix}
$$

> (6) Eine Determinante ändert ihren Wert nicht, wenn man zu einer Zeile das
> Vielfache einer beliebigen anderen addiert.

$$\begin{vmatrix} \vdots & & \vdots \\ a_{i1} & \cdots & a_{in} \\ \vdots & & \vdots \\ a_{j1} & \cdots & a_{jn} \\ \vdots & & \vdots \end{vmatrix} = \begin{vmatrix} \vdots & & \vdots \\ a_{i1} + ca_{j1} & \cdots & a_{in} + ca_{jn} \\ \vdots & & \vdots \\ a_{j1} & \cdots & a_{jn} \\ \vdots & & \vdots \end{vmatrix}$$

Entwickeln der rechten Seite nach der i-ten Zeile liefert nämlich

$$(a_{i1}A_{i1} + \ldots + a_{in}A_{in}) + c \cdot (a_{j1}A_{j1} + \ldots + a_{jn}A_{jn})$$

Die 1. Klammer gibt gerade Det A, die 2. Klammer ist nach Regel (5) gleich Null, womit alles
bewiesen ist.

Aus (6) folgt unmittelbar ein wichtiger Satz: Läßt sich eine Zeile einer Determinante
vollständig als Summe von Vielfachen anderer Zeilen darstellen (*Linearkombination*), so hat die Determinante den Wert 0. Auch der Umkehrschluß gilt:
Ist Det $A = 0$ und keine Zeile (Spalte) $= 0$, so läßt sich mindestens eine Zeile als
Summe der Vielfachen anderer Zeilen darstellen.

> (7) Multipliziert man die Elemente einer Zeile mit den algebraischen Komple-
> menten einer anderen Zeile und summiert diese Produkte auf, so erhält man
> Null.

Die Entwicklung der Determinante nach der i-ten Zeile lautet

$$a_{i1}A_{i1} + a_{i2}A_{i2} + \ldots + a_{in}A_{in}$$

Ersetzen wir die $a_{i1}, \ldots, a_{in}$ durch die Zahlen $a_{j1}, \ldots, a_{jn}$, d.h. durch die Elemente der j-ten Zeile,
dann tritt die j-te Zeile jetzt zweimal auf, denn in der j-ten Zeile stehen die Elemente $a_{j1}, \ldots, a_{jn}$
ja sowieso. Deshalb ist die neue Determinante nach Regel (4) gleich Null.

Schlußbemerkung: Wenn man die genannten Eigenschaften der Determinanten benutzt, kann jede Determinante so umgeformt werden, daß nur die Diagonalelemente
übrig bleiben. Dann ist der Wert der Determinante – bis auf das Vorzeichen – gleich
dem Produkt der Diagonalelemente. Dieses Verfahren entspricht der Gauß-Jordan-
Elimination. In der Praxis reduziert diese Methode den Rechen- und Schreibaufwand erheblich. Im übrigen reicht es aus, die Elemente unterhalb der Diagonalen zu
eliminieren – das entspricht dem Gauß'schen Eliminationsverfahren.

Begründung: Die zusätzliche Elimination der Elemente oberhalb der Diagonalen
ändert die Diagonalelemente nicht mehr.

Berechnung 2- und 3-reihiger Determinanten
Die Berechnungsformel für 2-reihige Determinanten kann man sich leicht mit Hilfe
des folgenden Schemas merken:

Das Produkt der in der ausgezogenen Linie stehenden Elemente ist positiv. Das Produkt der in der punktierten Linie stehenden Elemente ist negativ zu nehmen.

In derselben Weise kann man sich ein Schema für die Berechnung 3-reihiger Determinanten machen; es ergibt sich aus der Entwicklung der Determinante und ist unter dem Namen *Sarrus'sche Regel* bekannt:

Für mehr als 3-reihige Determinanten gibt es kein ähnliches Schema.

20.2.3 Rang einer Determinante und Rang einer Matrix

Eine n reihige Determinante läßt sich gemäß der Entwicklungsvorschrift auf $(n-1)$-reihige Unterdeterminanten zurückführen. Nach $(n-1)$maliger Entwicklung kommt man dann auf 1-reihige Determinanten, nämlich die Elemente a_{ik}.

Es kann der Fall eintreten, daß alle Unterdeterminanten einer Reihe gleich Null sind. Dann sind auch alle Unterdeterminanten höherer Reihenzahl gleich Null und mithin Det $A = 0$.

Falls mindestens eine r-reihige Unterdeterminante nicht verschwindet, während sämtliche Determinanten mit größerer Reihenzahl verschwinden, haben die Determinante und die zugehörige Matrix den Rang r.

Für eine n-reihige Determinante gilt:
ist Det $A \neq 0$, so ist $r = n$;
ist Det $A = 0$, so ist $r < n$.

Beispiel: Bestimme den Rang der Determinante

$$\text{Det } A = \begin{vmatrix} 1 & 2 & 1 & 2 \\ 2 & 0 & 2 & 0 \\ 1 & 0 & 1 & 0 \\ 2 & 2 & 2 & 2 \end{vmatrix}$$

Es ist zweckmäßig, die Determinante unter Ausnutzung der Determinantenregeln so umzuformen, daß die Berechnung erleichtert wird.

Wir subtrahieren zunächst Zeile 1 und Zeile 3 von Zeile 4. Wir subtrahieren dann die Hälfte der Zeile 2 von Zeile 3 und erhalten

$$\text{Det } A = \begin{vmatrix} 1 & 2 & 1 & 2 \\ 2 & 0 & 2 & 0 \\ 0 & 0 & 0 & 0 \\ 0 & 0 & 0 & 0 \end{vmatrix}$$

Die größten verbleibenden Unterdeterminanten haben den Rang 2. Also ist der Rang der Determinante und der zugehörigen Matrix gleich zwei.

20.2.4 Anwendungsbeispiele für die Determinantenschreibweise

Vektorprodukt in Determinantenschreibweise

Für das Vektorprodukt hatten wir in Kapitel 2 die Komponentendarstellung gefunden:

$$\vec{a} \times \vec{b} = \vec{e}_x(a_y b_z - a_z b_y) + \vec{e}_y(a_z b_x - a_x b_z) + \vec{e}_z(a_x b_y - a_y b_x)$$

Wenn wir die Klammern als 2-reihige Determinanten deuten, können wir die rechte Seite der Gleichung als Entwicklung einer Determinante nach der Zeile $(\vec{e}_x\, \vec{e}_y\, \vec{e}_z)$ auffassen und formal schreiben:

$$\vec{a} \times \vec{b} = \begin{vmatrix} \vec{e}_x & \vec{e}_y & \vec{e}_z \\ a_x & a_y & a_z \\ b_x & b_y & b_z \end{vmatrix}$$

Das Volumen eines Parallelepipeds

Wir denken uns das Parallelepiped von den Vektoren $\vec{a}, \vec{b}$ und $\vec{c}$ aufgespannt. Aus Kapitel 2 wissen wir, daß das Vektorprodukt $\vec{a} \times \vec{b}$ die Grundfläche liefert. $\vec{a} \times \vec{b}$ ist darüber hinaus selbst ein Vektor $\vec{z}$, der senkrecht auf der Grundfläche steht. Das gesuchte Volumen ist also Grundfläche $|\vec{z}|$ mal Höhe. Die Höhe ist durch die Projektion von $\vec{c}$ auf $\vec{z}$ gegeben. Das Skalarprodukt $\vec{c} \cdot \vec{z}$ liefert uns nun gerade Grundfläche mal Projektion von $\vec{c}$ auf $\vec{z}$, also das Volumen des Parallelepipeds:

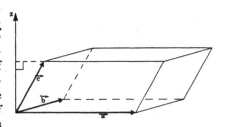

$$V = \vec{c} \cdot \vec{z} = \vec{c} \cdot (\vec{a} \times \vec{b})$$

In Komponentenschreibweise:

$$V = c_x(a_y b_z - a_z b_y) + c_y(a_z b_x - a_x b_z) + c_z(a_x b_y - a_y b_x)$$

Diesen Ausdruck können wir wie das Vektorprodukt als Determinante schreiben:

$$V = \begin{vmatrix} c_x & c_y & c_z \\ a_x & a_y & a_z \\ b_x & b_y & b_z \end{vmatrix} = \begin{vmatrix} a_x & a_y & a_z \\ b_x & b_y & b_z \\ c_x & c_y & c_z \end{vmatrix}$$

Übrigens erhält man für V eine positive oder negative Zahl, je nachdem, ob die Vektoren $\vec{a}$, $\vec{b}$, $\vec{c}$ im Sinne einer Rechts- oder einer Linksschraube orientiert sind.

20.2.5 Cramersche Regel

Die Cramersche Regel benutzt die Determinanten um lineare Gleichungssysteme zu lösen. Die Methode ist vor allem theoretisch interessant. In der Praxis ist sie nützlich für Gleichungssysteme mit zwei oder drei Gleichungen. Wir betrachten das folgende Gleichungssystem in Matrixschreibweise

$$\begin{pmatrix} a_{11} & a_{12} & \ldots & a_{1n} \\ \vdots & \vdots & & \vdots \\ a_{n1} & a_{n2} & \ldots & a_{nn} \end{pmatrix} \cdot \vec{x} = \vec{b}$$

Wenn die Determinante der Koeffizientenmatrix A ungleich Null ist, hat das System eine eindeutige Lösung.

In der Koeffizientenmatrix können wir die k-te Spalte durch den Spaltenvektor $\vec{b}$ ersetzen. Wir bezeichnen diese Matrix dann als $A^{(k)}$.

Die einzelnen Variablen des Gleichungssystems sind gegeben durch den Ausdruck

$$x_k = \frac{\text{Det } A^{(k)}}{\text{Det } A} \quad (k = 1, 2, 3 \ldots n)$$

Dies ist die Cramersche Regel. Wir werden sie nicht beweisen. Obwohl der Beweis elementar ist, erfordert er doch einen erheblichen Rechen- und Schreibaufwand.

> *Cramersche Regel:*
> Gegeben sei ein lineares algebraisches Gleichungssystem
>
> $$A\vec{x} = \vec{b}$$
>
> Lösung:
>
> $$x_k = \frac{\text{Det } A^{(k)}}{\text{Det } A} \quad (k = 1, 2, 3, \ldots, n)$$
>
> Det $A^{(k)}$ wird aus der Determinante der Koeffizientenmatrix gewonnen, indem die Spalte k durch den Spaltenvektor $\vec{b}$ ersetzt wird.

Wenn man die Cramersche Regel zugrunde legt, lassen sich einige Schlüsse über die Existenz von Lösungen ziehen, die unmittelbar einleuchtend sind. Sie sind bereits in Abschnitt 20.1.4 aufgeführt.

Nicht-homogene Gleichungssysteme von n Gleichungen:

Ist Det $A = 0$, so läßt sich die Cramersche Regel nicht anwenden. Das Gleichungssystem hat entweder eine unendliche Anzahl von Lösungen oder gar keine. In dieser Situation ist der Begriff des Rangs der Determinante nützlich.

- Keine Lösung existiert, falls der Rang r der Determinante A kleiner als n ist, und eine der Determinanten Det $A^{(k)}$ einen Rang hat der größer als r ist.

- Eine unendliche Anzahl von Lösungen existiert, falls der Rang r der Determinante A kleiner als n ist und keine der Determinanten $A^{(k)}$ einen Rang hat der größer als r ist.

Homogene lineare Gleichungssysteme ($\vec{b} = 0$):

Das homogene lineare Gleichungssystem hat die triviale Lösung $x_1 = x_2 = \ldots = x_n = 0$.

Eine nicht-triviale Lösung existiert nur, falls der Rang r der Matrix A kleiner als n ist ($r < n$).

Ein homogenes Gleichungssystem mit m linear unabhängigen Gleichungen und n Unbekannten hat eine nicht-triviale Lösung falls $n > m$. Die Lösung enthält $(n - m)$ willkürliche Parameter.

Beispiel 1:   Gegeben sei das nichthomogene Gleichungssystem:

$$
\begin{aligned}
x_1 + x_2 + x_3 &= 8 \\
3x_1 + 2x_2 + x_3 &= 49 \\
5x_1 - 3x_2 + x_3 &= 0
\end{aligned}
$$

In Matrixschreibweise

$$
\begin{pmatrix} 1 & 1 & 1 \\ 3 & 2 & 1 \\ 5 & -3 & 1 \end{pmatrix} \cdot \begin{pmatrix} x_1 \\ x_2 \\ x_3 \end{pmatrix} = \begin{matrix} 8 \\ 49 \\ 0 \end{matrix}
$$

Wir berechnen die Determinanten

$$
\text{Det } A = \begin{vmatrix} 1 & 1 & 1 \\ 3 & 2 & 1 \\ 5 & -3 & 1 \end{vmatrix} = -12, \quad \text{Det } A^{(1)} = \begin{vmatrix} 8 & 1 & 1 \\ 49 & 2 & 1 \\ 0 & -3 & 1 \end{vmatrix} = -156
$$

$$
\text{Det } A^{(2)} = \begin{vmatrix} 1 & 8 & 1 \\ 3 & 49 & 1 \\ 5 & 0 & 1 \end{vmatrix} = -180, \quad \text{Det } A^{(3)} = \begin{vmatrix} 1 & 1 & 8 \\ 3 & 2 & 49 \\ 5 & -3 & 0 \end{vmatrix} = 240
$$

Nach der Cramerschen Regel ist die Lösung

$$x_1 = 13, \quad x_2 = 15, \quad x_3 = -20$$

Beispiel 2:   Wir betrachten das folgende nichthomogene Gleichungssystem

$$
\begin{array}{rcrcrcl}
x_1 & + & 2x_2 & + & 3x_3 & = & 4 \\
3x_1 & - & 7x_2 & + & x_3 & = & 13 \\
4x_1 & + & 8x_2 & + & 12x_3 & = & 2
\end{array}
$$

In Matrixschreibweise

$$
\begin{pmatrix} 1 & 2 & 3 \\ 3 & -7 & 1 \\ 4 & 8 & 12 \end{pmatrix} \cdot \begin{pmatrix} x_1 \\ x_2 \\ x_2 \end{pmatrix} = \begin{pmatrix} 4 \\ 13 \\ 2 \end{pmatrix}
$$

Wir berechnen die Determinante:

$$
\text{Det } A = \begin{vmatrix} 1 & 2 & 3 \\ 3 & -7 & 1 \\ 4 & 8 & 12 \end{vmatrix} = 0
$$

Das Gleichungssystem hat entweder keine eindeutige Lösung oder überhaupt keine Lösung. Um hier zu entscheiden, benutzen wir die Gauß-Jordan Elimination und erhalten nach dem ersten Eliminationschritt:

$$
\begin{pmatrix} 1 & 2 & 3 \\ 0 & -13 & -8 \\ 0 & 0 & 0 \end{pmatrix} \cdot \vec{x} = \begin{pmatrix} 4 \\ 1 \\ -14 \end{pmatrix}
$$

Die letzte Gleichung ($0 = -14$) ist unmöglich. Das Gleichungssystem ist widersprüchlich. Also hat das System überhaupt keine Lösung. Wir kommen zum gleichen Ergebnis, wenn wir den Rang der Determinante A betrachten. Er ist 2. Da der Rand von Det $A^{(k)}$ gleich 3 ist, kann keine Lösung existieren.

Beispiel 3:   Wir betrachten das gleiche homogene Gleichungssystem das wir bereits in Abschnitt 20.1.5 analysierten.

$$
\begin{pmatrix} 1 & 4 & -1 \\ 4 & 16 & -4 \\ 2 & -3 & 1 \end{pmatrix} \cdot \vec{x} = 0
$$

Die erste und zweite Gleichung unterscheiden sich durch den Faktor 4, also sind die Gleichungen linear voneinander abhängig. Gemäß der Determinantenregel 4 ergibt sich:

$$
\begin{vmatrix} 1 & 4 & -1 \\ 4 & 16 & -4 \\ 2 & -3 & 1 \end{vmatrix} = \begin{vmatrix} 1 & 4 & -1 \\ 0 & 0 & 0 \\ 2 & -3 & 1 \end{vmatrix} = 0
$$

Also existiert eine nicht-triviale Lösung. Wir schreiben die erste und dritte Gleichung neu hin:

$$
\begin{aligned}
x_1 + 4x_2 &= x_3 \\
2x_1 - 3x_2 &= -x_3
\end{aligned}
$$

Gemäß der Cramerschen Regel erhalten wir nun:

$$
x_1 = \frac{\begin{vmatrix} x_3 & 4 \\ -x_3 & -3 \end{vmatrix}}{\begin{vmatrix} 1 & 4 \\ 2 & -3 \end{vmatrix}} = -\frac{1}{11}x_3
\qquad
x_2 = \frac{\begin{vmatrix} 1 & x_3 \\ 2 & -x_3 \end{vmatrix}}{\begin{vmatrix} 1 & 4 \\ 2 & -3 \end{vmatrix}} = \frac{3}{11}x_3
$$

Die Lösung enthält einen frei wählbaren Parameter, nämlich x_3.

20.3 Übungsaufgaben

20.1.2 Lösen Sie die folgenden Gleichungen entweder nach dem Gauß'schen Eliminationsverfahren oder dem Gauß-Jordan'schen Verfahren.

a)
$$\begin{aligned}
2x_1 &+& x_2 &+& 5x_3 &=& -21 \\
x_1 &+& 5x_2 &+& 2x_3 &=& 19 \\
5x_1 &+& 2x_2 &+& x_3 &=& 2
\end{aligned}$$

b)
$$\begin{aligned}
x &-& y &+& 3z &=& 4 \\
23x &+& 2y &+& 4z &=& 13 \\
11.5x &+& y &+& 2z &=& 6.5
\end{aligned}$$

c)
$$\begin{aligned}
x_1 &+& x_2 &+& x_3 &=& 8 \\
3x_1 &+& 2x_2 &+& x_3 &=& 49 \\
5x_1 &-& 3x_2 &+& x_2 &=& 0
\end{aligned}$$

d)
$$\begin{aligned}
1.2x &-& 0.9y &+& 1.5z &=& 2.4 \\
0.8x &-& 0.5y &+& 2.5z &=& 1.8 \\
1.6xz &-& 1.2y &+& 2z &=& 3.2
\end{aligned}$$

20.1.3 Ermitteln Sie die Inversen der folgenden Matrizen

a) $\begin{pmatrix} 2 & 1 & 0 \\ 1 & 1 & -2 \\ 0 & 3 & -4 \end{pmatrix}$ b) $\begin{pmatrix} -4 & 8 \\ -6 & 7 \end{pmatrix}$

20.1.4 Untersuchen Sie die folgenden homogenen Gleichungssysteme und lösen Sie sie falls möglich.

a)
$$\begin{aligned}
x_1 &+& x_2 &-& x_3 &=& 0 \\
-x_1 &+& 3x_2 &+& x_3 &=& 0 \\
&& x_2 &+& x_3 &=& 0
\end{aligned}$$

b)
$$\begin{aligned}
2x &-& 3y &+& z &=& 0 \\
4x &+& 4y &-& z &=& 0 \\
x &-& \tfrac{3}{2}y &+& \tfrac{1}{2}z &=& 0
\end{aligned}$$

20.2.2 Berechnen Sie die folgenden Determinanten

a) $\begin{vmatrix} 4 & 3 & 2 \\ 1 & 0 & -1 \\ 5 & 2 & 2 \end{vmatrix}$

b) $\begin{vmatrix} 1 & 7 & 4 & 12 \\ 5 & 5 & 4 & 3 \\ -2 & 6 & 25 & 3 \\ 5 & 35 & 20 & 60 \end{vmatrix}$

c) $\begin{vmatrix} 3 & 4 & 0 & 2 \\ 6 & 1 & -3 & 1 \\ 0 & 0 & 4 & 0 \\ 5 & -1 & 2 & 4 \end{vmatrix}$

d) $\begin{vmatrix} 4 & 6 & 0 & 7 \\ -3 & 0 & 2 & 8 \\ 10 & 1 & 0 & 2 \\ 5 & 2 & 0 & 1 \end{vmatrix}$

e) $\begin{vmatrix} -1 & 0 & 2 & 3 \\ 2 & 1 & 8 & 5 \\ 0 & 0 & -4 & -2 \\ 1 & 0 & 1 & 4 \end{vmatrix}$

20.2.3 Bestimmen Sie den Rang r der folgenden Matrizen:

$A = \begin{pmatrix} -1 & 4 & 1 & 3 \\ 2 & -2 & -2 & 0 \\ 0 & 2 & 0 & 2 \end{pmatrix}$ $B = \begin{pmatrix} 3 & 2 & 2 & 2 \\ 4 & 2 & 4 & 2 \\ 3 & 1 & 3 & 1 \\ 2 & 1 & 2 & 1 \end{pmatrix}$

20.2.5 Überprüfen Sie, ob die linearen Gleichungssysteme aus der Übung 20.1.2 eindeutig lösbar sind, indem Sie die Determinante der Koeffizientenmatrix bestimmen.

Lösungen

20.1.2   a) $x_1 = -1, \quad x_2 = 6, \quad x_3 = -5$

       b)   Die zweite und dritte Gleichung sind linear abhängig. Infolgedessen enthält die Lösung einen frei wählbaren Parameter, nämlich z.

$$x = \frac{21-10z}{25}, \qquad y = \frac{-79+65z}{25}$$

       c) $x_1 = 13, \quad x_2 = 15, \quad x_3 = -20$

       d) $x = \frac{0{,}42-1{,}5z}{0{,}12}, \qquad y = \frac{0{,}24-1{,}8z}{0{,}12}$

          Die erste und die dritte Gleichung sind linear abhängig.

20.1.3

     a) $\begin{pmatrix} \frac{1}{4} & \frac{1}{2} & -\frac{1}{4} \\ \frac{1}{2} & -1 & \frac{1}{2} \\ \frac{3}{8} & -\frac{3}{4} & \frac{1}{8} \end{pmatrix}$ b) $\frac{1}{20} \begin{pmatrix} 7 & -8 \\ 6 & -4 \end{pmatrix}$

20.1.4   a) $x_1 = x_2 = x_3 = 0$ b) $x = -\frac{z}{20}, \qquad y = \frac{3z}{10}$

20.2.2   a)   Regel von Sarrus Det $A = 0 - 15 + 4 - 0 + 8 - 6 = -9$

       b)   Erste und vierte Zeile sind bis auf den Faktor 5 gleich. Also Det $A = 0$

       c)   Entwickeln nach der dritten Zeile gibt

$$\text{Det } A = 4 \begin{vmatrix} 3 & 4 & 2 \\ 6 & 1 & 1 \\ 5 & -1 & 4 \end{vmatrix} = -4 \cdot 83 = -332$$

       d)   Entwickeln nach der dritten Spalte:

$$\text{Det } A = -2 \begin{vmatrix} 4 & 6 & 7 \\ 10 & 1 & 2 \\ 5 & 2 & 1 \end{vmatrix} = -2 \cdot 93 = -186$$

       e)   Entwickeln nach der zweiten Spalte

$$\text{Det } A = 1 \begin{vmatrix} -1 & 2 & 3 \\ 0 & -4 & -2 \\ 1 & 1 & 4 \end{vmatrix} = 22$$

20.2.3   A) $r = 2$ b) $r = 3$

20.2.5   a)   Det $A = -104 \neq 0$ eindeutige Lösung
       b)   Det $A = 0$,   es existiert keine eindeutige Lösung
       c)   Det $A \neq 0$,   es existiert eine eindeutige Lösung
       d)   Det $A = 0$,   es existiert keine eindeutige Lösung

21 Eigenwerte und Eigenvektoren

21.1 Eigenwerte von 2×2 Matrizen

Vorbemerkung: Im Kapitel „Koordinatentransformation und Matrizen" wurde gezeigt, daß eine Matrix mit einem Vektor multipliziert werden kann. Das Ergebnis ist ein neuer Vektor.

$$\vec{r}\,' = A \cdot \vec{r}$$

In Abschnitt 19.4 haben wir davon bereits Gebrauch gemacht, um die Transformationsformeln für die Drehung eines Koordinatensystems darzustellen.
Ein Ortsvektor $\vec{r}$ habe die ursprünglichen Koordinaten x und y. Für das um den Winkel φ gedrehte Koordinatensystem hat der Ortsvektor die neuen Koordinaten $x\,'$ und $y\,'$. Für die Umrechnung gelten die Transformationsgleichungen

$$x\,' = x \cos \varphi + y \sin \varphi$$
$$y\,' = -x \sin \varphi + y \cos \varphi$$

Die Transformationsgleichungen können dann als Produkt der Drehmatrix A mit dem Vektor r geschrieben werden:

$$r\,' = A \cdot r$$

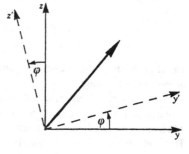

Die Drehmatrix A ist in diesem Fall

$$A = \begin{pmatrix} \cos \varphi & \sin \varphi \\ -\sin \varphi & \cos \varphi \end{pmatrix}$$

Diese Operation können wir uminterpretieren. Wir betrachten das Koordinatensystem als fest.

Dann ergibt das Produkt der Drehmatrix A mit dem ursprünglichen Vektor einen neuen Vektor, der um den Winkel $-\varphi$ gedreht ist.

Im speziellen Fall von Drehmatrizen bleibt der Betrag des Vektors konstant. Das muß nicht immer der Fall sein. Multiplizieren wir eine Matrix mit einem Vektor, so erhalten wir im allgemeinen Fall einen neuen Vektor, dessen Richtung und dessen Betrag verändert sein kann.

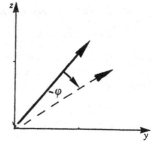

Eigenwerte von 2×2 *Matrizen.* Wir betrachten zunächst als Beispiel die Matrix A und den Vektor $\vec{r}$. Das sei an einem Beispiel erläutert:

$$A = \begin{pmatrix} 0,5 & 0 \\ 0 & 2 \end{pmatrix} \quad \text{und} \quad \vec{r} = \begin{pmatrix} 1 \\ 1 \end{pmatrix}$$

Wir multiplizieren die Matrix mit dem Vektor und erhalten

$$\vec{r}' = \begin{pmatrix} 0,5 & 0 \\ 0 & 2 \end{pmatrix} \begin{pmatrix} 1 \\ 1 \end{pmatrix} = \begin{pmatrix} 0,5 \\ 2 \end{pmatrix}$$

Die Abbildung zeigt den ursprünglichen Vektor $\vec{r}$ und den neuen Vektor $\vec{r}'$.

Das Resultat der Multiplikation der Matrix A mit dem Vektor kann beschrieben werden als Halbierung der x'-Komponente und Verdoppelung der y'-Komponente. Dabei verändern sich natürlich Richtung und Betrag des Vektors.

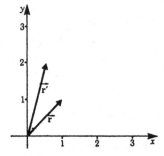

Im allgemeinen Fall haben der neue Vektor $\vec{r}'$ und der ursprüngliche Vektor $\vec{r}$ verschiedene Richtungen.

Es gibt allerdings spezielle Vektoren, deren *Richtung* sich nicht ändert, wenn sie mit der Matrix A multipliziert werden. In unserem Beispiel ist dies für die Matrix A der Fall, wenn der ursprüngliche Vektor $\vec{r}$ entweder nur in die x-Richtung oder nur in die y-Richtung zeigt. Zeigt $\vec{r}$ nur in die x-Richtung, bleibt auch nach der Multiplikation die Richtung erhalten. Der Betrag wird allerdings halbiert.

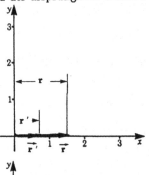

$$\vec{r}' = \begin{pmatrix} 0,5 & 0 \\ 0 & 2 \end{pmatrix} \begin{pmatrix} 1 \\ 0 \end{pmatrix} = \begin{pmatrix} 0,5 \\ 0 \end{pmatrix} = 0,5\vec{r}$$

Zeigt $\vec{r}$ in die y-Richtung, bleibt ebenfalls die Richtung erhalten. Der Betrag allerdings wird verdoppelt.

$$\vec{r}' = \begin{pmatrix} 0,5 & 0 \\ 0 & 2 \end{pmatrix} \begin{pmatrix} 0 \\ 1,5 \end{pmatrix} = \begin{pmatrix} 0 \\ 3 \end{pmatrix} = 2 \cdot \vec{r}$$

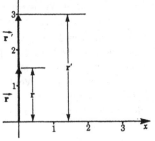

In beiden Fällen können wir, statt die Matrizenmultiplikation durchzuführen, einfach den ursprünglichen Vektor $\vec{r}$ mit einem Skalar multiplizieren. Dies gilt natürlich nicht für jeden Vektor. Ein Vektor, der seine Richtung bei einer Multiplikation mit der Matrix A nicht ändert, heißt *Eigenvektor* der Matrix.

Definition:	*Eigenvektor* und *Eigenwert*
	Gegeben seien eine $n \times n$ Matrix A und ein Vektor $\vec{r}$ mit n Komponenten.
	$\vec{r}$ heißt *Eigenvektor* der Matrix, wenn $\vec{r}\,' = A \cdot \vec{r}$ die gleiche Richtung hat wie $\vec{r}$.
	In diesem Fall gilt $\vec{r}\,' = \lambda \cdot \vec{r}$, wobei λ ein reeller Skalar ist.
	λ heißt *Eigenwert* der Matrix A.
	Die Fälle $r = 0$ und $\lambda = 0$ seien ausgeschlossen.

In unserem Fall hat die Matrix A zwei reelle Eigenwerte ($\lambda_1 = 0,5$ und $\lambda_2 = 2$) und zwei Eigenvektoren, die durch ihre Richtung charakterisiert sind. Sie können einen beliebigen Betrag haben.

$$\vec{r}_1 = \begin{pmatrix} x_1 \\ 0 \end{pmatrix} \qquad \vec{r}_2 = \begin{pmatrix} 0 \\ y_2 \end{pmatrix}$$

Wir wenden uns jetzt folgenden drei Fragen zu:

1. Wieviele reelle Eigenwerte und Eigenvektoren hat eine gegebene Matrix?

2. Hat jede Matrix reelle Eigenwerte und Eigenvektoren?

3. Wie können diese reellen Eigenwerte und Eigenvektoren berechnet werden?

In unseren Beispielen werden wir uns auf 2×2 und 3×3-Matrizen beschränken. Bevor wir den allgemeinen Fall behandeln, werden wir ein zweites etwas weniger triviales Beispiel behandeln.

Beispiel: Für die gegebene Matrix A sind die Eigenwerte und Eigenvektoren zu bestimmen:

$$A = \begin{pmatrix} 1,25 & 0,75 \\ 0,75 & 1,25 \end{pmatrix}$$

In diesem Fall wird das Problem nicht gelöst durch Vektoren, die die Richtung einer der Achsen haben. Das läßt sich leicht bestätigen. Durch Probieren läßt sich das Problem nur in sehr mühsamer Weise lösen. Daher formulieren wir das Problem um. Wir suchen einen Vektor $\vec{r}$ und eine reele Zahl λ derart, daß gilt

$$A \cdot \vec{r} = \lambda \vec{r} \tag{21.1}$$

Dies entspricht einem System von zwei Gleichungen mit zwei Unbekannten, nämlich den x- und y-Komponenten von $\vec{r}$:

$$1,25x + 0,75y = \lambda x$$
$$0,75x + 1,25y = \lambda y$$

Indem wir die rechte Seite subtrahieren, erhalten wir ein homogenes Gleichungssystem von zwei linearen Gleichungen:

$$(1,25 - \lambda)x + 0,75y = 0$$
$$0,75x + (1,25 - \lambda)y = 0 \tag{21.2}$$

Die triviale Lösung interessiert uns nicht. Gibt es nicht-triviale Lösungen? Aus dem Kapitel 20 wissen wir, daß nicht-triviale Lösungen existieren, wenn die Determinante der Koeffizienten verschwindet. Wir berechnen die Determinante und erhalten

$$(1,25 - \lambda)^2 - 0,75^2 = 0 \tag{21.3}$$

Dies ist eine quadratische Gleichung für λ und es gibt zwei unterschiedliche reelle Wurzeln.

$$\lambda_1 = 2 \qquad \lambda_2 = 0,5$$

Diese so berechneten Werte von λ sind die einzigen Kandidaten für die Eigenwerte von λ. Um die entsprechenden Eigenvektoren zu erhalten, setzen wir diese Werte nacheinander in das Gleichungssystem ein, und lösen nach x und y auf:

Für den Eigenwert λ_1 ergibt sich der Eigenvektor $\vec{r}_1 = \begin{pmatrix} 1 \\ 1 \end{pmatrix}$

Für den Eigenwert λ_2 ergibt sich der Eigenvektor $\vec{r}_2 = \begin{pmatrix} 1 \\ -1 \end{pmatrix}$

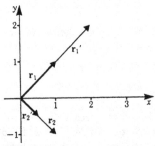

Werden die Eigenvektoren mit einem Skalar multipliziert, bleiben sie Eigenvektoren. Um dieses deutlich zu machen, setzen wir in die ursprüngliche Gleichung 21.1 nacheinander die beiden Eigenwerte ein $\lambda = \lambda_1 = 2$; $\lambda = \lambda_2 = 0,5$.

Wir erhalten

$$\vec{r}_1' = A\vec{r}_1 = \begin{pmatrix} 1,25 & 0,75 \\ 0,75 & 1,25 \end{pmatrix} \begin{pmatrix} 1 \\ 1 \end{pmatrix} = \begin{pmatrix} 2 \\ 2 \end{pmatrix} = 2 \begin{pmatrix} 1 \\ 1 \end{pmatrix}$$

$$\vec{r}_2' = A\vec{r}_2 = \begin{pmatrix} 1,25 & 0,75 \\ 0,75 & 1,25 \end{pmatrix} \begin{pmatrix} 1 \\ -1 \end{pmatrix} = \begin{pmatrix} 0,5 \\ -0,5 \end{pmatrix} = 0,5 \begin{pmatrix} 1 \\ -1 \end{pmatrix}$$

Wir fassen zusammen. Für die Matrix A existieren zwei Eigenwerte und für jeden Eigenwert existiert ein Eigenvektor. Die Eigenwerte haben wir als Lösungen der Gleichung 21.3 erhalten.

Diese Gleichung heißt *charakteristische Gleichung* der Matrix A.

Eine quadratische Gleichung kann im höchsten Fall zwei reelle Lösungen haben. Also kann eine 2×2 Matrix höchstens zwei reelle Eigenwerte haben. Eine quadratische Gleichung kann aber auch komplexe Lösungen haben. In der Übungsaufgabe 3 am Ende des Kapitels wird eine Matrix angegeben, die keine reellen Eigenwerte hat. Jede 2×2 Matrix, die als Drehmatrix eine Drehung um den Winkel φ beschreibt, hat keine reellen Eigenwerte mit Ausnahme der Fälle $\varphi = 0$ und $\varphi = \pi$.

In diesem Buch behandeln wir nur reelle Matrizen und reelle Vektoren. Alle Matrixelemente und Vektorkomponenten sind reell. Daher dürfen wir auch keine komplexen Skalare benutzen und wir berücksichtigen nicht komplexe Eigenwerte. Hier soll nur darauf hingewiesen werden, daß alle Überlegungen auch auf komplexe Werte übertragen werden können.

21.2 Bestimmung von Eigenwerten

Um die allgemeine Methode zu finden, Eigenwerte und Eigenvektoren für eine gegebene Matrix zu bestimmen, folgen wir den Überlegungen im vorangegangenen Abschnitt. Für den allgemeinen Fall werden wir jedoch eine etwas abstraktere Formulierung benutzen.

Gegeben sei eine $n \times n$ Matrix A. Wir suchen die reellen Eigenwerte von A und für jeden Eigenwert den entsprechenden Eigenvektor. A kann bis zu n Eigenwerte haben.

Die Gleichung 21.1 beschreibt bereits die allgemeine Situation:

$$A\vec{r} = \lambda\vec{r}$$

Auf der rechten Seite multiplizieren wir jetzt $\vec{r}$ mit der Einheitsmatrix E. Bekanntlich ändert die Multiplikation mit der Einheitsmatrix den Vektor nicht.

$$A\vec{r} = \lambda E\vec{r}$$

Nun subtrahieren wir die rechte Seite, wie wir es im Fall der 2×2 Matrix ebenfalls getan haben.

$$(A - \lambda E)\vec{r} = 0$$

Wieder erhalten wir ein homogenes lineares Gleichungssystem. Die Bedingung für nicht-triviale Lösungen ist, daß die folgende Determinante verschwindet

$$\det (A - \lambda E) = 0$$

> Satz: Reelle Eigenwerte der Matrix A sind die Lösungen der charakteristischen Gleichung:
>
> $$det(A - \lambda \cdot E) = 0$$
>
> Für eine $n \times n$ Matrix ist die charakteristische Gleichung ein Polynom des Rangs n.

Wir wollen hier die charakteristischen Gleichungen für 2×2 und 3×3 Matrizen angeben:
Gegeben sei die 2×2 Matrix:

$$A = \begin{pmatrix} a_{11} & a_{12} \\ a_{21} & a_{22} \end{pmatrix}$$

Die entsprechende charakteristische Gleichung ist dann

$$\lambda^2 - (a_{11} + a_{22})\lambda + a_{11}a_{22} - a_{12}a_{21} = 0 \qquad (21.4)$$

3×3 Matrix:

$$A = \begin{pmatrix} a_{11} & a_{12} & a_{13} \\ a_{21} & a_{22} & a_{23} \\ a_{31} & a_{32} & a_{33} \end{pmatrix}$$

In diesem Fall ist die charakteristische Gleichung

$$-\lambda^3 + (a_{11} + a_{22} + a_{33})\lambda^2 - (a_{11}a_{22} + a_{11}a_{33} + a_{22}a_{33}$$
$$- a_{12}a_{21} - a_{13}a_{31} - a_{23}a_{32})\lambda + \det A = 0 \qquad (21.5)$$

Für eine quadratische Matrix einer beliebigen Dimension n beginnt die charakteristische Gleichung, die auch *charakteristisches Polynom* genannt wird, mit $(-1)^n \lambda^n + (-1)^{n-1}\lambda^{n-1}(a_{11} + a_{22} + \ldots + a_{nn})$ und sie endet mit $\det A$.

Der Koeffizient des zweiten Gliedes ist immer die Summe der Matrixelemente entlang der Hauptdiagonalen von A.
Diese Summe heißt, wie bereits im Kapitel 19 erwähnt, *Spur* von A.

Wenn die reellen Wurzeln der charakteristischen Gleichung bestimmt sind, muß man das homogene Gleichungssystem lösen, um die Eigenvektoren zu bestimmen.

21.3 Eigenwerte und Eigenvektoren einer 3 × 3 Matrix

In diesem Abschnitt werden wir schrittweise die Eigenwerte und Eigenvektoren einer 3 × 3 Matrix berechnen, damit das Verfahren einsichtig wird. In der späteren Praxis wird man die Rechnung mit Hilfe des PC durchführen und dabei Programme wie Mathematica, Maple, Derive u.a. benutzen.

$$A = \begin{pmatrix} 2 & 1 & 3 \\ 1 & 2 & 3 \\ 3 & 3 & 20 \end{pmatrix}$$

1. Schritt: Zunächst bestimmen wir die charakteristische Gleichung.

$$\det\,(A - \lambda E) = \det \begin{pmatrix} 2 - \lambda & 1 & 3 \\ 1 & 2 - \lambda & 3 \\ 3 & 3 & 20 - \lambda \end{pmatrix} = -\lambda^3 + 24\lambda^2 - 65\lambda + 42 = 0$$

2. Schritt: Wir bestimmen die Wurzeln der charakteristischen Gleichung. Dies erfordert hier die Lösung einer kubischen Gleichung. Dafür kann man numerische Methoden benutzen, dafür gibt es auch bequeme Programme. Wenn man die explizite Lösung wünscht, kann man Cardan's Formel anwenden. Schließlich führt es in manchen Fällen zum Erfolg, wenn man eine erste Lösung λ_1 erraten kann, um danach das Polynom durch $(\lambda - \lambda_1)$ zu teilen. Dann erhält man eine quadratische Gleichung.

Hier werden wir den letzten Ansatz benutzen. In unserem Fall ist nicht schwer zu sehen, daß $\lambda_1 = 1$ eine Lösung ist. Daher können wir den linearen Faktor $(\lambda - 1)$ herausziehen. Die charakteristische Gleichung kann dann wie folgt geschrieben werden:

$$-\lambda^3 + 24\lambda^2 - 65\lambda + 42 = (\lambda - 1)(-\lambda^2 + 23\lambda - 42) = 0$$

Nun ist es nicht mehr schwer, die verbleibende quadratische Gleichung zu lösen:

$$\lambda^2 - 23\lambda + 42 = 0$$

Die Lösungen sind

$$\lambda_{2,3} = \frac{23}{2} \pm \sqrt{\left(\frac{23}{2}\right)^2 - 42} = \frac{23}{2} \pm \frac{19}{2}$$

Damit haben wir drei reelle Eigenwerte der gegebenen Matrix A bestimmt:

$$\lambda_1 = 1, \quad \lambda_2 = 2 \quad \text{und} \quad \lambda_3 = 21$$

3. Schritt: Bestimmung der Eigenvektoren
Für jeden Eigenwert λ müssen wir jetzt eine nicht-triviale Lösung für das jeweilige homogene Gleichungssystem finden.

$$(A - \lambda_i E)r_i = 0$$

Die so bestimmten Vektoren sind die Eigenvektoren r_i der Matrix A für die jeweiligen Eigenwerte λ_i.

Bestimmung des Eigenvektors für $\lambda = 1$.
Zu lösen ist das folgende Gleichungssystem, das in Matrixschreibweise angegeben ist.

$$\begin{pmatrix} 1 & 1 & 3 \\ 1 & 1 & 3 \\ 3 & 3 & 19 \end{pmatrix} \begin{pmatrix} x_1 \\ y_1 \\ z_1 \end{pmatrix} = 0$$

Ausgeschrieben erhalten wir das Gleichungssystem in der Form:

$$\begin{array}{ccccccc} 1x_1 & + & 1y_1 & + & 3z_1 & = & 0 \\ 1x_1 & + & 1y_1 & + & 3z_1 & = & 0 \\ 3x_1 & + & 3y_1 & + & 19z_1 & = & 0 \end{array}$$

Wir multiplizieren die erste Gleichung mit 3 und ziehen sie von der dritten Gleichung ab. Dann ergibt sich $z_1 = 0$.

Wir setzen z_1 in die erste oder zweite Gleichung ein und erhalten $x_1 = -y_1$. Für x_1 kann ein beliebiger Wert gewählt werden. Wählen wir $x_1 = 1$ ergibt sich $y_1 = -1$. Dann erhalten wir den Vektor

$$\vec{r}_1 = \begin{pmatrix} 1 \\ -1 \\ 0 \end{pmatrix}$$

Damit haben wir einen Eigenvektor von A für den Eigenwert $\lambda = 1$ erhalten. Der Eigenvektor kann mit einem beliebigen Skalar multipliziert werden.

Bestimmung des Eigenvektors für $\lambda = 2$
In diesem Fall ist folgendes Gleichungssystem zu lösen:

$$\begin{array}{ccccccc} 0x_2 & + & 1y_2 & + & 3z_2 & = & 0 \\ 1x_2 & + & 0y_2 & + & 3z_2 & = & 0 \\ 3x_2 & + & 3y_2 & + & 18z_2 & = & 0 \end{array}$$

Wir brauchen nur die beiden ersten Gleichungen zu berücksichtigen, die dritte Gleichung ist von ihnen linear abhängig. Das sieht man, wenn man die beiden ersten Gleichungen mit 3 multipliziert und addiert. Dann ergeben sie die dritte Gleichung.

Damit erhalten wir:

$$y_2 + 3z_2 = 0 \qquad x_2 + 3z_2 = 0$$

Die Lösung ist $x_2 = y_2 = -3z_2$. Eine spezielle Lösung erhalten wir, wenn wir $z_2 = -1$ setzen:

$$\vec{r}_2 = \begin{pmatrix} 3 \\ 3 \\ -1 \end{pmatrix}$$

Damit haben wir einen Eigenvektor von A für den Eigenwert $\lambda = 2$ erhalten. Bestimmung des Eigenvektors für $\lambda = 21$. Es ist das homogene Gleichungssystem zu lösen

$$
\begin{array}{rrrrrrr}
-19x_3 & + & 1y_3 & + & 3z_3 & = & 0 \\
1x_3 & - & 19y_3 & + & 3z_3 & = & 0 \\
3x_3 & + & 3y_3 & - & 1z_3 & = & 0
\end{array}
$$

Auch in diesem Fall brauchen wir nur die ersten zwei Gleichungen zu berücksichtigen. Wieder ist die dritte Gleichung linear von den zwei anderen abhängig. Wir erhalten als Lösung $6x_3 = 6y_3 = z_3$.

Eine spezielle Lösung erhalten wir, wenn wir $z_3 = 6$ setzen:

$$\vec{r}_3 = \begin{pmatrix} 1 \\ 1 \\ 6 \end{pmatrix}$$

$\vec{r}$ ist ein Eigenvektor von A mit dem Eigenwert 21.

Damit ist das Problem gelöst, die Eigenwerte und Eigenvektoren für die gegebene Matrix A zu finden.

21.4   Eigenschaften von Eigenwerten und Eigenvektoren

In dem vorhergehenden Abschnitt war die Matrix A sorgfältig gewählt. Es war eine symmetrische Matrix, d.h. sie ist gleich ihrer Transponierten. Es scheint, daß wir Glück gehabt haben, daß die Matrix drei reelle Eigenwerte und entsprechende Eigenvektoren hatte. Dies ist kein Zufall. Es wird dadurch das folgende Theorem illustriert. Wir werden das Theorem angeben, aber nicht beweisen.

> Satz: Eine reelle symmetrische $n \times n$ Matrix hat n reelle Eigenwerte. Die entsprechenden Eigenvektoren können bestimmt werden, und jeder ist orthogonal zu den anderen.

Daß für unsere Matrix A die Eigenvektoren zueinander orthogonal sind, kann man leicht bestätigen. Wir brauchen nur ihre inneren Produkte zu bilden. Sie verschwinden in jedem Fall.

Abschließend können wir jetzt die im ersten Abschnitt gestellten drei Fragen beantworten, wenn wir annehmen daß es sich nicht um singuläre Matrizen handelt.

1. Die Höchstzahl reeller Eigenwerte und Eigenvektor für eine gegebene $n \times n$ Matrix ist n. Falls die Matrix symmetrisch ist, wird dieses Maximum erreicht.

2. Nicht alle Matrizen haben reelle Eigenwerte und Eigenvektoren. Eine Fall einer nicht-symmetrischen Matrix gilt folgendes: Falls n gerade ist, ist es möglich, daß keine reellen Eigenwerte für eine gegebene $n \times n$ Matrix existieren.
   Falls n ungerade ist, muß mindestens ein reeller Eigenwert für eine gegebene Matrix existieren, da die charakteristische Gleichung einen ungeraden Grad hat.
   Eine 2×2 Matrix, die eine Drehmatrix ist, hat keinen reellen Eigenwert und keinen Eigenvektor.

3. Man findet die Eigenwerte, indem man die charakteristische Gleichung löst. Eigenvektoren werden bestimmt, indem nicht-triviale spezielle Lösungen des verbleibenden homogenen linearen Gleichungssystems bestimmt werden. Nicht zugelassen sind die Werte $\lambda = 0$ und $r = 0$.

21.5 Übungsaufgaben

1. (a) Finde die Eigenwerte für $A = \begin{pmatrix} 4 & 2 \\ 1 & 3 \end{pmatrix}$

   (b) Zeichne die zwei entsprechenden Eigenvektoren.

2. Ist es möglich, für eine reelle 2×2 Matrix einen reellen und einen komplexen Eigenwert zu erhalten?

3. Beweise, daß keine reellen Eigenwerte für die folgende Matrix bestehen
   $$A = \begin{pmatrix} 3 & 2 \\ -2 & 1 \end{pmatrix}$$

4. (a) Finde alle Eigenwerte für die folgende Matrix
   $$A = \begin{pmatrix} -1 & -1 & 1 \\ -4 & 2 & 4 \\ -1 & 1 & 5 \end{pmatrix}$$

   Hinweis: Alle Matrixelemente sind ganzzahlig.

   (b) Bestimme die entsprechenden Eigenvektoren.

5. In gewissen Fällen ist es schwierig, geeignete Eigenwerte zu finden. Dies sei am Beispiel gezeigt. Bestimmen Sie die Wurzeln der charakteristischen Gleichung für die Matrix $A = \begin{pmatrix} 1 & 1 \\ 0 & 1 \end{pmatrix}$

Versuchen Sie die entsprechenden Eigenvektoren zu finden.

Lösungen

1. (a) Die charakteristische Gleichung ist

$$\det \begin{pmatrix} 4-\lambda & 2 \\ 1 & 3-\lambda \end{pmatrix} = (4-\lambda)(3-2\lambda) - 2 = \lambda^2 - 7\lambda + 10 = 0$$

$$\lambda_1 = 2 \qquad \lambda_2 = 5$$

Für $\lambda = 2$ muß gelöst werden:

$$\begin{pmatrix} 2 & 2 \\ 1 & 1 \end{pmatrix} \begin{pmatrix} x_1 \\ y_1 \end{pmatrix} = 0 \qquad \text{Lösung: } \vec{r}_1 = \begin{pmatrix} 1 \\ -1 \end{pmatrix}$$

Für $\lambda = 5$ ist zu lösen:

$$\begin{pmatrix} -1 & 2 \\ 1 & -2 \end{pmatrix} \begin{pmatrix} x_2 \\ y_2 \end{pmatrix} = 0 \qquad \text{Lösung: } \vec{r}_2 = \begin{pmatrix} 2 \\ 1 \end{pmatrix}$$

2. Nein. Die charakteristische Gleichung ist ein reelles Polynom vom Grad 2. In der Algebra wird gezeigt, daß für den Fall, daß z eine komplexe Wurzel ist, dann die konjugiert komplexe Zahl zu z nämlich z^* ebenfalls eine Wurzel ist. Die charakteristische Gleichung hat entweder zwei komplexe Wurzeln oder zwei reelle Wurzeln.

3. Die charakteristische Gleichung ist

$$(3-\lambda)(1-\lambda) + 4 = \lambda^2 - 4\lambda + 7 = 0$$

Es gibt keine reellen Wurzeln, denn die Lösungen führen auf komplexe Zahlen $\lambda_{1,2} = 2 \pm \sqrt{4-7}$

4. (a) Die charakteristische Gleichung ist

$$\det \begin{pmatrix} -1-\lambda & -1 & 1 \\ -4 & 2-\lambda & 4 \\ -1 & 1 & 5-\lambda \end{pmatrix} = -\lambda^3 + 6\lambda^2 + 4\lambda - 24 = 0$$

Falls A eine ganzzahlige Wurzel ist, muß sie ein Teiler von 24 sein.

$$\lambda_1 = 2, \quad \lambda_2 = -2, \quad \lambda_3 = 6$$

(b) Für $\lambda_1 = 2$ ist zu lösen

$$\begin{array}{rcrcrcl} -3x_1 & - & y_1 & + & z_1 & = & 0 \\ & - & 4x_1 & + & 4z_1 & = & 0 \\ -x_1 & + & y_1 & + & 3z_1 & = & 0 \end{array} \quad \text{Spezielle Lösung:} \vec{r}_1 = \begin{pmatrix} 1 \\ -2 \\ 1 \end{pmatrix}$$

Für $\lambda_2 = -2$ ist zu lösen

$$\begin{array}{rcrcrcl} x_2 & - & y_2 & + & z_2 & = & 0 \\ -4x_2 & + & 4y_2 & + & 4z_2 & = & 0 \\ -x_2 & + & y_2 & + & 7z_2 & = & 0 \end{array} \quad \text{Spezielle Lösung:} \vec{r}_2 = \begin{pmatrix} 1 \\ 1 \\ 0 \end{pmatrix}$$

Für $\lambda = 6$ ist zu lösen

$$\begin{array}{rcrcrcl} -7x_3 & - & y_3 & + & z_3 & = & 0 \\ -4x_3 & - & 4y_3 & + & 4z_3 & = & 0 \\ -x_3 & + & y_3 & - & z_3 & = & 0 \end{array} \quad \text{mit } \vec{r}_3 = \begin{pmatrix} 0 \\ 1 \\ 1 \end{pmatrix}$$

5. $\lambda_1 = 1, \quad \lambda_2 = 1$

Für den ersten Eigenwert läßt sich schnell der Eigenvektor angeben.

Für λ_2 sollten wir einen anderen Eigenwert erhalten, der von λ_1 verschieden ist. Dieser Vektor existiert nicht.

22 Fourierreihen

22.1 Entwicklung einer periodischen Funktion in eine Fourierreihe

Im Kapitel „Taylorreihen" wurde gezeigt, daß sich eine beliebig oft differenzierbare Funktion $f(x)$ in eine unendliche Reihe von Potenzfunktionen x^n entwickeln ließ:

$$f(x) = \sum_{n=0}^{\infty} a_n x^n$$

Der Nutzen einer solchen Darstellung von $f(x)$ liegt in der einfachen Gestalt der einzelnen Summanden, die sich leicht differenzieren und integrieren lassen. Von besonderem praktischen Interesse sind die Fälle, in denen sich die Funktion $f(x)$ durch wenige Summanden recht genau approximieren läßt:

$$f(x) \approx a_0 + a_1 x + a_2 x^2 + \ldots + a_n x^n$$

Wir stellen uns nun die Frage, ob die Entwicklung in eine unendliche Reihe auch nach anderen Funktionen als Potenzfunktionen möglich ist. So erscheint es durchaus plausibel, eine periodische[1] Funktion $f(x)$ in eine unendliche Reihe periodischer Funktionen zu entwickeln. Dieser Frage werden wir nachgehen und Lösungen angeben.

Der Einfachheit halber beginnen wir mit Funktionen der Periode 2π, d.h. es gilt

$$f(x) = f(x + 2\pi)$$

Da die Sinusfunktion diese Bedingung erfüllt, machen wir den Ansatz

$$f(x) = \sum_{n=0}^{\infty} A_n \sin(nx + \varphi_n)$$

Mit Hilfe der Additionstheoreme können wir umformen, um eine Reihe von Sinus- und Kosinusfunktionen zu erhalten:

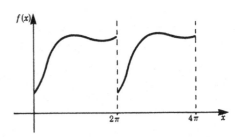

---

[1] Eine Funktion $f(x)$ hat die Periode T, wenn T der kleinste Wert ist, für den gilt $f(x) = f(x + T)$.

$$f(x) = \frac{a_0}{2} + \sum_{n=1}^{\infty} [a_n \cos(nx) + b_n \sin(nx)] \qquad (22.1)$$

Eine derartige Entwicklung ist möglich, und eine solche Reihe heißt *Fourierreihe*. Ausgehend von unserem Ansatz bestimmen wir nacheinander die Koeffizienten a_0, a_n und b_n für eine Funktion mit der Periode 2π, wobei wir den Bereich von $x = -\pi$ bis $x = +\pi$ betrachten.

Bestimmung von a_0:
Wir integrieren die Funktion und die Fourierreihe über eine Periode von $-\pi$ bis $+\pi$:

$$\int_{-\pi}^{\pi} f(x)\,dx = a_0 \pi + \sum_{n=1}^{\infty} a_n \int_{-\pi}^{\pi} \cos(nx)\,dx + \sum_{n=1}^{\infty} b_n \int_{-\pi}^{\pi} \sin(nx)\,dx$$

Beide Summen verschwinden wegen

$$\int_{-\pi}^{\pi} \cos(nx)\,dx = 0 \quad \text{und} \quad \int_{-\pi}^{\pi} \sin(nx)\,dx = 0$$

Wir erhalten

$$a_0 = \frac{1}{\pi} \int_{-\pi}^{\pi} f(x)\,dx$$

Bestimmung der a_n:
Wir müssen die einzelnen Koeffizienten nacheinander bestimmen. Wir multiplizieren die Funktion und die Fourierreihe (22-1) mit $\cos(mx)$ $(m = 1, 2, 3, \cdots)$ und integrieren über eine Periode von $-\pi$ bis $+\pi$:

$$\int_{-\pi}^{\pi} f(x)\cos(mx)\,dx = \underbrace{\frac{a_0}{2} \int_{-\pi}^{\pi} \cos(mx)\,dx}_{\text{Integral}} + \underbrace{\sum_{n=1}^{\infty} a_n \int_{-\pi}^{\pi} \cos(nx)\cos(mx)\,dx}_{\text{1. Summe}}$$

$$+ \underbrace{\sum_{n=1}^{\infty} b_n \int_{-\pi}^{\pi} \sin(nx)\cos(mx)\,dx}_{\text{2. Summe}} \qquad (22.2)$$

Das Integral auf der rechten Seite verschwindet. In der ersten Summe ersetzen wir unter dem Integral das Produkt $\cos(nx) \cdot \cos(mx)$ mit Hilfe der Additionstheoreme

$$\cos(nx)\cos(mx) = \frac{1}{2}\cos(n+m)x + \frac{1}{2}\cos(n-m)\,x$$

Wir erhalten

$$\int\limits_{-\pi}^{\pi} \cos{(nx)}\cos{(mx)}\,dx = \frac{1}{2}\underbrace{\int\limits_{-\pi}^{\pi} \cos\{(n+m)\,x)\}\,dx}_{\text{1. Integral}} + \frac{1}{2}\underbrace{\int\limits_{-\pi}^{\pi} \cos\{(n-m)\,x)\}\,dx}_{\text{2. Integral}}$$

Das erste Integral auf der rechten Seite verschwindet, weil die Fläche unter jeder trigonometrischen Funktion für eine Periode und damit auch für jedes ganzzahlige Vielfache einer Periode verschwindet. Das zweite Integral verschwindet nur dann nicht, wenn $n = m$ und damit $\cos(n - m) = 1$ ist. In diesem Fall gilt

$$\frac{1}{2}\int\limits_{-\pi}^{\pi} \cos 0 \cdot dx = \pi$$

Damit haben wir das Resultat

$$\int\limits_{-\pi}^{\pi} \cos{(nx)}\cos{(mx)}\,dx = \left\{ \begin{array}{l} \pi \text{ falls } n = m \\ 0 \text{ falls } n \neq m \end{array} \right.$$

Dies bedeutet, daß in der 1.Summe von 22.2 nur der Summand mit dem Index $m = n$ übrig bleibt.

$$\sum\limits_{n=1}^{\infty} a_n \int\limits_{-\pi}^{\pi} \cos{(nx)}\cos{(mx)}\,dx = \pi \cdot a_n$$

In der zweiten Summe ersetzen wir

$$\sin(nx)\cos{(mx)} = \frac{1}{2}\sin{(n+m)}\,x + \frac{1}{2}\sin{(n-m)}\,x$$

Das Integral von $-\pi$ bis $+\pi$ über diese trigonometrischen Funktionen verschwindet für alle n und m und auch dann, wenn $m = n$ ist, weil $\sin(0) = 0$.
Damit wird Gleichung (22.2) zu:

$$\int\limits_{-\pi}^{\pi} f(x) \cdot \cos{(mx)}\,dx = \pi a_m = \pi a_n$$

Für die Koeffizienten a_n folgt

$$a_n = \frac{1}{\pi}\int\limits_{-\pi}^{\pi} f(x)\cos{(nx)}\,dx, \qquad n = 1, 2, \ldots$$

Bestimmung der b_n:

Wir bestimmen die einzelnen Koeffizienten wieder nacheinander. Wir multiplizieren die Funktion und die Fourierreihe mit $\sin(mx)$ und integrieren wieder über eine Periode von $-\pi$ bis $+\pi$.

$$\int\limits_{-\pi}^{\pi} f(x)\sin(mx)\,dx = \underbrace{\frac{a_0}{2}\int\limits_{-\pi}^{\pi}\sin(mx)\,dx}_{\text{Integral}} + \underbrace{\sum_{n=1}^{\infty} a_n \int\limits_{-\pi}^{\pi}\cos(nx)\sin(mx)\,dx}_{\text{1. Summe}}$$

$$+\underbrace{\sum_{n=1}^{\infty} b_n \int\limits_{-\pi}^{\pi}\sin(nx)\sin(mx)\,dx}_{\text{2. Summe}}$$

Das Integral auf der rechten Seite verschwindet, ebenso die Integrale in der ersten Summe, wie es bereits bei der Berechnung der Koeffizienten a_n gezeigt wurde. In der zweiten Summe ersetzen wir $\sin(nx)\sin(mx)$ durch

$$\sin(nx)\cdot\sin(mx) = \frac{1}{2}\cos(n-m)x - \frac{1}{2}\cos(n+m)x$$

Die Integrale verschwinden immer, außer für den Fall $n = m$, weil $\cos(n - m) = 1$.

$$\int\limits_{-\pi}^{\pi}\sin(nx)\cdot\sin(mx) = \begin{cases} \pi \text{ falls } n = m \\ 0 \text{ falls } n \neq m \end{cases}$$

Wir haben erreicht, daß in der Reihe nur ein Summand mit dem Koeffizienten b_n übrigbleibt, und es gilt

$$\int\limits_{-\pi}^{\pi} f(x)\sin(mx)\,dx = \pi b_n$$

Für die Koeffizienten b_n folgt

$$b_n = \frac{1}{\pi}\int\limits_{-\pi}^{\pi} f(x)\sin(nx)\,dx \qquad n = 1, 2, 3, \ldots\ldots$$

Damit haben wir alle Koeffizienten der Fourierreihe bestimmt. Eine Funktion $f(x)$ mit der Periode 2π läßt sich darstellen als Fourierreihe:

Fourierreihe für Funktionen mit Periode 2π

$$f(x) = \frac{a_0}{2} + \sum_{n=1}^{\infty}(a_n \cos nx + b_n \sin nx)$$

Die Koeffizienten sind bestimmt durch

$$a_0 = \frac{1}{\pi}\int_{-\pi}^{\pi} f(x)\,dx$$

$$a_n = \frac{1}{\pi}\int_{-\pi}^{\pi} f(x)\cos(nx)\,dx$$

$$b_n = \frac{1}{\pi}\int_{-\pi}^{\pi} f(x)\sin(nx)\,dx \qquad\qquad (22.3)$$

Noch offengeblieben ist bis jetzt die Frage, unter welchen Voraussetzungen die Entwicklung einer Funktion $f(x)$ in eine Fourierreihe möglich ist. Diese Frage wird durch den *Satz von Dirichlet* beantwortet:

Satz von Dirichlet: Eine Funktion $f(x)$ habe die Periode 2π. Ferner seien $f(x)$ und $f'(x)$ stückweise stetig, d.h. weder $f(x)$ noch $f'(x)$ haben Polstellen und beide haben höchstens endlich viele Unstetigkeitsstellen. Dann konvergiert die Fourierreihe an allen Stetigkeitsstellen gegen den Funktionswert $f(x)$. An den Unstetigkeitsstellen[2] ist der Wert der Fourierreihe gleich dem arithmetischen Mittel aus dem links- und rechtsseitigen Grenzwert der Funktion $f(x)$, d.h. gleich dem Ausdruck

$$\frac{\lim\limits_{\Delta x \to 0} f(x + \Delta x) + \lim\limits_{\Delta x \to 0} f(x - \Delta x)}{2} \qquad \Delta x > 0$$

Der Beweis dieses Satzes übersteigt den Rahmen der vorliegenden Darstellung.

22.2   Beispiele für Fourierreihen

22.2.1   Symmetriebetrachtungen

Wir kennen bereits gerade und ungerade Funktionen und ihre Symmetrieeigenschaften:

gerade Funktion: $f(x) = f(-x)$ Beispiel: cos-Funktion

ungerade Funktion: $f(x) = -f(-x)$ Beispiel: sin-Funktion

---

[2] Als Unstetigkeitsstellen sind nur Sprünge zugelassen.

Gerade Funktionen:
Ist die Funktion $f(x)$ *gerade*, dann verschwinden die Koeffizienten b_n. Denn $f(x) = \sin(nx)$ ist eine ungerade Funktion und das Integral von $-\pi$ bis $+\pi$ über eine ungerade Funktion verschwindet. Für gerade Funktionen gilt also

$$f(x) = \frac{a_0}{2} + \sum_{n=1}^{\infty} a_n \cos(nx)$$

Ungerade Funktionen:
Ist die Funktion $f(x)$ *ungerade* dann verschwinden die Koefizienten a_n. Dann gilt

$$f(x) = \sum_{n=1}^{\infty} b_n \sin(nx)$$

Es ist unmittelbar evident, daß man diese Beziehungen benutzen kann, um die Rechnung zu erleichtern. Oft genügt es, die Funktion nach links oder rechts zu verschieben, um entweder eine gerade oder eine ungerade Funktion zu erhalten. Manchmal hilft es, den geraden und den ungeraden Anteil der Funktion getrennt zu betrachten.

22.2.2 Rechteckschwingung, Kippschwingung, Dreieckschwingung

Wir betrachten hier Beispiele für Schwingungen. Die Variable ist in diesem Fall die Zeit und wird daher mit t bezeichnet. Die Periode ist hier immer $T = 2\pi$.
1. Beispiel: *Rechteckschwingung*
$f(t)$ ist im Intervall von $-\pi$ bis $+\pi$ definiert als

$$f(t) = \begin{cases} -1 \text{ für } & -\pi \leq t \leq -\frac{\pi}{2} \\ +1 \text{ für } & -\frac{\pi}{2} \leq t \leq +\frac{\pi}{2} \\ -1 \text{ für } & +\frac{\pi}{2} \leq t \leq +\pi \end{cases}$$

$f(t)$ ist eine gerade Funktion. Deshalb brauchen wir nur die Koeffizienten a_n zu berechnen.

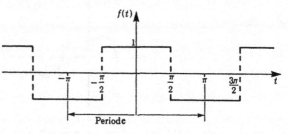

Die Integration muß für die einzelnen Intervalle getrennt durchgeführt werden.

$$a_0 = \frac{1}{\pi} \int_{-\pi}^{\pi} f(t)\, dt = 0$$

$$a_n = \frac{1}{\pi} \int_{-\pi}^{\pi} f(t) \cos(nt)\, dt = \frac{1}{\pi} \left[- \int_{-\pi}^{-\frac{\pi}{2}} \cos(nt)\, dt + \int_{-\frac{\pi}{2}}^{\frac{\pi}{2}} \cos(nt)\, dt \right.$$

$$\left. - \int_{\frac{\pi}{2}}^{\pi} \cos(nt)\, dt \right]$$

$$a_n = \frac{4}{n\pi} \sin\left(\frac{n\pi}{2}\right)$$

Die Fourierreihe der Rechteckschwingung mit der Periode 2π lautet:

$$f(t) = \sum_{n=1}^{\infty} \frac{4}{n\pi} \sin\left(\frac{n\pi}{2}\right) \cdot \cos nt$$

Die folgende Abbildung zeigt die drei ersten Fourierkomponenten und die schrittweisen Näherungen für die Funktion $f(t)$.

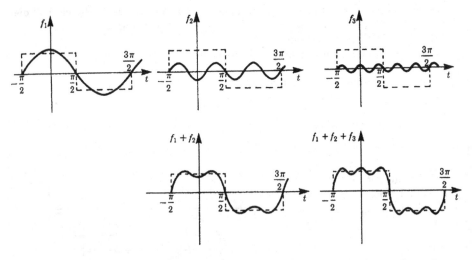

Hinweis: Jede Rechteckfunktion kann durch Verschiebung zu einer geraden oder ungeraden Funktion gemacht werden.

2. Beispiel: *Kippschwingungen*

Die in der Abbildung dargestellte Kippschwingung ist im Intervall von $-\pi$ bis $+\pi$ definiert durch

$$f(t) = \frac{t}{\pi}$$

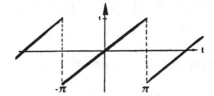

$f(t)$ ist ungerade. Wir brauchen also nur die Koeffizienten b_n zu berechnen.

$$b_n = \frac{1}{\pi} \int\limits_{-\pi}^{+\pi} \frac{t}{\pi} \sin nt \, dt$$

Das Integral wird durch partielle Integration berechnet.

$$b_n = \frac{1}{\pi^2} \left[\frac{t}{n}(-\cos nt) \right]_{-\pi}^{+\pi} + \underbrace{\frac{1}{\pi^2} \int\limits_{-\pi}^{+\pi} \frac{\cos nt}{n} dt}_{=0}$$

$$b_n = \frac{1}{\pi^2 n} \left[\pi \left(-\cos n\pi - \cos(-n\pi) \right) \right] = \frac{2}{\pi n}(-1)^{n+1}$$

Die Reihenentwicklung für die Kippschwingung lautet also

$$f(t) = \frac{2}{\pi} \sum_{n=1}^{\infty} (-1)^{n+1} \frac{\sin(nt)}{n}$$

3. Beispiel: *Dreieckschwingung*

Die periodische Funktion $f(t) = f(t + 2\pi)$ sei definiert durch

$$f(t) = \begin{cases} -t \text{ für } & -\pi \leq t \leq 0 \\ t \text{ für } & 0 \leq t \leq \pi \end{cases}$$

$f(t)$ ist eine gerade Funktion. Damit brauchen nur die Koeffizienten a_n berechnet zu werden.

$$a_0 = \frac{1}{\pi} \int_{-\pi}^{0} (-t)\, dt + \frac{1}{\pi} \int_{0}^{\pi} t\, dt = \left[\frac{-t^2}{2\pi}\right]_{-\pi}^{0} + \left[\frac{t^2}{2\pi}\right]_{0}^{\pi} = \pi$$

$$a_n = \frac{1}{\pi} \int_{-\pi}^{0} (-t)\cos(nt)\, dt + \frac{1}{\pi} \int_{0}^{\pi} t\cos(nt)\, dt$$

$$= -\underbrace{\left[\frac{t}{\pi n}\cdot \sin(nt)\right]_{-\pi}^{0}}_{=0} - \left[\frac{1}{\pi n^2}\cos nt\right]_{-\pi}^{0} + \underbrace{\left[\frac{t}{\pi n}\sin(nt)\right]_{0}^{\pi}}_{=0}$$

$$\qquad\qquad\qquad\qquad\qquad + \left[\frac{1}{\pi n^2}\cos(nt)\right]_{0}^{\pi}$$

$$= -\frac{1}{\pi n^2} + \frac{1}{\pi n^2}\cos(n\pi) + \frac{1}{\pi n^2}\cos(n\pi) - \frac{1}{\pi n^2}$$

$$a_n = \frac{2}{\pi n^2}[\cos(n\pi) - 1]$$

Die Fourierreihe lautet

$$f(t) = \frac{\pi}{2} + \sum_{n=1}^{\infty} \frac{2}{\pi n^2}[\cos n\pi - 1]\cos nt$$

22.3 Die Fourierreihe für Funktionen beliebiger Periode T

Die ursprüngliche Formel für die Fourierreihe mit der Periode 2π war:

$$f(x) = \frac{a_0}{2} + \sum_{n=1}^{\infty} [a_n \cos nx + b_n \sin nx] \qquad (22.1)$$

Die Funktion $f(x)$ habe nun die beliebige Periode T. Dann kann dieser Fall durch eine einfache Substitution auf den Fall mit der Periode 2π zurückgeführt weden.

Wir setzen die Substitution an zu: $x = \frac{2\pi}{T} \cdot t$

Durchläuft t die Werte von $-\frac{T}{2}$ bis $\frac{T}{2}$, läuft x von $-\pi$ bis $+\pi$. Wir brauchen also

nur in der Formel oben x durch $\frac{2\pi}{T} \cdot t$ zu substituieren, um zu erhalten:

$$f(t) = \frac{a_0}{2} + \sum_{n=1}^{\infty} \left[a_n \cos\frac{n2\pi}{T} t + b_n \sin\frac{n2\pi}{T} t \right]$$

Um die Koeffizienten a_n und b_n zu erhalten, substituieren wir x und dx auch in

den Formeln 22,3 durch $x = \dfrac{2\pi}{T} \cdot t$ und $dx = \dfrac{2\pi}{T} dt$.

Fourierreihe für Funktionen mit Periode T

$$f(t) = \frac{a_0}{2} + \sum_{n=1}^{\infty}\left[a_n \cos\left(\frac{n2\pi}{T}t\right) + b_n \sin\left(\frac{n2\pi}{T}t\right)\right] \qquad (22.5)$$

Die Koeffizienten sind bestimmt durch

$$a_0 = \frac{2}{T}\int_{-\frac{T}{2}}^{+\frac{T}{2}} f(t)\,dt$$

$$a_n = \frac{2}{T}\int_{-\frac{T}{2}}^{+\frac{T}{2}} f(t)\cos\frac{n2\pi}{T}t\,dt$$

$$b_n = \frac{2}{T}\int_{-\frac{T}{2}}^{+\frac{T}{2}} f(t)\sin\frac{n2\pi}{T}t\,dt$$

22.4 Fourierreihe in spektraler Darstellung

Die Fourierreihe mit der Periode T kann so umgeformt werden, daß man sie wie folgt schreiben kann:[3]

$$f(t) = \frac{A_0}{2} + \sum_{n=1}^{\infty} A_n \cos\left(n\frac{2\pi}{T}t + \varphi_n\right)$$

Diese Darstellung heißt *spektrale Darstellung der Fourierreihe*. Ihr Vorteil ist, daß jede Frequenz durch eine Fourierkomponente und nicht durch zwei Fourierkomponenten dargestellt wird.

Stellt man die Amplituden graphisch auf der Frequenzskala dar, erhält man das *Amplitudenspektrum*, das auch *Fourierspektrum* oder *Frequenzspektrum* genannt wird.

---

[3]Die neuen Koeffizienten A_n ergeben sich zu $A_n = \sqrt{a_n^2 + b_n^2}$. Der Phasenwinkel φ_n ist bestimmt durch $\tan\varphi_n = \frac{a_n}{b_n}$.

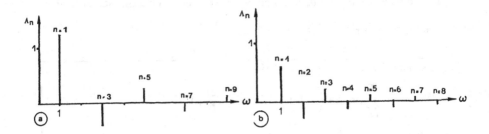

Die Abbildung a zeigt das Amplitudenspektrum der Rechteckschwingung, die Abbildung b zeigt das der Kippschwingung.

Die Periode ist in beiden Fällen $T = 2\pi$. φ_n ist der Phasenwinkel der n-ten Fourierkomponente. Analog zum Amplitudenspektrum spricht man vom *Phasenspektrum* und stellt die Phasen auf der Frequenzskala dar. Die Ermittlung von Amplitudenspektrum und Phasenspektrum wird *Fourieranalyse* oder *Frequenzanalyse* genannt.

Auch die umgekehrte Operation ist möglich. Sind die Fourierkomponenten einer Funktion bekannt, kann durch Superposition der einzelnen harmonischen Schwingungen die Funktion gewonnen werden. Darauf beruht die Erzeugung beliebiger periodischer Signale bei der elektronischen Synthese von Musik oder Sprache. Diese Operation heißt *Fouriersynthese*:

Deformation und Rekonstruktion elektrischer Signale. Elektronische Übertragungssysteme verstärken Signale, deformieren sie aber oft auch. Für harmonische Schwingungen kann diese Deformation als Funktion der Frequenz leicht bestimmt werden. Mittels der Fouriersynthese kann diese Deformation dann wieder gliedweise kompensiert und das ursprüngliche Signal rekonstruiert werden.

22.5 Übungsaufgaben

22.1 Geben Sie die Fourierreihe der Funktion $f(t)$ an, die im Intervall von $-\pi$ bis $+\pi$ definiert ist durch

$$f(t) = \begin{cases} 0 & \text{für} \quad -\pi \leq t < -\frac{\pi}{2} \\ 1 & \text{für} \quad -\frac{\pi}{2} \leq t < \frac{\pi}{2} \\ 0 & \text{für} \quad \frac{\pi}{2} \leq t \leq \pi \end{cases}$$

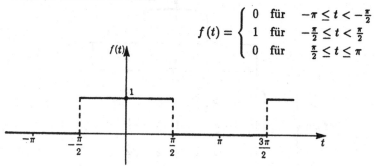

22.2 A Berechnen Sie die Fourierreihe der Funktion $f(t) = f(t + 4\pi)$ mit

$$f(t) = \begin{cases} 0 & \text{für} \quad -2\pi \leq t < -\pi \\ 1 & \text{für} \quad -\pi \leq t < \pi \\ 0 & \text{für} \quad \pi \leq t < 2\pi \end{cases}$$

22.2 B Berechnen Sie die Fourierreihe für die Funktion

$$f(t) = \begin{cases} -1 & \text{für} \quad -\pi \leq t < 0 \\ +1 & \text{für} \quad 0 \leq t \leq \pi \end{cases}$$

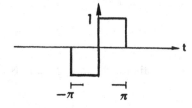

22.3 A Berechnen Sie die Fourierreihe für eine Rechteckfunktion, die hier als
zeitlich aufgefaßt werden soll. Die Funktion stellt dann einen Rechteckim-
puls der Dauer t_0 dar, der sich mit der Periode T wiederholt.

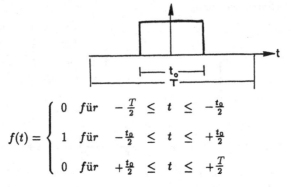

$$f(t) = \begin{cases} 0 & f\ddot{u}r & -\frac{T}{2} \leq t \leq -\frac{t_0}{2} \\ 1 & f\ddot{u}r & -\frac{t_0}{2} \leq t \leq +\frac{t_0}{2} \\ 0 & f\ddot{u}r & +\frac{t_0}{2} \leq t \leq +\frac{T}{2} \end{cases}$$

22.3 B Berechnen Sie die Fourierreihe für eine Variante der Aufgabe 22.2 B

$$f(t) = \begin{cases} -1 & f\ddot{u}r & \frac{t_0}{2} \leq t \leq 0 \\ 1 & f\ddot{u}r & 0 \leq t \leq \frac{t_0}{2} \end{cases}$$

Lösungen

22.1 $f(t)$ ist eine gerade Funktion, d.h. die Koeffizienten b_n sind Null.

$$a_0 = \frac{1}{\pi} \int\limits_{-\pi}^{\pi} f(t)dt = 1$$

$$a_n = \frac{1}{\pi} \int\limits_{-\frac{\pi}{2}}^{\frac{\pi}{2}} \cos(nt)dt = \frac{1}{\pi n}\left[\sin(nt)\right]_{-\frac{\pi}{2}}^{+\frac{\pi}{2}} = \frac{1}{\pi n}\left(\sin\frac{n\pi}{2} - \sin(-\frac{n\pi}{2})\right)$$

$$a_n = \frac{2}{\pi n}\sin\frac{n\pi}{2}$$

Damit ist die Lösung

$$f(t) = \frac{1}{2} + \sum_{n=1}^{\infty} \frac{2}{\pi n} \sin \frac{n\pi}{2} \cdot \cos(nt)$$

Da für gerade n der Term $\sin \frac{\pi n}{2}$ Null ist, also $a_n = 0$, kann die Fourierreihe auch wie folgt geschrieben werden:

$$f(t) = \frac{1}{2} + \frac{2}{\pi} \sum_{n=1}^{\infty} \frac{(-1)^{n-1}}{2n-1} \cos(2n-1)t$$

22.2 A Für die Periode 2π ist für diese Funktion in der Übungsaufgabe 22.1 die Fourierreihe berechnet worden. Analog erhalten wir

$$f(t) = \frac{1}{2} + \frac{2}{\pi} \sum_{n=1}^{\infty} \frac{(-1)^{n-1}}{2n-1} \cos \frac{(2n-1)}{2} t$$

22.2 B $f(t)$ ist ungerade, deshalb verschwinden alle Koeffizienten a_n.

$$b_n = \frac{1}{\pi} \int_{-\pi}^{\pi} f(t) \sin(nt) dt = -\frac{1}{\pi} \int_{-\pi}^{0} \sin(nt) dt + \frac{1}{\pi} \int_{0}^{\pi} \sin(nt) dt$$

$$= \frac{1}{\pi n} (1 - \cos(-n\pi)) - \frac{1}{\pi n} (\cos(n\pi) - 1)$$

$$= \frac{2}{\pi n} - 2\frac{(-1)^n}{\pi n} = \frac{2}{\pi n} (1 - (-1)^n)$$

$$f(t) = \frac{2}{\pi} \cdot \sum_{n=1}^{\infty} \frac{1 - (-1)^n}{n} \sin n \cdot t$$

Die Glieder für gerade n verschwinden. Daher kann die Fourierreihe auch wie folgt geschrieben werden:

$$f(t) = +\frac{4}{\pi} \sum_{k=0}^{\infty} \frac{1}{2k+1} \sin(2k+1)t$$

22.3 A $a_0 = \dfrac{2t_0}{T}$ $a_n = \dfrac{2}{n\pi} \cdot \sin \dfrac{n\pi t_0}{T}$

$$f(t) = \frac{t_0}{T} + \sum_{n=1}^{\infty} \frac{2}{n\pi} \cdot \sin \frac{n\pi t_0}{T} \cdot \cos \frac{2n\pi t}{T}$$

B   Die Funktion ist ungerade, daher sind alle $a_n = 0$

$$b_n = \frac{2}{t_0} \left\{ \int_{-\frac{t_0}{2}}^{0} (-1) \sin \frac{2\pi n}{t_0} t\, dt + \int_{0}^{\frac{t_0}{2}} \sin \frac{2\pi n}{t_0} t\, dt \right\}$$

$$b_n = \frac{2}{\pi n} (1 - \cos\pi n) = \frac{2}{\pi n} (1 - (-1)^n)$$

23 Fourier-Integrale und Fourier-Transformationen

23.1 Übergang von der Fourierreihe zum Fourier-Integral

Im vorhergehenden Kapitel „Fourierreihen" wurde gezeigt, daß man eine beliebige periodische Funktion mit der Periode T darstellen kann als Summe trigonometrischer Funktionen mit Vielfachen der Periode T.

Unser Problem sei jetzt die Darstellung einer *nicht-periodischen Funktion*. Nichtperiodische Funktionen treten in Physik und Technik oft auf als nicht-periodische zeitlich begrenzte Signale. Da dieser Anwendungsbereich hier im Vordergrund steht, bezeichnen wir in diesem Kapitel die Variable durchweg mit t. Das einfachste Beispiel ist eine Rechteckfunktion, also ein Signal der Dauer t_0. Wir fragen uns, ob ein derartiges nicht-periodisches Signal ebenfalls als Überlagerung von Einzelschwingungen dargestellt werden kann.

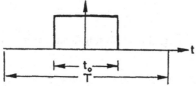

Die Fourierreihe für eine Rechteckfunktion, also ein periodisches Signal der Dauer t_0 und der Periode T, ist bereits in der Übungsaufgabe 22.3 A des vorigen Kapitels und im Leitprogramm berechnet worden:

$$f(t) = \frac{t_0}{T} + \sum_{n=1}^{\infty} \frac{2}{n\pi} \cdot \sin \frac{n\pi t_0}{T} \cos \frac{2\pi n t}{T}$$

Der Periodendauer T entspricht eine Schwingung mit der Grundfrequenz ω_0. Die Frequenzen der einzelnen Summanden sind dann gegeben durch

$$\omega = n\omega_0 = n \cdot \frac{2\pi}{T} \tag{23.1}$$

Im Hinblick auf spätere Überlegungen muß noch folgender Umstand beachtet werden. Bei der Fourierreihe werden diskrete Glieder aufsummiert. Dabei erhöht sich die Laufzahl n von Glied zu Glied um $\Delta n = 1$. Damit können wir die Fourierreihe wie folgt schreiben:

$$f(t) = \frac{t_0}{T} + \sum_{n=1}^{\infty} \frac{2}{n\pi} \cdot \sin \omega \frac{t_0}{2} \cdot \cos \omega t \Delta n \tag{23.2}$$

Wir kommen zur Darstellung eines einzelnen Signals, wenn wir von der obigen Fourierreihe ausgehen, die Dauer des Signals t_0 beibehalten und die Periodendauer T, also die Abstände der Signale voneinander, über alle Grenzen wachsen lassen. Dann entfernen sich die angrenzenden Signale beliebig weit und wir müßten dann die Darstellung eines einzelnen nicht-periodischen Signals erhalten.

Bei einem Grenzübergang beginnt die Summe mit beliebig kleinen Frequenzen ω_0 und die Frequenzen liegen beliebig dicht beieinander. In der Summe muß daher noch die Laufzahldifferenz Δn durch die Frequenzdifferenz $\Delta \omega$ substituiert werden. Gemäß der Gleichung 23.1 gilt folgende Beziehung

$$\Delta \omega = \frac{2\pi}{T} \Delta n, \quad \text{nach } \Delta n \quad \text{aufgelöst:} \quad \Delta n = \frac{T}{2\pi} \Delta \omega$$

Dies setzen wir in die Fourierreihe (23.2) ein und erhalten

$$f(t) = \frac{t_0}{T} + \sum_{\omega=0}^{\infty} \frac{2}{\pi \cdot \omega} \sin \omega \frac{t_0}{2} \cos \omega t \cdot \Delta \omega$$

Jetzt können wir den Grenzübergang $T \to \infty$ durchführen. Aus der Summe wird ein Integral, das *Fourier-Integral*

$$f(t) = \int_0^{\infty} \frac{2}{\pi \cdot \omega} \cdot \sin \omega \frac{t_0}{2} \cos \omega t \, d\omega$$

Wir können das Fourier-Integral auch in folgender Form schreiben

$$f(t) = \int_0^{\infty} A(\omega) \cos \omega t \, d\omega \quad \text{mit} \quad A(\omega) = \frac{2}{\pi \omega} \sin \omega \frac{t_0}{2}$$

Der Ausdruck $A(\omega)$ heißt *Amplitudenspektrum*. Bei unserer Rechteckfunktion handelt es sich um eine gerade Funktion. Daher tritt im Fourier-Integral nur der Kosinus auf. In diesem Fall spricht man von *Fourier-Kosinustransformation*.

Was wir eben formal abgeleitet haben, sei an einer Zeichnung verdeutlicht. Die Abbildung zeigt für ein Rechtecksignal der Dauer $t_0 = 1$ die Fourier-Koeffizienten für folgende Perioden $T = 2$, $T = 4$, $T = 8$ sowie das kontinuierliche Amplitudenspektrum $A(\omega)$. Man sieht, daß mit wachsendem T die Frequenz ω_0 der Grundschwingung immer kleiner wird. Mit Annäherung an den Fall des isolierten Einzelsignals treten immer mehr Glieder der Fourierreihe auf. Die Frequenzabstände zwischen den Gliedern gehen hier von Reihe zu Reihe jeweils auf die Hälfte zurück. Die Fourierreihe wird dem kontinuierlichen Amplitudenspektrum ähnlicher.

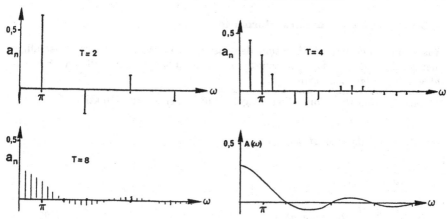

Beim Fourier-Integral ergibt sich die nicht-periodische Funktion $f(t)$ als Überlagerung unendlich vieler Einzelschwingungen, deren Einzelamplituden zwar gegen 0 streben, deren *Verteilungsdichte* aber durch das Amplitudenspektrum gegeben ist. Die Summe der Amplituden, die auf ein Frequenzintervall $\Delta\omega$ entfallen, behalten einen endlichen Wert. Zwar bereitet es der Vorstellung zunächst eine gewisse Schwierigkeit, daß sich außerhalb des Signals alle Schwingungen gegenseitig aufheben und nur innerhalb der Signaldauer zu einem endlichen Signalwert aufsummieren, doch gilt dies ja bereits näherungsweise für die Fourierreihen, die wir als Übergang zum nicht-periodischen Fall betrachtet haben.

Unsere theoretischen Überlegungen haben eine praktische Bedeutung. Die korrekte Übertragung elektrischer Signale durch Übertragungssysteme setzt voraus, daß harmonische Schwingungen beliebiger Frequenz in genau der gleichen Weise übertragen, also entweder in genau der gleichen Weise verstärkt oder geschwächt werden. Das heißt, die Übertragungseigenschaften für harmonische Schwingungen dürfen nicht von der Frequenz abhängen. Dies ist immer nur näherungsweise der Fall. Schwierigkeiten treten vor allem bei sehr niedrigen oder sehr hohen Frequenzen auf. Bei einem Rechtecksignal als Eingangssignal ist das Ausgangssignal an den Ecken abgerundet und leicht verformt. Dies beruht auf der technischen Unmöglichkeit, Signale beliebig hoher Frequenz zu übertragen.

23.2   Fourier-Transformationen

23.2.1   Fourier-Kosinustransformation

Was anhand der Rechteckfunktion demonstriert und abgeleitet wurde, ist allgemein gültig. Jede *gerade nicht-periodische Funktion* läßt sich darstellen als Fourier-Integral der folgenden Form

---

Fourier-Kosinustransformation für gerade nicht-periodische Funktionen

$$f(t) = \int\limits_{0}^{+\infty} A(\omega) \cos(\omega t) d\omega$$

Amplitudenspektrum

$$A(\omega) = \frac{1}{\pi} \int\limits_{-\infty}^{+\infty} f(t) \cdot \cos(\omega t) dt \qquad (23.3)$$

Wir verifizieren dies für das Amplitudenspektrum unserer Rechteckfunktion:

$$A(\omega) = \frac{1}{\pi} \int\limits_{-\infty}^{+\infty} f(t) \cos(\omega t) dt \;\; = \;\; \frac{1}{\omega \pi} \left[\sin \omega t \right]_{-\frac{t_0}{2}}^{+\frac{t_0}{2}}$$

$$= \;\; \frac{2}{\omega \pi} \cdot \sin \omega \frac{t_0}{2}$$

23.2.2   Fourier-Sinustransformation

Für ungerade periodische Funktionen verschwinden in der Fourierreihe die a_n und es verbleiben die b_n, also die Sinusfunktionen. Dementsprechend lassen sich ungerade nicht-periodische Funktionen durch eine *Fourier-Sinustransformation* darstellen

---

Fourier-Sinustransformation für ungerade nicht-periodische Funktionen

$$f(t) = \int\limits_{0}^{+\infty} B(\omega) \sin \omega t\, d\omega$$

Amplitudenspektrum

$$B(\omega) = \frac{1}{\pi} \int\limits_{-\infty}^{+\infty} f(t) \sin \omega t\, dt \qquad (23.4)$$

Beispiel: In der Übungsaufgabe 23.3 wird der Übergang von der Fourierreihe zur Fourier-Transformation für die folgende ungerade Funktion durchgeführt:

$$f(t) = \begin{cases} -1 & \text{für} \quad -\frac{t_0}{2} \leq t < 0 \\[2mm] +1 & \text{für} \quad 0 \leq t \leq \frac{t_0}{2} \end{cases}$$

Wir erhalten das Amplitudenspektrum, wenn wir das Integral in Gleichung 23.4 abschnittsweise lösen:

$$B(\omega) = \frac{2}{\pi\omega} \left[1 - \cos\omega \frac{t_0}{2} \right]$$

Die Abbildung zeigt die Fourier-Koeffizienten für $t_0 = 1$ und $T = 2t_0$, $T = 4t_0$, $T = 8t_0$ sowie das kontinuierliche Amplitudenspektrum.

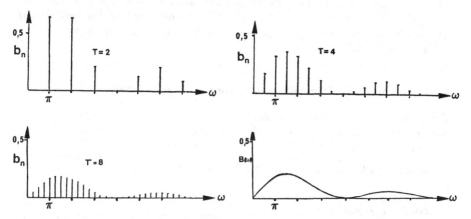

Im allgemeinen Fall, wenn man es weder mit einer geraden noch mit einer ungeraden nicht-periodischen Funktion zu tun hat, und es nicht möglich ist, durch eine Koordinatentransformation zu einer geraden oder ungeraden Funktion zu kommen, muß man beide Anteile berücksichtigen. Dann erhält man die allgemeine Fourier-Transformation

Allgemeine Fourier-Transformation

$$f(t) = \int\limits_{0}^{+\infty} \left[A(\omega) \cdot \cos(\omega t) + B(\omega) \cdot \sin(\omega t) \right] d\omega$$

Amplitudenspektrum

$$A(\omega) = \frac{1}{\pi} \int\limits_{-\infty}^{\infty} f(t)\cos(\omega t)dt \qquad B(\omega) = \frac{1}{\pi} \int\limits_{-\infty}^{\infty} f(t)\sin(\omega t)dt$$

Bestimmte *Konvergenzbedingungen* müssen beachtet werden. Die Fourier-Transformation ist nur möglich für nicht-periodische Funktionen, die ganz oder stückweise integrierbar sind. Weiter müssen sie im Unendlichen verschwinden. Das heißt, sie müssen integrierbar sein

$$\int\limits_{-\infty}^{\infty} |f(t)| \, dt < \infty$$

Diese Bedingungen sind in der Praxis gegeben. Dort handelt es sich in der Regel um endliche und damit begrenzte zeitliche Signale oder Verläufe. Die Bestimmung des Amplitudenspektrums für empirisch gegebene Funktionen wird heute mit dem Rechner durchgeführt.

23.2.3 Komplexe Darstellung der Fourier-Transformation

Unter Benutzung der komplexen Zahlen läßt sich die Fourier-Transformation eleganter formulieren. Eine gegebene nicht-periodische Funktion $f(t)$ ist als Fourier-Integral darzustellen durch

Fourier-Transformation in komplexer Darstellung

$$f(t) = \int\limits_{-\infty}^{+\infty} F(\omega)e^{i\omega t}d\omega$$

Die *Amplitudenfunktion* $F(\omega)$ ist eine komplexe Funktion:

$$F(\omega) = \frac{1}{2\pi} \int\limits_{-\infty}^{+\infty} f(t) \cdot e^{-i\omega t}dt$$

Die Amplitudenfunktion unterscheidet sich um den Faktor $\frac{1}{2}$ von den entsprechenden Amplitudenspektren der Fourier-Kosinus- und Fourier-Sinustransformation.

Die Amplitudenfunktion ist nur halb so groß wie vorher, weil bei der komplexen Darstellung das Fourier-Integral von $-\infty$ bis $+\infty$ erstreckt wird, während es vorher von 0 bis ∞ erstreckt wurde.[1]

Die komplexe Amplitudenfunktion läßt sich trennen in eine Funktion $A(\omega)$ die den Absolutwert angibt und in eine Funktion vom Typ $e^{-i\varphi(\omega)}$, die die Phasenlage angibt.

$$F(\omega) = A(\omega) \cdot e^{-i\varphi(\omega)}$$

Die Funktion $A(\omega)$ ist das bereits bekannte *kontinuierliche Amplitudenspektrum*, die Funktion $e^{-i\varphi(\omega)}$ heißt *kontinuierliches Phasenspektrum*.[2]

Beispiel: Wir berechnen erneut das Amplitudenspektrum für die Rechteckfunktion der Dauer t_0. Dabei gehen wir von der Lage aus, die wir bei der Fourierkosinustransformation voraussetzten. Dann erhalten wir die Amplitudenfunktion

$$F(\omega) = \frac{1}{2\pi} \int\limits_{-\frac{t_0}{2}}^{+\frac{t_0}{2}} 1 \cdot e^{-i\omega t} dt \;\; = \;\; -\frac{1}{i\omega 2\pi} \left[e^{-i\omega} \right]_{-\frac{t_0}{2}}^{+\frac{t_0}{2}} = -\frac{1}{i\omega 2\pi} \left[-e^{i\omega \frac{t_0}{2}} - e^{-i\omega \frac{t_0}{2}} \right]$$

$$= \;\; \frac{1}{\omega\pi} \cdot \sin\left(\omega \frac{t_0}{2} \right)$$

Wie bereits erwähnt, müssen wir den halben Wert des Amplitudenspektrums der Fourier-Kosinustransformation erhalten. Das ist hier der Fall.

---

[1] Hinweis: Die Schreibweise der Fourier-Transformation wird nicht einheitlich gehandhabt. Folgende gleichwertige Notierungen sind üblich

a) $\quad f(t) \;\; = \;\; \int\limits_{-\infty}^{+\infty} F(\omega) \cdot e^{+i\omega t} d\omega \qquad F(\omega) = \frac{1}{2\pi} \int\limits_{-\infty}^{+\infty} f(t) \cdot e^{-i\omega t} dt$

b) $\quad f(t) \;\; = \;\; \frac{1}{2\pi} \int\limits_{-\infty}^{+\infty} F(\omega) \cdot e^{+i\omega t} d\omega \qquad F(\omega) = \int\limits_{-\infty}^{+\infty} f(t) \cdot e^{-i\omega t} dt$

c) $\quad f(t) \;\; = \;\; \frac{1}{\sqrt{2\pi}} \int\limits_{-\infty}^{+\infty} F(\omega) \cdot e^{+i\omega t} d\omega \qquad F(\omega) = \frac{1}{\sqrt{2\pi}} \int\limits_{-\infty}^{+\infty} f(t) \cdot e^{-i\omega t} dt$

[2] Die komplexe Funktion $F(\omega)$ habe den Realteil $ReF(\omega)$ und den Imaginärteil $ImF(\omega)$. Dann erhalten wir das kontinuierliche Amplitudenspektrum durch

$$A(\omega) = \sqrt{(ReF(\omega))^2 + (ImF(\omega))^2}$$

Den Phasenwinkel, das kontinuierliche Phasenspektrum, erhalten wir durch

$$\varphi(\omega) = \arctan \frac{ImF(\omega)}{ReF(\omega)}$$

23.3 Verschiebungssatz

Wir berechnen das Amplitudenspektrum für die Rechteckfunktion in einer beliebigen Lage. Beliebige Lage bedeutet, daß die Funktion um die Zeit t_1 verschoben ist. In diesem Fall erhalten wir die Amplitudenfunktion

$$F(\omega) = \frac{1}{2\pi} \int\limits_{-\frac{t_0}{2}+t_1}^{+\frac{t_0}{2}+t_1} e^{-i\omega t} dt \;=\; -\frac{1}{i\omega 2\pi} \cdot e^{-i\omega t_1} \left[e^{-i\omega \frac{t_0}{2}} - e^{i\omega \frac{t_0}{2}} \right]$$

$$= \frac{1}{\omega\pi} \cdot \sin\omega\frac{t_0}{2} \cdot e^{-i\omega t_1}$$

Das Amplitudenspektrum der Rechteckfunktion hat sich nicht verändert, es ist:

$$|\, F(\omega)\,| = A(\omega) = \frac{1}{\omega\pi}\sin\omega\frac{t_0}{2}$$

Das Amplitudenspektrum der Rechteckfunktion ist *unabhängig* von der Lage. Das hier für den speziellen Fall erhaltene Ergebnis gilt allgemein. Wird eine Funktion um die Zeit t_1 verschoben, bleibt das Amplitudenspektrum erhalten. Die Amplitudenfunktion wird mit dem folgenden Faktor multipliziert:

$$e^{-i\omega t_1}$$

Dieser Zusammenhang wird *Verschiebungssatz* genannt.

Verschiebungssatz: Das Amplitudenspektrum bleibt erhalten, wenn eine Funktion um die Zeit t_1 verschoben wird.
Die Amplitudenfunktion der verschobenen Funktion ist gegeben durch:

$$F\left[(f(t - t_1)\right] = F\left(f(t)\right) \cdot e^{-i\omega t_1}$$

23.4 Diskrete Fourier-Transformation, Abtasttheorem

Ohne Beweis sei mitgeteilt, daß eine Fourier-Transformation auch durchgeführt werden kann, wenn statt der Funktion $f(t)$ diskrete Werte dieser Funktion bekannt sind. Das ist beispielsweise der Fall, wenn die Funktionswerte in gleichen zeitlichen Abständen gemessen – abgetastet – wurden. Das ist in der Meßpraxis häufig der Fall, wenn es um die Messung beliebiger physikalischer Größen geht. Oft liegen die Meßergebnisse dann in Form von Meßwerten, also als Zahlenfolge vor. So kann eine Tonaufzeichnung derart erfolgen, daß in kleinen zeitlichen Abständen der Schalldruck gemessen wird, die Meßwerte werden automatisch digitalisiert, um dann von Rechnern weiter verarbeitet zu werden. Aus den Abtastwerten läßt sich die ursprüngliche Funktion $f(t)$ rekonstruieren.

Dabei gibt es allerdings eine Randbedingung: Wenn im Zeittakt Δt abgetastet wird, ist die Abtastfrequenz gegeben durch

$$\omega_{\text{Abtast}} = \frac{2\pi}{\Delta t}$$

Das Amplitudenspektrum der Funktion sei $A(\omega)$. Eine vollständige Rekonstruktion der Funktion $f(t)$ aus den Abtastwerten ist nur dann möglich, wenn die Abtastfrequenz mindestens doppelt so groß ist wie die größte im Amplitudenspektrum vorkommende Frequenz.

Dieser Sachverhalt ist von Shannon gefunden und heißt ihm zu Ehren *Shannonsches Abtasttheorem*.

$$\omega_{\text{max}} < 2 \cdot \omega_{\text{Abtast}}$$

23.5 Fourier-Transformation der Gaußschen Funktion

Ohne Beweis sei weiter mitgeteilt, daß es eine Funktion gibt, deren Amplitudenspektrum mathematisch gesehen durch den gleichen Funktionstyp dargestellt wird wie die Ausgangsfunktion. Es handelt sich um die Gauß-Funktion, die uns bereits mehrfach begegnet ist.

$$f(t) = \frac{1}{\sqrt{2\pi}} \cdot e^{-\frac{a}{2}t^2}$$

Zu dieser Funktion gehört die Amplitudenfunktion

$$F(\omega) = \frac{1}{\sqrt{a}} \cdot e^{-\frac{\omega^2}{2a}}$$

Es gelten also folgende Beziehungen

$$f(t) = \int\limits_{-\infty}^{+\infty} F(\omega)e^{i\omega t}d\omega = \frac{1}{\sqrt{a}} \int\limits_{-\infty}^{+\infty} e^{-\frac{\omega^2}{2a}} \cdot e^{i\omega t}d\omega$$

$$F(\omega) = \int\limits_{-\infty}^{+\infty} f(t)e^{-i\omega t}dt = \frac{1}{\sqrt{2\pi}} \int\limits_{-\infty}^{+\infty} e^{-\frac{a}{2}t^2}e^{-i\omega t}dt$$

Hingewiesen sei wieder auf die physikalische Bedeutung. Wenn der Parameter a groß ist, handelt es sich um ein im Zeitbereich schmales Signal. In diesem Fall bekommen wir im Frequenzbereich ein breites Amplitudenspektrum. Ist demgegenüber a klein, handelt es sich um ein im Zeitbereich breites Signal. Das Amplitudenspektrum im Frequenzbereich ist dann schmal.

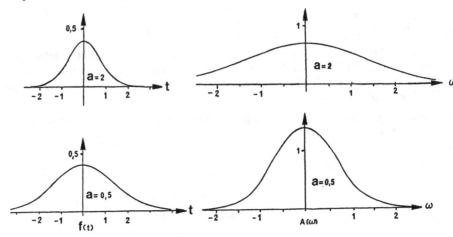

Dieser Zusammenhang gilt allgemein. Zur Demonstration seien hier noch die Amplitudenspektren für ein alternierendes Rechtecksignal dargestellt, dessen Breite im Zeitbereich variiert. Auch hier gilt: Einem im Zeitbereich engen Signal entspricht ein im Frequenzbereich breites Amplitudenspektrum.[3]

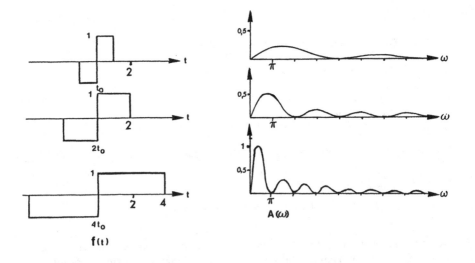

---

[3] Für dieses alternierende Rechtecksignal ist die Fourier-Sinustransformation im Abschnitt 23.2.2 berechnet worden.

23.6   Übungsaufgaben

23.1.2 A In der Übungsaufgabe 22.3 im vorigen Kapitel ist die Fourierreihe für
die folgende periodische Funktion berechnet worden:

$$f(t) = \begin{cases} -1 & \text{für} & -\frac{T}{2} \leq t < 0 \\ 1 & \text{für} & 0 < t \leq \frac{T}{2} \end{cases}$$

Berechnen Sie nun die Fourierreihe für die Funktion

$$f(t) = \begin{cases} 0 & \text{für} & -\frac{T}{2} \leq t < -\frac{t_0}{2} \\ -1 & \text{für} & -\frac{t_0}{2} \leq t < 0 \\ 1 & \text{für} & 0 \leq t < \frac{t_0}{2} \\ 0 & \text{für} & \frac{t_0}{2} \leq t \leq \frac{T}{2} \end{cases}$$

B Führen Sie den Grenzübergang durch für $T \rightarrow \infty$ und geben Sie das
Amplitudenspektrum an.

C Skizzieren Sie die Frequenzspektren für die Fourierreihe für $t_0 = 1$ und
$T = 2t_0, t = 4t_0$ und $t = 8t_0$ sowie das Amplitudenspektrum des Fourier-
Integrals.

23.2.3 A Führen Sie die Fourier-Transformation in komplexer Darstellung für
die obige Funktion durch und berechnen Sie Amplitudenfunktion und
Amplitudenspektrum

$$f(t) = \begin{cases} -1 & \text{für} & -\frac{t_0}{2} \leq t < 0 \\ 1 & \text{für} & 0 \leq t \leq \frac{t_0}{2} \end{cases}$$

23.2.3 B Skizzieren Sie Funktion und Amplitudenspektrum der obigen Aufgabe
für $t_0 = 1, t_0 = 2, t_0 = 4$.

23.2.3 C Bestimmen Sie die Amplitudenfunktion und das Amplitudenspektrum
für die Funktion aus der vorigen Aufgabe in beliebiger Lage t_1.

$$f(t) = \begin{cases} -1 & \text{für} & t_1 - \frac{t_0}{2} \leq t < t_1 \\ 1 & \text{für} & t_1 \leq t \leq t_1 + \frac{t_0}{2} \end{cases}$$

Lösungen

23.1 A $b_n = \dfrac{2}{n\pi}\left[1 - \cos\dfrac{n\pi t_0}{T}\right]$

$$f(t) = \frac{2}{\pi}\sum_{n=1}^{\infty}\frac{1}{n}\left[1 - \cos\frac{n\pi t_0}{T}\right]\cdot\sin\frac{n2\pi t}{T}$$

B   Wir substituieren mit $\omega = n\omega_0 = n\frac{2\pi}{T}$ und $\Delta n = \frac{\Delta\omega}{\omega_0} = \frac{\Delta\omega T}{2\pi}$.
Damit erhalten wir nach dem Grenzübergang

$$f(t) = \frac{2}{\pi}\int_{-\infty}^{+\infty}\frac{1}{\omega}\left[1 - \cos\left(\omega\frac{t_0}{2}\right)\right]\cdot\sin\omega t\,d\omega$$

$$A(\omega) = \frac{2}{\pi\omega}\left[1 - \cos\omega\frac{t_0}{2}\right]$$

C   Die Skizzen finden Sie in Abschnitt 23.2.2.

23.2.2 A. $F(\omega) = \dfrac{1}{i\pi\omega}\left(1 - \cos\omega\dfrac{t_0}{2}\right) = \dfrac{1}{\pi\omega}\left(1 - \cos\omega\dfrac{t_0}{2}\right)\cdot e^{-i\frac{\pi}{2}}$

$$A(\omega) = \frac{1}{\pi\omega}\left(1 - \cos\omega\frac{t_0}{2}\right)$$

Hinweis: Das Amplitudenspektrum in komplexer Darstellung ist um den
Faktor $\frac{1}{2}$ kleiner als bei der Fourier-Sinustransformation.

23.2.3 B Die Skizzen finden Sie in Abschnitt 23.5.

23.2.3 C $F(\omega) = \dfrac{1}{\pi\omega}\left(1 - \cos\omega\dfrac{t_0}{2}\right)\cdot e^{-i\frac{\pi}{2}}\cdot e^{-i\omega\frac{t_1}{2}}$

$$A(\omega) = \frac{1}{\pi\omega}\left(1 - \cos\omega\frac{t_0}{2}\right)$$

Hinweis: Das Amplitudenspektrum bleibt bei der Verschiebung der Funktion erhalten.

24 Laplace-Transformationen

24.1 Integral-Transformationen, Laplace-Transformationen

24.1.1 Integral-Transformation

Im vorhergehenden Kapitel haben wir die Fourier-Transformation kennengelernt. Dabei wurde aus einer gegebenen Funktion durch eine bestimmte Rechenvorschrift – das Fourier-Integral – eine neue Funktion gewonnen, die Amplitudenfunktion. Aus der Amplitudenfunktion ließ sich durch eine weitere Rechenvorschrift die ursprüngliche Funktion zurückgewinnen.

Derartige Umformungen heißen *Integral-Transformationen*. Die Fourier-Transformation ist eine spezielle Form. Die Fourier-Transformationen waren nützlich, weil mit ihrer Hilfe die spektrale Zusammensetzung gegebener Signale analysiert werden konnten. Die in diesem Kapitel zu erläuternde Laplace-Transformation ist ebenfalls eine Integral-Transformation. Sie ist nützlich, weil mit ihrer Hilfe mathematische Probleme lösbar werden, die sonst nicht oder schwer zu behandeln wären.

Zur Bezeichnungsweise: Die ursprüngliche Funktion heißt *Originalfunktion*. Die durch die Transformation gewonnene Funktion heißt *Bildfunktion*. Die Originalfunktion ist im Originalbereich definiert, die Bildfunktion ist im Bildbereich definiert. Die Rechenvorschrift, die aus der Originalfunktion eine Bildfunktion erzeugt, wird *Operator* genannt. Die inverse Rechenvorschrift, die aus der Bildfunktion die Originalfunktion herstellt, heißt *inverser Operator*. Da es sich bei den Operatoren hier um Integrale handelt, heißen derartige Umformungen Integral-Transformationen.

Der französische Mathematiker P.S. de Laplace führte die nach ihm benannte Integral-Transformation etwa 1780 ein, um Differentialgleichungen leichter zu lösen. Die Lösung erfolgt bei dieser Methode in drei Schritten.
1. Schritt: Die Differentialgleichung wird Term für Term transformiert. Dadurch erhält man im Bildbereich eine neue Gleichung, die im Fall der Laplace-Transformationen oft eine algebraische Gleichung ist.
2. Schritt: Die Gleichung der Bildfunktion wird gelöst. Damit erhält man eine Lösung im Bildbereich.
3. Schritt: Die Lösung wird durch eine inverse Transformation in den Originalbereich zurück transformiert Dadurch erhält man die Lösung der ursprünglichen Differentialgleichung.

Das Verfahren wird hier an einfachen Beispielen erläutert. In der Praxis benutzt man meist Tabellen, in denen die Transformationen gängiger Originalfunktionen und die inversen Transformationen gängiger Bildfunktionen enthalten sind. Eine derartige Tabelle steht am Ende dieses Kapitels. Wie bereits wiederholt gesagt, es gibt auch Computerprogramme, auf die man in diesem Fall zurückgreifen kann.

Die Methode der Laplace-Transformationen ist besonders nützlich bei der Lösung von Differentialgleichungen, deren Randbedingungen gegeben sind. Laplace-Transformationen werden beim Studium elektrischer Netze, mechanischer Schwingungen bei Stoßvorgängen in der Akustik und bei der Analyse von Kontrollsystemen angewandt.

Wir beschränken uns hier auf eine Einführung in die Technik, um Differentialgleichungen erster und zweiter Ordnung mit konstanten Koeffizienten zu lösen.

24.1.2 Die Laplace-Transformation

Die Laplace-Transformation wird durch die folgende Rechenvorschrift, das Laplace-Integral, definiert. Die Laplace-Transformierte ist die *Bildfunktion* und wird durch das Symbol $\mathcal{L}$ bezeichnet. Die Ähnlichkeit mit der Fourier-Transformation ist unmittelbar ersichtlich.

Definition:	*Laplace-Integral.* Die Laplace-Transformierte $\mathcal{L}\,[f(t)]$, die Bildfunktion einer Originalfunktion $f(t)$, ist für Werte $t \geq 0$ definiert als: $$\mathcal{L}[f(t)] = \int\limits_{0}^{\infty} e^{-st} f(t)dt = F(s)$$

Um die Bildfunktion zu erhalten, muß also die gegebene Originalfunktion $f(t)$ mit dem Term e^{-st} multipliziert und in den Grenzen $t = 0$ bis $t = \infty$ integriert werden. Dabei kann s eine komplexe Zahl sein, deren Realteil positiv und hinreichend groß sein muß, um dafür zu sorgen, daß das Integral konvergent ist. Der Wert des Integrals hängt von s ab. Daher ist die Laplace-Transformierte $F(s)$ eine Funktion von s.

Hinweis: Bei der Fourier-Transformation war s imaginär.

24.1.3 Die Rücktransformation

Soll aus der Laplace-Transformierten $F(s)$ die Originalfunktion $f(t)$ bestimmt werden, nennen wir dies die *inverse Laplace-Transformation* oder kurz inverse Transformation, Rücktransformation oder Umkehrintegral. Sie wird bezeichnet durch das Symbol $\mathcal{L}^{-1}$.

Definition: *Inverse Laplace-Transformation, Umkehrintegral, Rücktransformation.* Sie erzeugt aus der Bildfunktion die Originalfunktion

$$\mathcal{L}^{-1}[F(s)] = f(t)$$

$$\mathcal{L}^{-1}[F(s)] = \frac{1}{2\pi i} \int\limits_{c-i\infty}^{c+i\infty} F(s) \cdot e^{st} ds$$

Die Durchführung der inversen Laplace-Tranformation setzt Kenntnisse der Funktionentheorie voraus, die in diesem Buch nicht behandelt werden. Daher werden wir die explizite Rücktransformation nicht durchführen. Das stört für unsere Praxis nicht, denn in der Regel wird die inverse Laplace-Transformation immer anhand von Tabellen durchgeführt. In diesen Tabellen sind zu den gängigen Funktionen die im Bildbereich auftreten, die entsprechenden Originalfunktionen aufgelistet. Wir werden bei den Anwendungen auf die Tabelle am Ende des Kapitels auf Seite 214 zurückgreifen.

24.2 Laplace-Transformation von Standardfunktionen und allgemeine Regeln

In diesem Abschnitt werden zunächst die Laplace-Transformationen für eine Reihe von Funktionen bestimmt, die oft bei physikalischen und technischen Problemen auftreten. Bei der Integration wird die Größe s als Konstante betrachtet.

24.2.1 Laplace-Transformation einer Konstanten

$$f(t) = C$$

$$F(s) = \int\limits_{0}^{\infty} C e^{-st} dt = C \int\limits_{0}^{\infty} e^{-st} = C \left[\frac{e^{-st}}{-s}\right]_{0}^{\infty} = \frac{C}{s}$$

24.2.2 Laplace-Transformation einer Exponentialfunktion

$$f(t) = e^{at} \qquad a \text{ reell oder komplex.}$$

$$F(s) = \int\limits_{0}^{\infty} e^{-st} e^{at} dt = \int\limits_{0}^{\infty} e^{-(s-a)t} dt = \left[\frac{e^{-(s-a)t}}{-(s-a)}\right]_{0}^{\infty} = \frac{1}{s-a}$$

Das Integral konvergiert nur für den Fall, daß der Realteil von a kleiner als s ist.

24.2.3   Laplace-Transformation trigonometrischer Funktionen

Um diese Transformationen durchzuführen, benutzen wir die gerade gewonnene Transformation von Exponentialfunktionen. Wir stellen die Sinusfunktion als Differenz zweier Exponentialfunktionen dar (Eulersche Formel):

$$f(t) = \sin \omega t = \frac{1}{2i}(e^{i\omega t} - e^{-i\omega t})$$

Die Exponentialfunktionen können wir bereits transformieren und erhalten:

$$\mathcal{L}(\sin \omega t) = F(s) = \frac{1}{2i}\left(\frac{1}{s - i\omega} - \frac{1}{s + i\omega}\right) = \frac{\omega}{s^2 + \omega^2}$$

Die Laplace-Transformierte der Kosinusfunktion wird in der gleichen Weise gewonnen:

$$f(t) = \cos \omega t = \frac{1}{2}(e^{i\omega t} + e^{-i\omega t})$$

$$F(s) = \frac{s}{s^2 + \omega^2}$$

24.2.4   Laplace-Transformation einer linearen Funktion

Wir betrachten die Gerade durch den Koordinatenursprung

$$f(t) = C t$$

$$F(s) = \int_0^\infty C t\, e^{-st} dt = C \int_0^\infty t\, e^{-st} dt = \frac{C}{s^2}$$

Beweis: Das Integral kann durch partielle Integration gelöst werden

$$\mathcal{L}[C \cdot t] = F(s) = C\left(-\left[\frac{t}{s}e^{-st}\right]_0^\infty + \frac{1}{s}\int_0^\infty e^{-st} dt\right) = \frac{C}{s^2}$$

Der erste Term verschwindet. Wenn t gegen ∞ geht, fällt der Faktor e^{-st} stärker ab, als t anwächst.
Um aber die allgemeine Geradengleichung und weitere Funktionen zu transformieren, müssen einige Sätze genannt und begründet werden, die es uns erlauben, die Liste der Transformierten zu vervollständigen.

24.2.5   Verschiebungssatz

Wird eine Originalfunktion auf der t-Achse nach rechts verschoben, wird die Bildfunktion mit dem Term e^{-as} multipliziert.

> Verschiebungssatz: Für eine im Originalbereich um a nach rechts verschobene
> Funktion gilt:
> $$\mathcal{L}[f(t-a)] = e^{-as} \cdot F(s)$$

Beweis:

$$\mathcal{L}[f(t-a)] = \int_0^\infty f(t-a) \cdot e^{-st} dt$$

Wir substituieren: $\tau = t - a \qquad t = \tau + a$

$$\mathcal{L}[f(t-a)] = \int_0^\infty f(\tau) \cdot e^{-s(\tau+a)} d\tau = e^{-as} \int_0^\infty F(\tau) \cdot e^{-s\cdot\tau} d\tau = e^{-as} \cdot F(s)$$

Hinweis: Den gleichen Verschiebungssatz hatten wir bereits beim Fourier-Integral kennengelernt.

24.2.6 Dämpfungssatz

Wird eine Bildfunktion auf der s-Achse um a nach links verschoben, so wird die Originalfunktion mit dem Faktor e^{-at} multipliziert.

> Dämpfungssatz: Gegeben seien eine Funktion $f(t)$ und ihre Transformierte $F(s)$,
> sowie eine reelle oder komplexe Zahl a. In diesem Fall gilt
> $$F(s+a) = \mathcal{L}\left[e^{-at} \cdot f(t)\right]$$

Beweis: Wir berechnen die Laplace-Transformierte der Funktion $g(t) = e^{-at} f(t)$.

$$\int_0^\infty e^{-st} e^{-at} f(t)\, dt = \int_0^\infty e^{-(s+a)t} f(t)\, dt = F(s+a)$$

Praktische Bedeutung: Wir suchen die Laplace-Transformierte der exponentiell gedämpften Funktion $g(t) = e^{-at} \cdot f(t)$ und kennen bereits die Transformierte von $f(t)$, nämlich $\mathcal{L}[f(t)] = F(s)$. Dann genügt es, in der Transformierten s durch $(s+a)$ zu ersetzen. Daher der Name Dämpfungssatz.

Beispiel: Transformierte der exponentiell gedämpften Schwingung.

$$f(t) = e^{-at} \sin \omega t$$

Da die Transformierte der Sinusfunktion bekannt ist, erhalten wir mit Hilfe des Dämpfungssatzes unmittelbar

$$F(s) = \frac{\omega}{(s+a)^2 + \omega^2}$$

Das gleiche gilt für die exponentiell gedämpfte Kosinusfunktion

$$f(t) = e^{-at} \cos \omega t$$

Mit Hilfe der bekannten Transformierten der Kosinusfunktion ergibt der Dämpfungssatz

$$F(s) = \frac{s+a}{(s+a)^2 + \omega^2}$$

Beispiel: Wir suchen die Laplace-Transformierte der Funktion $f(t) = 3e^{-5t} \cos 10\,t$.

$$a = +5, \qquad \omega = 10$$
$$F(s) = 3\frac{s+5}{(s+5)^2 + 10^2} = \frac{3(s+5)}{s^2 + 10s + 125}$$

24.2.7   Linearitätssatz

Linearitätssatz: Die Originalfunktion sei die Summe zweier Funktionen

$$f(t) = h(t) + g(t)$$

Die Bildfunktion ist die Summe der einzelnen Bildfunktionen

$$\mathcal{L}[h(t) + g(t)] = \mathcal{L}[h(t)] + \mathcal{L}[g(t)]$$

Der Satz ist unmittelbar evident. Das Integral einer Summe ist gleich der Summe der Integrale.

Beispiel: Wir suchen die Bildfunktion für $f(t) = -6\sin\omega(t) + t$.

Bereits gezeigt wurden folgende Zusammenhänge

$$\mathcal{L}[\sin\omega t] = \frac{\omega}{s^2 + \omega^2}$$

$$\mathcal{L}[t] = F(s) = \frac{1}{s^2}$$

Damit ist die Lösung für unser Beispiel

$$\mathcal{L}[-6\sin\omega + t] = \frac{-6\omega}{s^2 + \omega^2} + \frac{1}{s^2} = F(s)$$

24.2.8   Laplace-Transformation von Ableitungen

Ableitungen im Originalbereich
Erste Ableitung einer Funktion
Wir suchen die Transformierte der ersten Ableitung einer Funktion.

$$\mathcal{L}\left[\frac{d}{dt}f(t)\right] = \int\limits_0^\infty e^{-st}\frac{df}{dt}dt = \int\limits_0^\infty e^{-st}\cdot f'dt$$

Wir integrieren partiell:

$$\int\limits_0^\infty e^{-st}f'dt = \left[e^{-st}\cdot f(t)\right]_0^\infty - \int\limits_0^\infty f(t)\cdot(-se^{-st})dt = -f(0) + s\cdot F(s)$$

Dieses Resultat ist gültig für alle Funktionen, für die gilt $e^{-t}f(t) \to 0$ falls $t \to \infty$.
Hinweise für die Notierung: Für den Wert der Funktion $f(t)$ und aller ihrer Ableitungen an der Stelle $t = 0$ benutzen wir hinfort in diesem Kapitel die Notierung $f(0) = f_0$, $f'(0) = f'_0$ und sinngemäß für die höheren Ableitungen $f^n(0) = f_0^n$.

Laplace-Transformierte der *ersten Ableitung* einer Funktion $f(t)$

$$\mathcal{L}\left[\frac{d}{dt}f(t)\right] = s\cdot F(s) - f_0$$

$f_0 = f(0)$ ist der Wert der Funktion für $t = 0$, also der Anfangswert oder die Anfangsbedingung.

Laplace-Transformation der zweiten Ableitung
Wir gehen wieder von der Definitionsgleichung aus und lösen das Integral durch partielle Integration.

$$\mathcal{L}[f''(t)] = \int\limits_0^\infty e^{-st}f''dt = \left[f'e^{-st}\right]_0^\infty + s\int\limits_0^\infty e^{-st}f'dt$$

$$= -f'_0 - sf_0 + s^2\cdot F(s)$$

Laplace-Tranformierte der *zweiten Ableitung*.
Dabei ist f'_0 der Wert der ersten Ableitung für $t = 0$.

$$\mathcal{L}[f''(t)] = s^2 F(s) - sf_0 - f'_0$$

Wenn man den etwas mühseligen Prozeß wiederholt, kann man für die dritte Ableitung zeigen, daß gilt:

$$\mathcal{L}[f'''(t)] = s^3 F(s) - s^2 f_0 - s f'_0 - f''_0$$

f''_0 ist der Wert der zweiten Ableitung für $t = 0$. Der Vollständigkeit halber geben wir noch den allgemeinen Fall an.

Laplace-Tranformation von Ableitungen im Originalbereich

$$\mathcal{L}\left[f^{(n)}(t)\right] = s^n \cdot F(s) - \sum_{i=0}^{n-1} s^{n-i-1} f_0^{(i)}$$

Ableitungen im Bildbereich

Satz: Laplace-Transformierte der Bildfunktion $F(s)$:
         Gegeben seien die Bildfunktion $F(s)$ und die Originalfunktion $f(t)$.
         Die Transformierte der Ableitung der Bildfunktion ist dann:

$$\frac{d}{ds}[F(s)] = -\mathcal{L}[t f(t)]$$

Wir führen den Beweis durch Verifikation und erinnern daran, daß unter dem Integralzeichen nach dem Parameter s differenziert werden kann, wenn dieser für die Integration als Konstante betrachtet werden darf.

$$\frac{d}{ds}[F(s)] = \frac{d}{ds}\left(\int_0^\infty e^{-st} f(t)\, dt\right) = -\int_0^\infty e^{-st} t\, f(t)\, dt = -\mathcal{L}[t f(t)]$$

Die praktische Bedeutung dieses Satzes liegt vor allem in der Umkehr. Wenn man eine Funktion $f(t)$ und ihre Transformierte $F(s)$ kennt, kann man unmittelbar die Laplace-Transformierte von Produkten der Form $t \cdot f(t)$ angeben. In diesem Fall gilt

$$\mathcal{L}[t f(t)] = -\frac{d}{ds}[F(s)] \tag{24.1}$$

Wir zeigen diese Anwendung für die trigonometrische Funktion mit linear ansteigender Amplitude, die angefachte Schwingung:

$$f(t) = t \sin \omega t$$

Die Tranformierte der Sinusfunktion ist bereits bekannt zu

$$\mathcal{L}[\sin \omega t] = F(s) = \frac{\omega}{s^2 + \omega^2}$$

Dann ist unter Benutzung des obigen Satzes die Transformierte von $t \sin \omega t$:

$$\mathcal{L}[t \sin \omega t] = -\frac{d}{ds}\left(\frac{\omega}{s^2 + \omega^2}\right) = \frac{2\omega s}{(s^2 + \omega^2)^2} = F(s)$$

In gleicher Weise kann die Transformierte gefunden werden für $t \cos \omega t$:

$$\mathcal{L}\left[t \cos \omega t\right] = -\frac{d}{ds}\left(\frac{s}{s^2+\omega^2}\right) = \frac{s^2-\omega^2}{(s^2+\omega^2)^2} = F(s)$$

24.2.9 Laplace-Transformation von Potenzen

Gegeben sei die Originalfunktion $f(t) = t^n$, wobei n positiv und ganzzahlig sein soll. Wir nennen zunächst das Ergebnis:

$$F(s) = \int\limits_0^\infty e^{-st}t^n dt = \frac{n!}{s^{n+1}}$$

Beweis: Wir können die Originalfunktion als Produkt schreiben:

$$f(t) = t \cdot t^{n-1}$$

Bereits gezeigt wurde folgender Zusammenhang:

$$f(t) = t \qquad F(s) = \frac{1}{s^2}$$

Jetzt benutzen wir die Beziehung (24.1) und erhalten

$$F(s) = (-1)^{n-1}\frac{d^{n-1}}{ds^{n-1}}\frac{1}{s^2} = (-1)^{n-1}(-2)(-3)\ldots(-n)\frac{1}{s^{n+1}} = \frac{n!}{s^{n+1}}$$

Zum Beispiel ist für $f(t) = t^2 \quad F(s) = \frac{2}{s^3}$.

24.3   Lösung von linearen Differentialgleichungen mit konstanten Koeffizienten

Zu lösen sei die folgende inhomogene Differentialgleichung zweiter Ordnung mit konstanten Koeffizienten

$$\frac{d^2y}{dt^2} + A\frac{dy}{dt} + By = f(t)$$

Die Anfangsbedingungen seien in folgender Form gegeben:

$$y = y_0 \qquad \frac{dy}{dt} = y_0' \quad \text{für } t = 0$$

1. Schritt: Wir führen die Laplace-Transformation aus und multiplizieren die Gleichung mit dem Ausdruck e^{-st} und integrieren jeden Term von 0 bis ∞.

$$\int\limits_0^\infty y''e^{-st}dt + \int\limits_0^\infty A\cdot y'e^{-st}dt + \int\limits_0^\infty B\cdot ye^{-st}dt = \int\limits_0^\infty f(t)\cdot e^{-st}dt$$

Durch diese Operation ersetzen wir jeden Term der Differentialgleichung durch seine Laplace-Transformierte. Dabei erhalten wir dann eine algebraische Gleichung für den Parameter s.

$$s^2F(s) - sy_0 - y_0' + A(sF(s) - y_0) + BF(s) = \mathcal{L}[f(t)]$$

2. Schritt: Diese Gleichung kann nach $F(s)$ aufgelöst werden:

$$F(s) = \frac{\mathcal{L}[f(t)] + sy_0 + Ay_0 + y_0'}{s^2 + As + B}$$

3. Schritt: Rücktransformation. Unsere Aufgabe ist nun, die inverse Transformation zu finden. $F(s)$ muß gegebenenfalls umgeformt werden, um eine Form zu erhalten, für die die Inverse anhand der Tabelle gefunden werden kann. Dies sei anhand von Beispielen erläutert:

Beispiel 1: Zu lösen sei die Differentialgleichung: $y' + 4y = e^{-2t}$.
Als Anfangsbedingungen seien gegeben: $t = 0$, $y_0 = 5$.

1. Schritt: Wir führen die Laplace-Transformation durch.

$$sF(s) - y_0 + 4F(s) = \frac{1}{s+2}$$

2. Schritt: Wir lösen die Gleichung nach $F(s)$ auf und erhalten

$$F(s) = \frac{5}{s+4} + \frac{1}{(s+4)(s+2)}$$

3. Schritt: Aus der Tabelle entnehmen wir die inverse Transformation. Konstante Faktoren bleiben. Die Lösung ist also

$$y(t) = \frac{1}{2}e^{-2t} + \frac{9}{2}e^{-4t}$$

Beispiel 2: Zu lösen sei die Differentialgleichung $y'' + 5y' + 4y = 0$.
Als Anfangsbedingungen seien gegeben: $t = 0$, $y_0 = 0$, $y_0' = 3$.
1. Schritt: Wir führen die Laplace-Transformation durch.

$$\overbrace{s^2F(s) - sy_0 - y_0'}^{\mathcal{L}[y'']} + \overbrace{5(sF(s) - y_0)}^{\mathcal{L}[5y']} + \overbrace{4F(s)}^{\mathcal{L}[4y]} = 0$$

Wir setzen die Anfangsbedingungen ein: $s^2F(s) - 3 + 5sF(s) + 4F(s)$.
2. Schritt: Wir lösen auf nach $F(s)$

$$F(s) = \frac{3}{s^2 + 5s + 4} = \frac{3}{(s+4)(s+1)} = \frac{1}{(s+1)} - \frac{1}{(s+4)}$$

3. Schritt: Rücktransformation. Wir entnehmen der Tabelle:

$$y = e^{-t} - e^{-4t}$$

Beispiel 3: Zu lösen sei die Gleichung $y'' + 8y' + 17y = 0$.
Anfangsbedingungen: $t = 0$, $y_0 = 0$, $y_0' = 3$.
1. Schritt: Wir führen die Laplace-Transformation durch.

$$s^2F(s) - 3 + 8sF(s) + 17F(s) = 0$$

2. Schritt: Wir lösen nach $F(s)$ auf und formen so um, daß ein für die Benutzung der Tabelle geeigneter Term entsteht:

$$F(s) = \frac{3}{s^2 + 8s + 17} = \frac{3}{((s+4)^2 + 1)}$$

3. Schritt: Rücktransformation. Wir entnehmen der Tabelle

$$y = 3e^{-4t}\sin t$$

Beispiel 4: Zu lösen sei die Gleichung $y'' + 6y = t$.
Die Anfangsbedingungen seien $t = 0$, $y_0 = 0$ und $y_0' = 1$.

1. Schritt: Wir führen die Laplace-Transformation durch

$$s^2 F(s) - 1 + 6F(s) = \frac{1}{s^2}$$

Wir formen um und erhalten

$$F(s)(s^2 + 6) = \frac{1}{s^2} + 1 = \frac{1 + s^2}{s^2}$$

2. Schritt: Wir lösen nach $F(s)$ auf

$$F(s) = \frac{s^2 + 1}{s^2(s^2 + 6)} = \frac{1}{s^2 + 6} + \frac{1}{s^2(s^2 + 6)}$$

3. Schritt: Rücktransformation. Aus der Tabelle entnehmen wir die Lösung, die wir in folgender Form schreiben können:

$$y = \frac{1}{6}t + \frac{5}{6} \cdot \frac{1}{\sqrt{6}} \sin \sqrt{6}t = \frac{1}{6}\left(t + \frac{5}{\sqrt{6}} \sin \sqrt{6}t\right)$$

24.4 Lösung von simultanen Differentialgleichungen mit konstanten Koeffizienten

Häufig begegnen uns in Wissenschaft und Technik Systeme, die durch simultane Differentialgleichungen beschrieben werden. Beispiele dafür sind elektrische Netze, die aus zwei Kreisen bestehen, gekoppelte Pendel u.a. Derartige Systeme lassen sich mit Hilfe der Laplace-Transformation lösen.

Wir betrachten zwei Funktionen der unabhängigen Variablen t: $x(t)$ und $y(t)$. Ihre Transformierten werden bezeichnet durch $\mathcal{L}[x]$ und $\mathcal{L}[y]$. Wir gehen davon aus, daß die unabhängige Variable die Zeit ist und bezeichnen die Ableitungen durch Punkte.

Beispiel 1: Gegeben sei das simultane Gleichungssystem

$$
\begin{aligned}
3\dot{x} &+ 2x &+ \dot{y} & &= 1 \\
\dot{x} &+ 4\dot{y} &+ 3y & &= 0
\end{aligned}
$$

Die Anfangsbedingungen seien $t = 0$, $x_0 = 0$ und $y_0 = 0$.

1. Schritt: Wir führen die Laplace-Transformation für beide Gleichungen durch

$$3(s\mathcal{L}[x] - x_0) + 2\mathcal{L}[x] + s\mathcal{L}[y] - y_0 = \frac{1}{s}$$
$$s\mathcal{L}[x] - x_0 + 4(s\mathcal{L}[y] - y_0) + 3\mathcal{L}[y] = 0$$

Wenn wir die Anfangsbedingungen einsetzen, erhalten wir ein System von zwei linearen Gleichungen für die zwei Unbekannten $\mathcal{L}[x]$ und $\mathcal{L}[y]$.

$$\begin{aligned} (3s + 2)\mathcal{L}[x] + s\mathcal{L}[y] &= \frac{1}{s} \\ s\mathcal{L}[x] + (4s + 3)\mathcal{L}[y] &= 0 \end{aligned}$$

2. Schritt: Wir lösen das aus zwei Gleichungen bestehende System nach $\mathcal{L}[x]$ auf

$$\mathcal{L}[x] = \frac{(4s + 3)}{s(s + 1)(11s + 6)} = \frac{1}{2s} - \frac{1}{5}\frac{1}{(s + 1)} - \frac{3}{10(s + 6/11)}$$

3. Schritt: Rücktransformation. Wir erhalten unter Benutzung der Tabelle für x:

$$x = \frac{1}{2} - \frac{1}{5}e^{-t} - \frac{3}{10}e^{-\frac{6}{11}t}$$

Lösen wir nach $\mathcal{L}[y]$ auf, erhalten wir

$$\mathcal{L}[y] = \frac{-1}{(s + 1)(11s + 6)} = \frac{1}{5}\left(\frac{1}{s + 1} - \frac{1}{s + 6/11}\right)$$

Die Lösung für y ist

$$y = \frac{1}{5}(e^{-t} - e^{-6t/11})$$

Beispiel 2: Zu lösen sei das folgende Gleichungssystem

$$\ddot{x} + 2x - \dot{y} = 1$$
$$\dot{x} + \ddot{y} + 2y = 0$$

Die Anfangsbedingungen seien $t = 0$, $x_0 = 1$ und $\dot{x}_0 = y_0 = \dot{y}_0 = 0$

1. Schritt: Wir führen die Laplace-Transformation durch.

$$\begin{aligned} (s^2 + 2)\mathcal{L}[x] - s\mathcal{L}[y] &= \frac{1}{s} + sx_0 = \frac{1}{s} + s \\ s\mathcal{L}[x] + (s^2 + 2)\mathcal{L}[y] &= x_0 = 1 \end{aligned}$$

2. Schritt: Wir lösen das Gleichungssystem nach $\mathcal{L}[x]$ auf

$$\mathcal{L}[x] = \frac{s^4 + 4s^2 + 2}{s(s^2 + 1)(s^2 + 4)} = \frac{1}{2s} + \frac{s}{3(s^2 + 1)} + \frac{s}{6(s^2 + 4)}$$

3. Schritt: Unter Benutzung der Tabelle erhalten wir dann die Lösung für x:

$$x = \frac{1}{2} + \frac{1}{3}\cos t + \frac{1}{6}\cos 2t$$

Für die Laplace-Transformierte von y haben wir

$$\mathcal{L}[y] = \frac{1}{(s^2+1)(s^2+4)} = \frac{1}{3}\left(\frac{1}{s^2+1} - \frac{1}{s^2+4}\right)$$

Hier ist die Lösung unter Benutzung der Tabelle

$$y = \frac{1}{3}\sin t - \frac{1}{6}\sin 2t$$

Tabelle der Laplace-Transformationen

$f(t)$	$\mathcal{L}[f(t)] = F(s)$
C	$\frac{C}{s}$
t	$\frac{1}{s^2}$
t^2	$\frac{2}{s^3}$
$t^n \quad (n = 0, 1, 2, 3, \ldots)$	$\frac{n!}{s^{n+1}}$
e^{at}	$\frac{1}{s-a}$
$\sin \omega t$	$\frac{\omega}{s^2+\omega^2}$
$\cos \omega t$	$\frac{s}{s^2+\omega^2}$
$t \sin \omega t$	$\frac{2\omega s}{(s^2-\omega^2)^2}$
$t \cos \omega t$	$\frac{s^2-\omega^2}{(s^2+\omega^2)^2}$
$\sinh \omega t$	$\frac{\omega}{s^2-\omega^2}$
$\cosh \omega t$	$\frac{s}{s^2-\omega^2}$
$t \sinh \omega t$	$\frac{2\omega s}{(s^2-\omega^2)^2}$
$t \cosh \omega t$	$\frac{s^2+\omega^2}{(s^2-\omega^2)^2}$
$e^{-at} f(t)$	$F(s + a)$
$t^n f(t)$	$(-1)^n \frac{d^n}{ds^n} F(s)$
$\frac{f(t)}{t}$	$\int\limits_s^\infty F(s)ds$, wenn $\lim\limits_{t \to o} \left(\frac{f(t)}{t} \right)$ existiert
$\frac{\sin \omega t}{t}$	$\tan^{-1} \frac{\omega}{s}$
$f'(t)$	$sF(s) - f_0$
$f''(t)$	$s^2 F(s) - sf_0 - f'_0$
$f'''(t)$	$s^3 F(s) - s^2 f_0 - sf'_0 - f''_0$
$\frac{d^n}{dt^n} f(t)$	$s^n F(s) - \sum\limits_{i=0}^{n-1} s^{n-i-i} \frac{d^i}{dt^i} f(t) \mid_0$
$\int\limits_0^t f(t)dt$	$\frac{F(s)}{s}$
$2k\, e^{at} \cos(\omega t + \theta)$	$\frac{k\, e^{i\theta}}{s-\alpha-i\omega} + \frac{k\, e^{i\theta}}{\sin \alpha+i\omega}$

Tabelle der inversen Laplace-Transformationen

$F(s)$	$\mathcal{L}^{-1}[F(s)] = f(t)$
$\dfrac{C}{s}$	C
$\dfrac{1}{s^2}$	t
$\dfrac{1}{s^3}$	$\dfrac{t^2}{2}$
$\dfrac{1}{s^n}$	$\dfrac{t^{n-1}}{(n-1)!}$
$\dfrac{1}{s-a}$	e^{at}
$\dfrac{1}{(s-a)^n}$	$\dfrac{t^{n-1}}{(n-1)!}e^{\alpha t}$
$\dfrac{1}{(s-a)(s-b)}$	$\dfrac{1}{a-b}(e^{at}-e^{bt})$
$\dfrac{s}{(s-a)(s-b)}$	$\dfrac{1}{a-b}(ae^{at}-be^{bt})$
$\dfrac{1}{s^2+\omega^2}$	$\dfrac{1}{\omega}\sin\omega t$
$\dfrac{s}{s^2+\omega^2}$	$\cos\omega t$
$\dfrac{1}{s^2-\omega^2}$	$\dfrac{1}{\omega}\sinh\omega t$
$\dfrac{s}{s^2-\omega^2}$	$\cosh\omega t$
$\dfrac{1}{(s-a)^2+\omega^2}$	$\dfrac{1}{\omega}e^{at}\sin\omega t$
$\dfrac{s-a}{(s-a)^2+\omega^2}$	$e^{at}\cos\omega t$
$\dfrac{1}{s(s^2+\omega^2)}$	$\dfrac{1}{\omega^2}(1-\cos\omega t)$
$\dfrac{1}{s^2(s^2+\omega^2)}$	$\dfrac{1}{\omega^3}(\omega t-\sin\omega t)$
$\dfrac{1}{(s^2+\omega^2)^2}$	$\dfrac{1}{2\omega^3}(\sin\omega t-\omega t\cos\omega t$
$\dfrac{s}{(s^2+\omega^2)^2}$	$\dfrac{t}{2\omega}\sin\omega t$
$\dfrac{s^2}{(s^2+\omega^2)^2}$	$\dfrac{1}{2\omega}(\sin\omega t+\omega t\cos\omega t)$
$\dfrac{s}{(s^2+\omega_1^2)(s^2+\omega_2^2)},\quad \omega_1^2\neq\omega_2^2$	$\dfrac{1}{\omega_2^2-\omega_1^2}(\cos\omega_1 t-\cos\omega_2 t)$

24.5 Übungsaufgaben

24.2 A Bestimmen Sie die Laplace-Transformierten – die Bildfunktionen
$F(s)$ – für die folgenden Originalfunktionen

a) $\frac{1}{4}t^3$　　b) $5e^{-2t}$　　c) $4\cos 3t$　　d) $\sin^2 t$

B Bestimmen Sie die Originalfunktionen für die unten gegebenen Bildfunktionen unter Benutzung der Tabelle:

a) $\dfrac{1}{4s^2+1}$　　b) $\dfrac{1}{s(s+4)}$　　c) $\dfrac{2}{s(s^2+9)}$

d) $\dfrac{6}{1-s^2}$　　e) $\dfrac{1}{s^2(s^2+1)}$　　f) $\dfrac{4}{s(s^2-6s+8)}$

24.3 A Lösen Sie die folgenden Differentialgleichungen

a) $\ddot{y}+5\dot{y}+4y=0$ (Anfangsbedingungen: $y_0=0, \dot{y}_0=2$ für $t=0$)

b) $\ddot{y}+9y=\sin 2t$ (Anfangsbedingungen: $y_0=1, \dot{y}_0=-1$ für $t=0$)

c) $\dot{y}+2y=\cos t$ (Anfangsbedingungen: $y_0=1$ für $t=0$

B Gegeben sei die Differentialgleichung $\ddot{y}-3\dot{y}+2y=4$
und die Randbedingungen für $t=0$:　$y_0=2, \dot{y}_0=3$

Zeigen Sie zunächst, daß die Laplace-Transformierte folgende Form hat

$$F(s)=\frac{2s^2-3s+4}{s(s-1)(s-2)}$$

Bestimmen Sie nun $y(t)$ durch Rücktransformation (Tabelle benutzen).

C Gegeben sei die Differentialgleichung $\ddot{y}+\dot{y}=e^t+t+1$

Die Anfangsbedingungen seien für $t=0$:　$y_0=0,\quad \dot{y}_0=0,\quad \ddot{y}_0=0$

Bestimmen Sie die Funktion $y(t)$.

24.4 A Lösen Sie die folgenden simultanen Differentialgleichungen

$$\dot{y}+2\dot{x}+y-x=25$$

$$2\dot{y}+x=25e^t$$

Anfangsbedingungen: $y_0=0, x_0=25$ für $t=0$

B   Lösen Sie die simultanen Differentialgleichungen

$4\dot{x} - \dot{y} + x = 1$
$4\dot{x} - 4\dot{y} - y = 0$

Anfangsbedingungen: $x_0 = 0, y_0 = 0$ für $t = 0$

C   Ein elektrischer Kreis bestehe aus einem Kondensator C einer Spule L
in Reihenschaltung. Es wird eine Spannung $U_0 \sin \omega t$ angelegt. Wenn
C die Ladung auf dem Kondensator ist, zeigen sie, daß folgendes gilt:

$$\mathcal{L}[Q] = \frac{U_0}{L(\omega^2 - 1)LC} \left[\frac{\omega}{s^2 + 1/LC} - \frac{\omega}{s^2 + \omega^2} \right], \quad \omega^2 LC \le 1$$

Bestimmen Sie nun $Q(t)$ für folgende Werte $C = 50 \times 10^{-6} F$,
$L = 0,1H,\quad \omega = 500$ rad/s,$\quad U_0 = 2$V und $Q_0 = \dot{Q}_0 = 0$.
Dies sind die Anfangsbedingungen $t = 0$.

Lösungen

24.2   A   a) $\frac{3}{2s^4}$ b) $\frac{5}{s+2}$

   c) $\frac{4s}{s^2+9}$ d) $\frac{2}{s(s^2+4)}$

   B   a) $\frac{1}{2}\sin\frac{1}{2}t$ b) $\frac{1}{4}(1 - e^{-4t})$

   c) $\frac{2}{9}(1 - \cos 3t)$ d) $-6\sin ht$

   e) $t - \sin t$ f) $\frac{1}{2}e^{4t} - e^{2t}$

24.3   A   a) $y = \frac{2}{3}(e^{-t} - e^{-4t})$ b) $y = \frac{1}{5}\sin 2t - \frac{7}{15}\sin 3t + \cos 3t$

   c) $y = \frac{1}{5}\sin t + \frac{2}{5}\cos t + \frac{3}{5}e^{2t}$

   B $y = 2 - 3e^x + 3e^{2x}$

   C $y = \frac{1}{2}e^t - \frac{1}{2}e^{-t} + \frac{1}{6}t^3 - t$

24.4   A $y = 25 - 9e^t + 5te^t - 16e^{-t/4}$

   B $y = e^{-t/6} - e^{-t/2}, \qquad x = 1 - \frac{1}{2}(e^{-t/6} + e^{-t/2})$

   C $Q = 4 + 10^{-4}(1.12\sin 447t - \sin 500t)$

25 Die Wellengleichungen

Unter einer *Welle* verstehen wir die räumliche Ausbreitung einer physikalischen Größe. Der Begriff *Welle* ist vom Sonderfall der Wasserwelle abgeleitet. Dort ist die physikalische Größe die Höhe eines beliebigen Punktes der Wasseroberfläche.

Bei einer Schallwelle durchlaufen Druckschwankungen der Luft den Raum. Bei festen, elastischen Körpern können Deformationen den Körper durchlaufen. Bei elektromagnetischen Wellen breiten sich der elektrische Feldvektor $\vec{E}$ und der Vektor $\vec{B}$ des Magnetfeldes aus.

25.1 Wellenfunktionen

Harmonische Welle
Obwohl der Wellenbegriff von dem Phänomen der Wasserwelle abgeleitet ist, werden wir hier zunächst Seilwellen betrachten. Wasserwellen sind zwar sehr anschaulich, doch sind sie in Wirklichkeit schwerer zu verstehen als Seilwellen.

In diesem Abschnitt wird die mathematische Beschreibung von Wellen entwickelt. Später wird gezeigt, wie Seilwellen physikalisch entstehen.

Wir betrachten ein Seil. Es sei rechts an einem weit entfernten Punkt befestigt.[1]
Das Seil sei fest gespannt.
Das freie Ende werde harmonisch auf und ab bewegt. Infolgedessen breitet sich nach rechts eine Störung aus.
Für die weitere Betrachtung legen wir ein zweidimensionales Koordinatensystem zugrunde, bei dem die x-Achse mit der Ruhelage des Seils zusammenfällt. Die Ablenkung eines Punktes des Seils von der Ruhelage erfolge in y-Richtung.
Die allgemeine Funktion $f(x, t)$, die die Auslenkung des Seiles an einem beliebigen Ort x zu einer beliebigen Zeit t angibt, nennen wir *Wellenfunktion*.

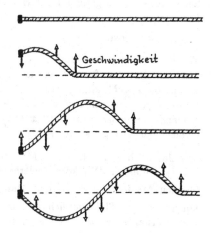

---

[1] Wir setzen damit voraus, daß das Seil praktisch unendlich lang ist. Damit schließen wir Reflexionen am eingespannten Ende aus.

Eine Welle wird beschrieben durch folgende Größen:
Wellenlänge λ ist der Abstand zweier benachbarter Maxima, Minima, oder der doppelte Abstand zweier Nullstellen.

Schwingungsdauer T ist die Dauer einer Schwingung an einem konstanten Ort.

Frequenz ν ist die Zahl der Schwingungen pro Sekunde an einem konstanten Ort.

Es gilt die Beziehung $\nu = \frac{1}{T}$

Wellengeschwindigkeit v ist die Geschwindigkeit, mit der sich eine ausgezeichnete Stelle der Welle wie ein Maximum, ein Minimum oder eine Nullstelle in x-Richtung bewegt. Da wir das Argument einer trigonometrischen Funktion *Phase* nennen, sprechen wir auch von Phasengeschwindigkeit.

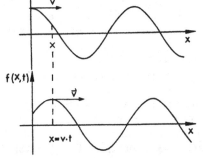

Ein Maximum bewegt sich in einer Sekunde um ν Wellenlängen nach rechts. Daher gilt für Wellengeschwindigkeit, Frequenz und Wellenlänge die Beziehung

$$v = \nu \cdot \lambda \text{ oder } v = \frac{\lambda \cdot \omega}{2\pi} \qquad (25.1)$$

Kreisfrequenz ω oder Winkelgeschwindigkeit ist gegeben durch die Beziehung $\omega = 2\pi\nu$.

Nach dieser Vorbereitung stellen wir die Wellenfunktion auf. Der Anfangspunkt des Seiles bewege sich gemäß der harmonischen Funktion

$$f(0, t) = A\cos(\omega t + \varphi_0)$$

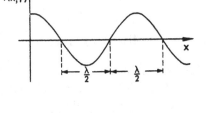

Wir setzen den Phasenwinkel $\varphi_0 = 0$. Dann liegt zur Zeit $t = 0$ ein Maximum am Ort $x = 0$ vor. Das Maximum laufe mit der Geschwindigkeit v nach rechts. Nach der Zeit t befindet es sich an dem Ort $x = v \cdot t$. Es erreicht den Ort x also zur Zeit $t = \frac{x}{v}$.

Für das nach rechts laufende Maximum muß das Argument der Kosinusfunktion konstant bleiben. Wir kompensieren dazu den anwachsenden Ausdruck ωt, indem wir den Ausdruck $\omega\frac{x}{v}$ abziehen. Damit bleibt dann das Argument, also die Phase, konstant. Schließlich bezeichnen wir noch die Phase für $t = 0$ und $x = 0$ mit φ_0. Damit erhalten wir die Wellenfunktion

$$f(x, t) = A \cdot \cos\left(\omega t - \frac{\omega x}{v} + \varphi_0\right)$$

Wir können das Argument der Wellenfunktion umformen und zwei gleichwertige Darstellungen der Wellenfunktion erhalten[2]

Wellenfunktion:

$$f(x, t) = A \cos(\omega t - \frac{2\pi x}{\lambda} - \varphi)$$

$$f(x, t) = A \cos \frac{2\pi}{\lambda}(v t - x - \varphi_1)$$

Bisher haben wir eine nach rechts laufende Welle betrachtet. Eine nach links laufende Welle erhalten wir, wenn wir x durch $-x$ ersetzen. Daraus ergibt sich für die nach links laufende Welle die Wellenfunktion

$$f(x, t) = A \cos \frac{2\pi}{\lambda}(v t + x - \varphi_1)$$

Kugelwellen

In der Physik treten häufig räumliche Wellenphänomene auf, die sich von einem Ursprung aus nach allen Seiten hin ausbreiten. Hier muß berücksichtigt werden, daß die Amplitude der Welle mit wachsendem Abstand abnimmt. Schallwellen können durch den Schalldruck p beschrieben werden. p ist die Druckdifferenz gegenüber dem Luftdruck der ruhenden Luft. In der Umgebung einer harmonischen Schallwelle wird die Amplitudenfunktion für den Luftdruck durch die folgende Funktion dargestellt.

$$p = (\frac{p_0}{r}) \cos(\omega t - \frac{2\pi r}{\lambda} - \varphi)$$

r ist der Abstand vom Wellenzentrum.

25.2 Die Wellengleichung

Die Beschreibung von Wellen haben wir dadurch gewonnen, daß wir die Wellenfunktion den von uns vorausgesetzten Eigenschaften der Wellen anpaßten.

Einen anderen Zugang gewinnen wir, wenn wir die Entstehungsbedingungen für Wellen untersuchen. Um mit einem Minimum an physikalischen Voraussetzungen auszukommen, betrachten wir wieder Seilwellen.

Das Seil wird durch eine Kraft F_0 gespannt. Die Funktion $f(x, t)$ beschreibt die Auslenkung eines Seilelements dS aus der Gleichgewichtslage am Ort x zur Zeit t.

---

[2]Im ersten Fall benutzen wir die Gleichung 25.1. Im zweiten Fall ziehen wir den Ausdruck $\frac{2\pi}{\lambda}$ vor die Klammer und setzen weiter $\varphi_1 = \frac{\lambda}{2\pi}\varphi$.

Die zur Ruhelage rücktreibende Kraft F_y auf das Seilelement ist

$$
\begin{aligned}
dF_y &= F_y(x + dx) - F_y(x) \\
&= F_0 \left[\sin(\alpha + d\alpha) - \sin\alpha \right]
\end{aligned}
$$

Wir beschränken uns auf kleine Winkel α
und setzen $\sin\alpha \approx \alpha$ sowie $\tan\alpha \approx \alpha$

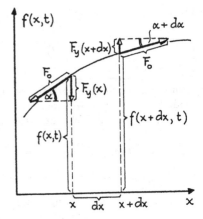

$$
dF_y = F_0 d\alpha \qquad (25.2)
$$

Für die Steigung α gilt:

$$
\frac{\delta f}{\delta x} = \tan\alpha \approx \alpha
$$

Für das Differential $d\alpha$ gilt schließlich

$$
d\alpha = \frac{\delta \alpha}{\delta x}\, dx = \frac{\delta^2 f}{\delta x^2}\, dx \qquad (25.3)
$$

Damit wirkt auf das Seilelement die Kraft

$$
dF_y = F_0 \frac{\delta^2 f}{\delta x^2} \cdot dx
$$

Die Masse des Seilelementes der Länge dx und der Massendichte ρ ist $\rho\, dx$. Damit erhält das Bewegungsgesetz – Kraft = Masse mal Beschleunigung – die Form

$$
dF_y = \rho dx \cdot \frac{\delta^2 f}{\delta t^2}
$$

Die Bewegungsgleichung für das Seilstück ist daher mit 25.2 und 25.3

$$
dF_y = \rho dx \cdot \frac{\delta^2 f}{\delta t^2} = F_0 \frac{\delta^2 f}{\delta x^2}\, dx \qquad \text{oder} \qquad \frac{\delta^2 f}{\delta t^2} = \frac{F_0}{\rho} \frac{\delta^2 f}{\delta x^2}
$$

Hier haben wir einen neuen Typ von Gleichungen erhalten. Links steht die zweite Ableitung nach der Zeit, rechts steht die zweite Ableitung nach dem Ort. Gleichungen, in denen Differentialquotienten auftraten, nannten wir Differentialgleichungen. Hier treten partielle Ableitungen auf, und dementsprechend heißt dieser Typ von Differentialgleichungen *partielle Differentialgleichung*.

Die partielle Differentialgleichung einer Funktion $f(x, t)$ des folgenden Typs heißt *Wellengleichung*[3]

$$
\frac{\delta^2 f}{\delta t^2} = v^2 \frac{\delta^2 f}{\delta x^2}
$$

[3] In der Fachliteratur wird oft die dreidimensionale Gleichung als Wellengleichung bezeichnet.

$$
\frac{1}{v^2} \frac{\delta^2 f}{\delta t^2} = \frac{\delta^2 f}{\delta x^2} + \frac{\delta^2 f}{\delta y^2} + \frac{\delta^2 f}{\delta z^2}
$$

Unsere Überlegungen am Seil haben uns über einen speziellen Fall zu diesem Typ geführt. Die Gleichung ist hier für das spezielle Beispiel der Seilschwingung und Seilwelle hergeleitet. In ihrer allgemeinen Form tritt sie in verschiedenen Bereichen der Physik auf – und immer weiß man dann, daß dort Wellenphänomene zu erwarten sind.[4]

Das Lösen von partiellen Differentialgleichungen ist eines der schwierigsten Probleme der mathematischen Physik. Hier gibt es kein dem Exponentialansatz vergleichbares Verfahren, das bei gewissen Typen gewöhnlicher Differentialgleichungen die allgemeine Lösung liefert.

Aus der allgemeinen Lösung gewöhnlicher Differentialgleichungen konnten durch Anpassen an Randbedingungen partikuläre Lösungen bestimmt werden.

Bei partiellen Differentialgleichungen gibt es keine allgemeine Lösung, sondern nur partikuläre Lösungen. Deshalb haben die Randbedingungen bei partiellen Differentialgleichungen einen tiefgreifenden Einfluß auf das Lösungsverfahren. Da die Lösungsverfahren sehr kompliziert und aufwendig sind, werden wir uns im wesentlichen auf das Verifizieren von Lösungen beschränken und die Lösung nur für die beidseitig eingespannte Saite explizit herleiten.

Die Wellengleichung hat eine Vielzahl von Lösungen. Welche Lösung gewählt werden muß, ergibt sich aus den jeweiligen Randbedingungen des Problems. Wir können zunächst zeigen, daß jede Funktion der folgenden Form eine Lösung der Wellengleichung ist:

$$f(x, t) = f(v\,t - x)$$

Dabei kann f eine beliebige Funktion sein, die nur zweimal nach x und zweimal nach t differenzierbar sein muß.

Beweis: Wir bezeichnen $z = (v \cdot t - x)$ und bilden die Ableitungen:

$$\frac{\delta f}{\delta t} = \frac{\delta f}{\delta z} \cdot v$$

$$\frac{\delta^2 f}{\delta t^2} = \frac{\delta^2 f}{\delta z^2} \cdot v^2$$

Analog gilt:

$$\frac{\delta^2 f}{\delta x^2} = \frac{\delta^2 f}{\delta z^2}$$

---

[4]Historische Bemerkung: Maxwell beschrieb den Zusammenhang zwischen elektrischen und magnetischen Feldern durch Differentialgleichungen, die in der Form der Wellengleichung geschrieben werden konnten. Das löste die Suche nach elektromagnetischen Wellen aus, die dann von H.Hertz 1888 experimentell erzeugt und nachgewiesen wurden.

Wir setzen das letzte Ergebnis in die vorletzte Gleichung ein und erhalten damit die Wellengleichung

$$\frac{\delta^2 f}{\delta t^2} = v^2 \frac{\delta^2 f}{\delta x^2}$$

Das heißt, jede Funktion der Gestalt $f(x, t) = f(vt - x)$ erfüllt die Wellengleichung.

Weiterhin kann man sich durch die gleiche Ableitung davon überzeugen, daß auch die Funktion $g(vt + x)$ eine Lösung der Wellengleichung ist. Diese Funktion beschreibt eine nach links laufende Welle. Die Wellengleichung wird also sowohl für nach rechts laufende wie für nach links laufende Wellen erfüllt.

Beispiel: Die folgende Funktion beschreibt einen einzelnen nach rechts laufenden Wellenberg, es ist eine nach rechts laufende Gaußsche Glockenkurve:

$$f_1(x, t) = A_0 \cdot e^{-(vt-x)^2}$$

Die zweite Funktion beschreibt einen nach links laufenden Wellenberg:

$$f_2(x, t) = A_0 \cdot e^{-(vt+x)^2}$$

Stehende Wellen (beidseitig eingespannte Saite)
Hier soll ein Verfahren angegeben werden, das wenigstens in einigen wichtigen Fällen das Auffinden spezieller Lösungen der partiellen Differentialgleichung gestattet. Wir gehen wieder aus von der Wellengleichung, die wir für die Saite aufgestellt haben:

$$\frac{\delta^2 f}{\delta t^2} = v^2 \frac{\delta^2 f}{\delta x^2} \qquad \text{mit} \quad v^2 = \frac{F_0}{\rho}$$

Wir nehmen nun an, daß die Lösungsfunktion $f(x, t)$ als Produkt zweier Funktionen $g(x)$ und $h(t)$ geschrieben werden kann:

$$f(x, t) = g(x) \cdot h(t)$$

Diesen Ansatz nennen wir *Produktansatz*. Das Lösungsverfahren wird *Trennung der Variablen* genannt. Wir bilden die zweifachen partiellen Ableitungen und setzen sie in die Wellengleichung ein:

$$g(x)\,\ddot{h}(t) = v^2\, g''(x) \cdot h(t)$$

Wir können umformen

$$\frac{1}{v^2} \frac{\ddot{h}(t)}{h(t)} = \frac{g''(x)}{g(x)}$$

Durch diese Umformung haben wir erreicht, daß rechts und links Funktionen jeweils nur einer Variablen stehen. Diese Beziehung muß für alle x und alle t aus dem Definitionsbereich der beiden Funktionen erfüllt sein. Deshalb können beide Seiten nur gleich einer Konstanten sein, die wir mit k bezeichnen. Damit erhalten wir die beiden Gleichungen

$$\ddot{h}(t) = k \cdot v^2 h(t) \qquad\qquad g''(x) = k\,g(x)$$

Die Konstante k kann sowohl positiv als auch negativ sein. Für positive k erhalten wir als eine der unabhängigen Lösungen für die erste Gleichung die Funktion

$$h(t) = e^{v\sqrt{k}\cdot t}$$

Dies bedeutet, daß die Funktion mit der Zeit exponentiell anwächst. Diese Lösung ist physikalisch nicht sinnvoll. Wir suchen jetzt eine Lösung für negative k. Dann können wir setzen $-k = K$, wobei K nun positiv ist.

Damit erhalten wir die beiden Differentialgleichungen

$$\ddot{h}(t) + K v^2 h(t) = 0$$
$$g''(x) + K g(x) = 0$$

Die allgemeinen Lösungen dieser Differentialgleichungen (siehe Kapitel 9) haben die Form

$$h(t) = A\cos(v\sqrt{K}\,t) + B\sin(v\sqrt{K}\,t)$$

$$g(x) = C\cos(\sqrt{K}\,x) + D\sin(\sqrt{K}\,x)$$

Als Lösung $f(x, t)$ ergibt sich

$$f(x, t) = h(t) \cdot g(x)$$

Diese Lösung muß den Randbedingungen genügen, die für die Schwingungen der beidseitig eingespannten Saite gelten (die Saite habe die Länge L):

$$f(0, t) = 0 \qquad \text{und} \qquad f(L, t) = 0$$

Diese Randbedingungen sind äquivalent den Forderungen an die ortsabhängige Funktion

$$g(0) = 0 \qquad \text{und} \qquad g(L) = 0$$

Aus $g(0) = 0$ folgt $C = 0$. Aus $g(L) = 0$ folgt

$$\sin(\sqrt{K}\,L) = 0 \qquad \text{daraus folgt} \qquad \sqrt{K}\,L = n\pi \qquad\qquad (n = \text{ganze Zahl})$$

Es gibt also beliebig viele Lösungen zu den vorgegebenen Randbedingungen mit

$$K_n = (\frac{n\pi}{L})^2$$

Die zu K_n gehörende Lösungsfunktion lautet jetzt

$$\begin{aligned}
f_n(x, t) &= h_n(t)g_n(x) \\
&= (A_n \cos(\frac{v\pi n}{L} t) + B_n \sin(\frac{v\pi n}{L} t)) \sin(\frac{\pi n}{L} x)
\end{aligned}$$

Die zu der Ortsfunktion gehörende Integrationskonstante haben wir in die Konstanten A_n und B_n hineingezogen. Die beiden Zeitfunktionen können wir noch zusammenfassen und schreiben

$$f_n(x, t) = C_n \cos(\frac{v\pi n}{L} t - \varphi_n) \cdot \sin(\frac{\pi n}{L} x)$$

Als wichtigstes Ergebnis unserer Überlegungen haben wir erhalten, daß die eingespannte Saite nicht mit beliebiger Kreisfrequenz ω schwingen kann, sondern nur mit den Frequenzen

$$\omega_n = \frac{v\pi n}{L}$$

Die Schwingungsformen für $n = 1$, $n = 2$ und $n = 3$ sind in der Abbildung gezeichnet. Wir nennen sie Grundschwingung, erste Oberschwingung, zweite Oberschwingung und so fort.

Die Kreisfrequenz der Grundschwingung folgt aus dem obigen $h(t)$:

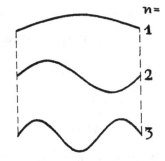

$$\frac{v\pi}{L} = \omega_1$$

Die Frequenzen der Oberschwingungen ergeben sich als ganzzahlige Vielfache der Frequenz der Grundschwingung.

Die Konstante v ist die Wellenausbreitungsgeschwindigkeit in der gespannten Saite. Damit ist die Frequenz festgelegt. Wir erhalten damit als allgemeine Lösung der stehenden Wellen:

$$f_n(x, t) = C_n \cos(n\omega_1 t - \varphi_n) \sin(\frac{\pi n}{L} x)$$

Diese Schwingungsform wird als stehende Welle bezeichnet.

Zur Vertiefung betrachten wir die zweite Oberschwingung mit $n = 3$. Jeder Punkt der Saite führt eine harmonische Schwingung aus mit der Frequenz $3\omega_1$ und der Amplitude

$$C_3 \sin(3\,\frac{\pi}{L}\,x)$$

Die Punkte $x_i = \dfrac{iL}{3}$ mit $i = 0, 1, 2, 3$ befinden sich in Ruhe.

Sie heißen *Knoten* oder *Schwingungsknoten* der stehenden Welle.

Die Punkte $x_j = \dfrac{2j-1}{3 \cdot 2}\,L$ mit $j = 1, 2, 3$ schwingen mit der Maximalamplitude.

Sie heißen *Bäuche* oder *Schwingungsbäuche* der stehenden Welle.

Die reale Schwingung einer Saite kann je nach Anregungsbedingungen eine beliebige Überlagerung der Grund- und Oberschwingungen sein. Als allgemeine Lösung erhalten wir dafür den Ausdruck

$$f(x, t) = \sum_{n=1}^{\infty} C_n \cos(n\omega_1 t - \varphi_n) \cdot \sin(n\frac{\pi}{L}x)$$

Die Koeffizienten C_n und die Phasen φ_n werden durch vorgegebene Anfangswerte festgelegt. Interessant ist vor allem, daß die Funktion $f(x, t)$ als unendliche Reihe von Kosinus- bzw. Sinusfunktionen dargestellt werden kann.

Zusammenhang stehender Wellen mit laufenden Wellen

Den folgenden Ausdruck für eine Schwingung der stehenden Welle können wir mit Hilfe der Additionstheoreme umformen.[5]

$$f_n(x, t) = C_n \cos(n\omega_1 t - \varphi_n) \sin(n\frac{\pi}{L}x)$$

Setzen wir weiter $\beta = \dfrac{n\pi}{L}\,x$ und $\alpha = n\omega_1 t - \varphi_n$, so erhalten wir

$$f_n(x, t) = \frac{C_n}{2}\left\{\sin(n\omega_1 t + \frac{n\pi}{L}\,x - \varphi_n) + \sin(n\omega_1 t - \frac{n\pi}{L}\,x - \varphi_n)\right\}$$

Diese Umformung zeigt eine überraschendes Ergebnis. Wir finden, daß sich die stehenden Wellen als Überlagerung einer nach rechts laufenden und einer nach links laufenden Welle mit jeweils gleicher Amplitude darstellen lassen.

---

[5]Die Additionstheoreme für die Winkelfunktionen lauten bekanntlich

$\sin(\alpha + \beta) \quad = \quad \sin\alpha\cos\beta + \cos\alpha\sin\beta$

$\sin(\alpha - \beta) \quad = \quad \sin\alpha\cos\beta - \cos\alpha\sin\beta$

Wir addieren beide Gleichungen und dividieren durch 2:

$\sin\alpha\cos\beta = \dfrac{1}{2}\left[\sin(\alpha + \beta) + \sin(\alpha - \beta)\right]$

25.3 Übungsaufgaben

25.1   Zwei als unendlich lang gedachte Seile werden am linken Ende mit
         der Amplitude A und der Frequenz ν erregt. Geben Sie die Wellen-
         funktion an für

         Seil a) $A = 0,5\mathrm{m}$; $\nu = 5\mathrm{s}^{-1}$; $\lambda = 1,2\ \mathrm{m}$

         Seil b) $A = 0,2\mathrm{m}$; $\nu = 0,8\mathrm{s}^{-1}$; $\lambda = 4,0\ \mathrm{m}$

         Ist die Wellengeschwindigkeit für beide Seile gleich?

25.2 A Verifizieren Sie, daß die Funktion $f(x,t) = e^{-(vt-x)^2}$ die Wellen-
         gleichung $\frac{\delta^2 f}{\delta t^2} = v^2 \frac{\delta^2 f}{\delta x^2}$ erfüllt.

25.2 B Die gespannte Saite einer Gitarre hat eine Länge von 80 cm. Die
         Wellengeschwindigkeit v ist 100 m/s. Geben Sie die Grund-
         frequenz der Saite an.

25.3 a) Geben Sie für die Saite der Gitarre mit der Länge $L = 80$ cm und
         der Wellengeschwindigkeit 100 m/s die Gleichung für die Grund-
         schwingung und die dritte Oberschwingung an. Die Amplitude der
         Grundschwingung beträgt 2 cm, die der 3. Oberschwingung 1 cm.

      b) An welchen Stellen befinden sich Knoten?

      c) An welchen Stellen befinden sich Schwingungsbäuche?

         ├───┤

         $x = 0$ $x = 80\mathrm{cm}$

Lösungen

25.1   Es gibt mehrere gleichwertige Darstellungen, die sich ineinander
         überführen lassen

         Seil a) $f(x,t) = 0,5 \cdot \cos(2\pi \cdot 5 \cdot t - \frac{2\pi \cdot x}{1,2} - \varphi_1)$ m

                 $f(x,t) = 0,5 \cos 2\pi(5t - \frac{x}{1,2} - \varphi_1)$ m

         Seil b) $f(x,t) = 0,2 \cos 2\pi(2\pi \cdot 0,8 \cdot t - \frac{x}{4} + \varphi_1)$ m

         Die Wellengeschwindigkeiten sind nicht gleich:

         $v_a = 6$ m/s $v_b = 3,2$ m/s

25.2 A $\dfrac{\delta f}{\delta t} = -2v\,(vt - x)e^{-(vt-x)^2}$

$\dfrac{\delta^2 f}{\delta t^2} = -2v^2 e^{-(vt-x)^2} + (2v)^2 (vt - x)^2 e^{-(vt-x)^2}$

$\dfrac{\delta^2 f}{\delta x^2} = -2e^{-(vt-x)^2} + 4\,(vt - x)^2 \cdot e^{-(vt-x)^2}$

Also gilt $\dfrac{\delta^2 f}{\delta t^2} = v^2 \dfrac{\delta^2 f}{\delta x^2}$

B Die Grundfrequenz ist $\nu_1 = \dfrac{v}{2L} = \dfrac{1000\,\mathrm{s}^{-1}}{1,6} = 625\,\mathrm{s}^{-1}$

25.3 a) $f_1(x,t) = 2 \cdot \cos(2\pi \cdot 625t - \varphi_1) \cdot \sin\left(\dfrac{\pi x}{80}\right)$ cm

$f_3(x,t) = 1 \cdot \cos(3 \cdot 2\pi \cdot 625t - \varphi_3) \cdot \sin\left(\dfrac{\pi 3x}{80}\right)$ cm

b) Knoten der Grundschwingung:

$x_{k_1} = 0$ $\qquad\qquad$ $x_{k_2} = 80$ cm

Knoten der 3. Oberschwingung

$x_{k_1} = 0$ $\qquad\qquad$ $x_{k_1} = \dfrac{80}{3}$ cm

$x_{k_3} = \dfrac{2 \cdot 80}{3}$ cm $\qquad$ $x_{k_4} = 80$ cm

c) Schwingungsbäuche
Grundschwingung $\qquad x_b = 40$ cm

3. Oberschwingung $\quad x_{b_1} = \dfrac{80}{6}$ cm

$x_{b_2} = 40$ cm

$x_{b_3} = \dfrac{5}{6} 80$ cm

Anhang

Partialbruchzerlegung

Die Partialbruchzerlegung hilft bei der Umformung von Bildfunktionen, die bei
Laplace-Transformationen auftreten, sowie bei der Integration von Brüchen.
Wir betrachten Brüche, bei denen sowohl Zähler wie Nenner Polynome sind:

$$f(x) = \frac{p(x)}{q(x)} = \frac{a_m x^m + a_{m-1} \cdot x^{m-1} + \ldots\ldots\ldots + a_1 \cdot x + a_0}{b_n \cdot x_n + b_{n-1} \cdot x^{n-1} + \ldots\ldots\ldots + b_1 \cdot x + b_0}$$

Es seien m und n ganze Zahlen, und sowohl a_0 und b_0 seien ungleich 0.
Derartige Funktionen heißen gebrochenrationale Funktionen.
Ist n > m spricht man von echt gebrochenrationalen Funktionen.
Ist m > n, so spricht man von unecht gebrochen rationalen Funktionen.
Letztere kann man durch Polynomdivision in ein Polynom und eine echt gebro-
chenrationale Funktion umwandeln.
Beispiel:

$$\frac{x^4}{x^3 + 1} = x^4 : (x^3 + 1) = x - \left(\frac{x}{x^3 + 1}\right)$$

Im Folgenden betrachten wir nur echt gebrochenrationale Funktionen.

Ein Fundamentaltheorem der Algebra besagt, dass eine rationale Funktion in ein
Produkt von Linearfunktionen aufgelöst werden kann.

$$q(x) = b_n \cdot x^n + b_{n-1} \cdot x^{n-1} + \ldots\ldots\ldots + b_1 \cdot x + b_0 = b_n (x - x_n) \cdot (x - x_{n-1}) \ldots\ldots\ldots (x - x_n)$$

Die x_n sind die reellen oder komplexen Nullstellen der Funktion $q(x)$.

1. Fall: Die Nullstellen sind reell und einfach.
Die echt gebrochenrationale Funktion kann in eine Summe von Partialbrüchen
zerlegt werden, deren Nenner jeweils einer der Linearfaktoren ist.

$$f(x) = \frac{a_m x^m + a_{m-1} \cdot x^{m-1} + \ldots\ldots\ldots + a_1 \cdot x + a_0}{b_n \cdot x^n + b_{n-1} \cdot x^{n-1} + \ldots\ldots\ldots + b_1 \cdot x + b_0} = \frac{A}{(x - x_n)} + \frac{B}{(x - x_{n-1})} +$$

$$\frac{C}{(x - x_{n-2})} \ldots\ldots + \frac{M}{(x - x_0)}$$

Die Bestimmung der Zähler erfolgt nach der Methode des Koeffizientenvergleichs.
Dazu wird die Summe der Partialbrüche auf den Hauptnenner gebracht. Damit
ist die ursprüngliche Funktion wieder hergestellt und die Faktoren der einzelnen
Potenzen von x im Zähler müssen gleich sein. Ein Vergleich dieser Faktoren ergibt
Bestimmungsgleichungen für die A, B, C, … M

Beispiel:

$$F(x) = \frac{3x + 5}{x^2 - 2x - 8}$$

Die quadratische Gleichung im Nenner hat zwei Nullstellen: $x_1 = -2$ und $x_2 = 4$.

Damit setzen wir die Partialbruchzerlegung an und bringen die Partialbrüche wieder auf den Hauptnenner:

$$\frac{3x - 5}{(x + 2) \cdot (x - 4)} = \frac{A}{x + 2} + \frac{B}{x - 4} = \frac{Ax - 4A + Bx + 2B}{(x + 2) \cdot (x - 4)}$$

Jetzt fassen wir die Potenzen von x zusammen.

$$\frac{3x - 5}{(x + 2) \cdot (x - 4)} = \frac{x(A + B) + (2B - 4A)}{(x + 2) \cdot (x - 4)}$$

Da beide Zähler gleich sein müssen, erhalten wir: $3x - 5 = x(A + B) + (2B - 4A)$
Dies muss für alle x gelten. Das bedeutet, dass die Faktoren für jede Potenz von x auf beiden Seiten gleich sein müssen. Also erhalten wir zwei Bestimmungsgleichungen für A und B

$$3 = A + B \qquad\qquad -5 = (2B - 4A)$$

Wir lösen auf und erhalten: $A = \frac{11}{6}$ und $B = \frac{7}{6}$

2. Fall: Die Nullstellen sind reell und teilweise mehrfach, also teilweise von der Form $(x - x_j)^n$.
In diesem Fall werden den mehrfachen Nullstellen Partialbrüche in der folgenden Form zugeordnet.

x_j: einfache Nullstelle $\qquad \rightarrow \dfrac{A}{x - x_j}$

x_j: zweifache Nullstelle $\qquad \rightarrow \dfrac{A_1}{x - x_j} + \dfrac{A_2}{(x - x_j)^2}$

x_j: n-fache Nullstelle $\qquad \rightarrow \dfrac{A_1}{x - x_j} + \dfrac{A_2}{(x - x_j)^2} \cdots\cdots \dfrac{A_n}{(x - x_j)^n}$

Beispiel:

$$f(x) = \frac{1}{x^3 - 3x^2 + 4}$$

Der Nenner hat die Nullstellen $x_1 = x_2 = 2$ und $x_3 = -1$
Die Partialbruchzerlegung ist dann wie folgt anzusetzen:

$$f(x) = \frac{1}{x^3 - 3x^2 + 4} = \frac{1}{(x + 1)(x - 2)^2} = \frac{A}{x + 1} + \frac{B_1}{x - 2} + \frac{B_2}{(x - 2)^2}$$

Die Bestimmung der Zähler der Partialbrüche erfolgt in gleicher Weise durch die oben erläuterte Methode des Koeffizientenvergleichs:

$$\frac{1}{(x + 1) \cdot (x - 2)^2} = \frac{A(x - 2)^2 + B_1 \cdot (x + 1) \cdot (x - 2) + B_2(x + 1)}{(x + 1) \cdot (x - 2)^2}$$

Wir multiplizieren aus, fassen nach Potenzen von x zusammen und betrachten
nur die Zähler

$$1 = x^2 [A + B_1] + x[-4A - 2B_1 + B_2] + [4A - 2B_1 + B_2]$$

Koeffizientenvergleich für Potenzen von x

Für x^2: $0 = A + B_1$

Für x^1: $0 = -4A - B_1 + B_2$

Für x^0: $1 = 4A - 2B_1 + B_2$

Daraus folgt: $A = \dfrac{1}{9}$ $B_1 = -\dfrac{1}{9}$ $B_2 = \dfrac{1}{3}$

Die Partialbruchzerlegung führt zu dem Ergebnis:

$$f(x) = \frac{1}{(x + 1) \cdot (x - 2)^2} = \frac{1}{9 \cdot (x + 1)} + \frac{1}{3 \cdot (x - 2)} - \frac{1}{9 \cdot (x - 2)^2}$$

3. Fall: Die Nullstelle ist komplex.
In diesem Fall tritt im Nenner der gebrochen rationalen Funktion ein Ausdruck
der folgenden Form auf: $(x^2 + ax + b)$.
Die quadratische Gleichung hat zwei konjugiert komplexe Lösungen, denen zwei
konjugiert komplexe Nullstellen entsprechen. Der Nenner kann nicht mehr in
reelle Linearfaktoren aufgeteilt werden. In diesem Fall kann der Bruch in Partialbrüche zerlegt werden, wenn man ansetzt:

$$\frac{1}{(x^2 + ax + b)} = \frac{A_1 \cdot x + A_2}{(x^2 + ax + b)}$$

Die Bestimmung von A_1 und A_2 erfolgt in bekannter Weise durch Koeffizientenvergleich
Beispiel:

$$f(x) = \frac{2x^2 - 13x + 20}{x(x^2 - 4x + 5)} = \frac{A}{x} + \frac{B_1 x + B_2}{(x^2 + 4x + 5)} = \frac{Ax^2 - 4xA + 5A + B_1 x^2 + B_2 x}{x(x^2 - 4x + 5)}$$

Koeffizientenvergleich: Wir betrachten nur die Zähler und Vergleichen die Faktoren für jede Potenz von x

$$2x^2 - 13x + 20 = x^2(A + B_1) + x(-4A + B_2) + 5A$$

Für x^2: $2 = A + B_1$

Für x^1: $-13 = -4A + B_2$

Für x^0: $20 = 5A$

Daraus folgt: $A = 4$ $B_1 = -2$ $B_2 = 3$
Damit ist die Partialbruchzerlegung auch für diesen Fall gelöst.

Sachwortverzeichnis[0]

---

[0]Das Sachwortverzeichnis ist für beide Bände zusammengefaßt. Die erste Zahl gibt den Band an, die zweite die Seite.